“十三五”普通高等教育本科部委级规划教材

现代实用服装纸样设计与应用·女装篇

张中启 | 著

中国纺织出版社有限公司

内 容 提 要

女装纸样设计是服装结构设计的重要组成部分，是沟通女装造型设计与成衣制作的重要桥梁，对女装的合体性、舒适性、时尚性起着关键性的作用。本书采用新文化原型，分别从现代女装纸样基础知识、女体特征与测量知识、女装原型、衣身纸样设计、衣领纸样设计、衣袖纸样设计、现代女装成衣纸样与制作七个方面对女装纸样设计进行系统阐述，使读者在很短的时间内能够快速准确地掌握现代女装纸样的设计原理与技巧，并能快速准确地制作出所需女装纸样。

本书注重理论与实践结合，图文并茂，通俗易懂，可操作性强，可作服装专业教材，也可供服装技术人员及服装爱好者自学参考，也可作为女装纸样设计的培训教材。

图书在版编目（CIP）数据

现代实用服装纸样设计与应用．女装篇 / 张中启著．-- 北京：中国纺织出版社有限公司，2019.11

“十三五”普通高等教育本科部委级规划教材

ISBN 978-7-5180-6547-9

Ⅰ．①现… Ⅱ．①张… Ⅲ．①女服—服装设计—纸样设计—高等学校—教材 Ⅳ．① TS941.2

中国版本图书馆 CIP 数据核字（2019）第 179463 号

策划编辑：孙成成　　责任编辑：苗　苗　　责任校对：高　涵
责任印制：王艳丽

中国纺织出版社有限公司出版发行
地址：北京市朝阳区百子湾东里 A407 号楼　邮政编码：100124
销售电话：010—67004422　传真：010—87155801
http：//www.c-textilep.com
中国纺织出版社天猫旗舰店
官方微博 http：//weibo.com / 2119887771
三河市宏盛印务有限公司印刷　各地新华书店经销
2019 年 11 月第 1 版第 1 次印刷
开本：787 × 1092　1/16　印张：12.75
字数：210 千字　定价：49.80 元

前言
PREFACE

女装纸样设计是服装结构设计的重要组成部分，是沟通女装造型设计与成衣制作的重要桥梁，是实现女装立体造型转换为平面图形的重要手段。现代女装在追求实用性的同时，更加注重时尚性和美观性，因此女装纸样设计在整个女装设计与制作中居于关键性地位。本书是根据服装行业对服装专业技术人才知识能力和专业技能的需求，运用新文化原型，采用理论和实践相结合的方式，配以大量的女装图片、女装纸样并加以阐述编写而成。

本书是作者多年来研究与教学实践的总结，分别从现代女装纸样基础知识、女体特征与测量知识、女装原型、衣身纸样设计、衣领纸样设计、衣袖纸样设计、现代女装成衣纸样与制作七个方面，对现代实用女装纸样设计原理进行系统论述，力求读者在很短的时间内熟练掌握现代女装的纸样设计原理与技巧，并能根据服装设计师的设计意图，快速准确地制作出所需女装纸样。

本书的撰写与统稿由泰山学院张中启副教授完成，全书服装纸样图的绘制由张中启完成，武汉纺织大学在读研究生马倩同学参与第四章省道效果图的绘制和服装纸样图的描图。

本书在写作过程中引用和参阅了国内外相关书籍，有些图片和文字由于时间原因未能一一注明出处及作者，在此向这些作者表达最诚挚的谢意。因编者水平有限，若本书存在问题和不妥之处，恳请同仁、专家及广大读者批评指正。

张中启

2019 年 5 月于山东泰安

目录
CONTENTS

第一章 现代女装纸样基础知识

第一节 现代女装纸样设计方法

现代女装纸样设计方法有很多，主要有平面法和立体法。平面法又称平面裁剪，可以分为比例法、原型法、基型法和实样法。立体法又称立体裁剪，是女装纸样设计的基础。

一、平面法

1. 比例法

比例法是我国传统的纸样设计方法。其是通过测量得到人体主要部位的尺寸后，依据季节、款式、材料质地和穿着者的要求加上适当放松量得到服装各控制部位的尺寸，再以控制部位尺寸推算出其他细节部位的数值，按此数值直接在平面上绘制出服装衣片的方法。比例法制图效率高，成衣尺寸把握精确，便于对不同穿着者直接进行某种特定款式的服装纸样设计和制板。但比例法对操作者的经验要求较高，适合常规造型服装，不适用于造型夸张、结构变化较大的女装纸样设计。

2. 原型法

原型法是我国各大院校普遍采用的服装纸样教学方法。原型法起源于欧美和日本，一直盛行于日本服装界，原型法对世界各地的服装纸样设计方法均有不同程度的影响。原型法是根据人体的尺寸，考虑呼吸、运动和舒适性要求，绘制出符合人体体型的基本衣片结构即原型，然后再按照款式的要求在原型上做加长、放宽、缩短等调整得到所需服装衣片的方法。这种方法相当于把结构设计分成了两步：第一步是考虑人体的形态，得到一个合适的基本衣片；第二步是考虑款式造型的变化，对基本衣片进行变形。这样就降低了纸样设计的难度，并且可以把纸样设计中服装对人体的适合性和款式变化方法两个最主要问题分别进行深入研究。原型法适合于款式变化复杂、结构分割线较多、合体度要求较高的服装纸样的制作。在依据服装设计效果图进行纸样设计时，运用原型法对款式进行结构设计非常方便。

3. 基型法

基型法是指以某一个与所需制板的服装款式相接近、现成的纸样作为基型，通过对基型局部造型的调整、修改来制作所需服装款式纸样的制板方法。基型法所用的基型分为两种：一种是在原型基础上进行适当修改而成，用作某一特定类别服装的基础样板；另一种是指某一款式或成品规格较为适中，并已投产的现成服装样板，企业常常在现有的样板上做适当的调整而产生所需的服装样板。基型法是结合了原型法与比例法，形成各类服装品种的基础样板，并在此基础样板上按服装品种款式变化，进行平面纸样设计，是服装企业较常用的快捷成型的纸样设计方法。

4. 实样法

实样法又称剥样制板法，是指按照指定的服装实物样衣的款式和规格尺寸要求制板。剥样就是把某款服装进行“分解”，复制成生产用样板。用该样板裁剪、缝制出的成品，能最大限度地接近原有的实物样衣。在外贸加工型服装企业中，有时客户只提供样衣，即来样加工，要求完全按照样衣进行生产。因此，在制板时必须按照已有的实物样衣的款式及各部位尺寸，再结合工艺特点进行合理复制。实样法制板在产销型服装企业和加工型服装企业中都有应用，服装剥样又分为全件剥样和局部剥样。

二、立体法

立体法起源于欧洲，是将布料披覆在人体或人体模型上，按照服装的款式造型，将布料通过折叠、收省、聚集、提拉等技法，操作者边观察、边造型、边裁剪，从而裁制出一定服装款式的布样或衣片纸样的方法。通过立体裁剪所完成的服装，几乎能完全达到款式的要求，甚至能产生意想不到的完美效果。立体法具有以下特点。

1. 直观性

立体裁剪具有造型直观、准确的特点，这是由立体裁剪方式决定的。无论服装款式造型如何，将布料披覆到人体模型上操作之后，其呈现的空间形态、结构特点、服装廓型便会直接、清楚地展现出来。若要观察人体体型与服装构成关系的处理，立体裁剪是最直接、最简便的手段。

2. 实用性

立体裁剪不仅适用于结构简单的普通服装，也适用于款式多变的时装。其是一种不需公式、不受任何数字束缚，按人体体型、人体模型的实际需要来“调剂余缺”，达到成型效果的实用方法。

3. 适应性

立体裁剪不但适合初学者，也适合专业设计与技术人员。对于初学者，即使不懂公式计算，如果掌握了立体裁剪的操作程序和基本要领，便能裁剪衣服；而专业设计与技术人员若想设计、创造出好的成衣和艺术作品，更应该学习和掌握立体裁剪技术。

4. 灵活性

掌握好立体裁剪的基本要领，可以边设计、边裁剪、边修改。随时观察效果，及时纠正，达到满意效果。

5. **易学性**

立体裁剪是以实践为主的技术。主要按照人体模型进行设计与操作，没有深奥的理论，更没有繁杂的计算公式，是一种简单易学、快捷有效的裁剪方法。

三、平面法与立体法比较

从实用角度比较纸样设计的两种方法，立体裁剪具有成本高、效率低、操作不便、经验成分多及稳定性差等缺点，而且必须在一定条件和场合下使用，不能适应现代服装工业化大生产的需要。而平面裁剪则具备了成本低、效率高、灵活方便、理论性强、稳定性好及使用范围广等优点，在大批量生产中广受欢迎。虽然在实际应用中有些特殊结构尚需借助立体裁剪的方法才能解决，但这是暂时的，一旦探索出这些特殊结构的平面分解原理，则其优越性必将远远超过立体裁剪。当然，从研究的角度讲，在不能直接确定某些服装疑难结构的平面分解图时，运用立体裁剪在人体模型上获取它的平面分解图作为原始依据，则是必不可少的。在此基础上进一步研究立体构成与平面分解的内在联系和变化规律，将为直接在纸和布料上设计服装的平面分解图提供充分的理论依据。

第二节　现代女装纸样制作工具与材料

制作现代女装纸样需要一定的工具和材料，并且要了解各种工具和材料的作用，才能为制作高质量的纸样打下良好的基础。

一、制作工具

1. **测量工具**

软尺是两面均有尺寸标记的扁平带状测量工具，长度为150cm，质地柔软，伸缩性小。用于人体部位尺寸测量以及制图、裁剪时的曲线测量（图1–1）。

2. **作图工具**

（1）方格尺：也称为放码尺，尺面上有横纵向间距0.25cm的平行线，用于制图、测量（可测量曲线以及加放缝份）。质地为透明塑料，长度有45cm、50cm、55cm、60cm等（图1–2）。

（2）直尺：用于制图和测量的尺，质地为木质、塑料或不锈钢，长度有15cm、30cm、60cm、100cm等多种（图1–3）。

（3）三角尺：具有三个角和三条边，其中两条边呈90°的尺子，用于绘制两边垂直

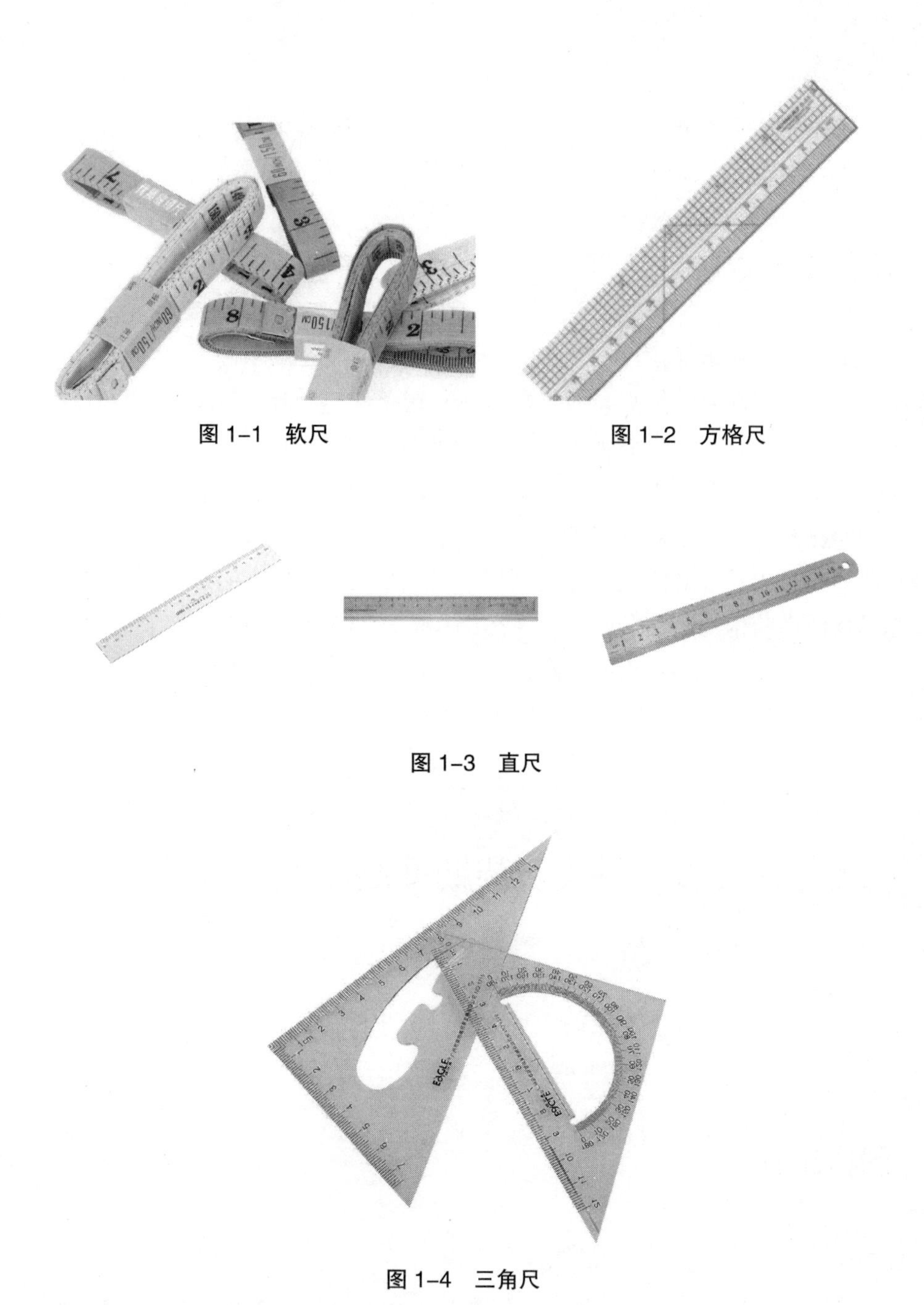

图 1–1　软尺

图 1–2　方格尺

图 1–3　直尺

图 1–4　三角尺

或具有特定角度的线段，质地为硬质透明塑料，其他两角有 45°、30°（60°）两种（图 1–4）。

（4）弯尺：也称为大刀弯尺，是两侧呈弧形，状似大刀的尺，质地为透明塑料。用于绘制裙装、裤装的侧缝、下裆弧线、袖缝等长弧线（图 1–5）。

（5）6 字尺：形状似“6”字，绘制曲率大的弧线时使用的尺，质地为透明塑料，用于画领圈、袖窿、上裆弧线等弧度大的曲线（图 1–6）。

（6）比例三角尺：用于绘制缩小比例结构图的三角尺，尺子内部有多种弧线形状，用于绘制缩小比例结构图中的曲线，质地为透明塑料，常用 1 ∶ 4 或 1 ∶ 5 两种规格

（图 1–7）。

（7）比例直尺：绘图时用来测量长度的工具，其刻度按长度单位缩小或放大若干倍。常见的有三棱比例直尺，三个侧面上刻有六行不同比例的刻度（图 1–8）。

（8）自由曲线尺：可以任意弯曲的尺，质地柔软，外层包软塑料，内芯为扁形金属条。常用于测量人体部位曲线以及结构图中的弧线长度（图 1–9）。

（9）量角器：用于绘制角度线以及测量角度的工具（图 1–10）。

（10）圆规：用于绘制圆和圆弧的工具（图 1–11）。

（11）铅笔：自动铅笔或木制铅笔。采用实际尺寸作图时，基础线常选用 H 型或 HB 型铅笔，轮廓线选用 HB 型或 B 型铅笔；缩小作图时，基础线常选用 2H 型或 H 型铅笔，

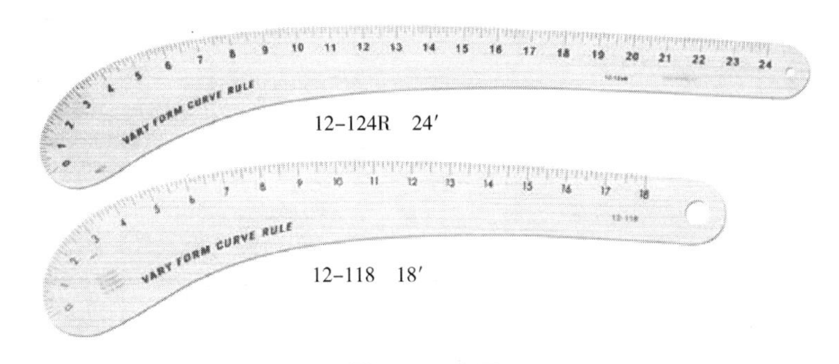

图 1–5　弯尺

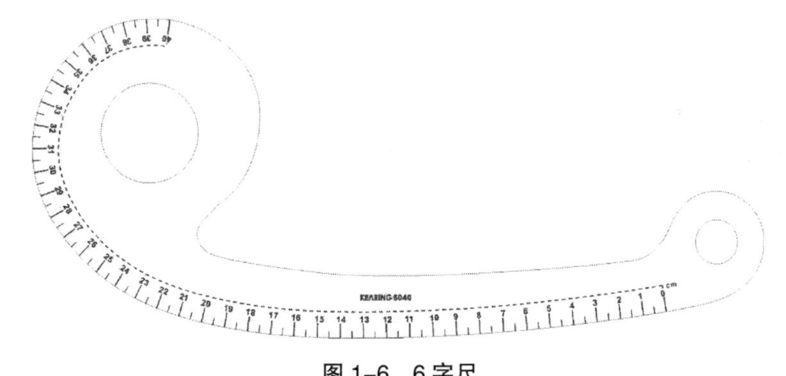

图 1–6　6 字尺

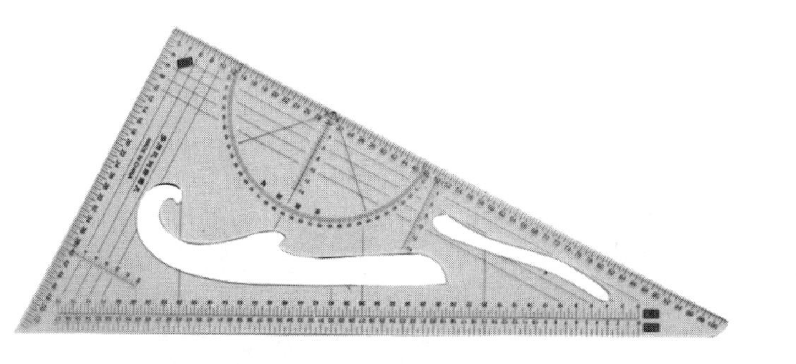

图 1–7　比例三角尺

图 1–8　比例直尺

轮廓线选用 H 型或 HB 型铅笔（图 1–12）。

（12）描线轮：也称为滚齿轮、擂盘、复描器，用于样板或面料上做标记、拓样的工具，滚齿轮有单头和双头两种，轮齿分为尖形和圆形两种（图 1–13）。

（13）剪刀：裁剪样板时使用的剪切工具（图 1–14）。

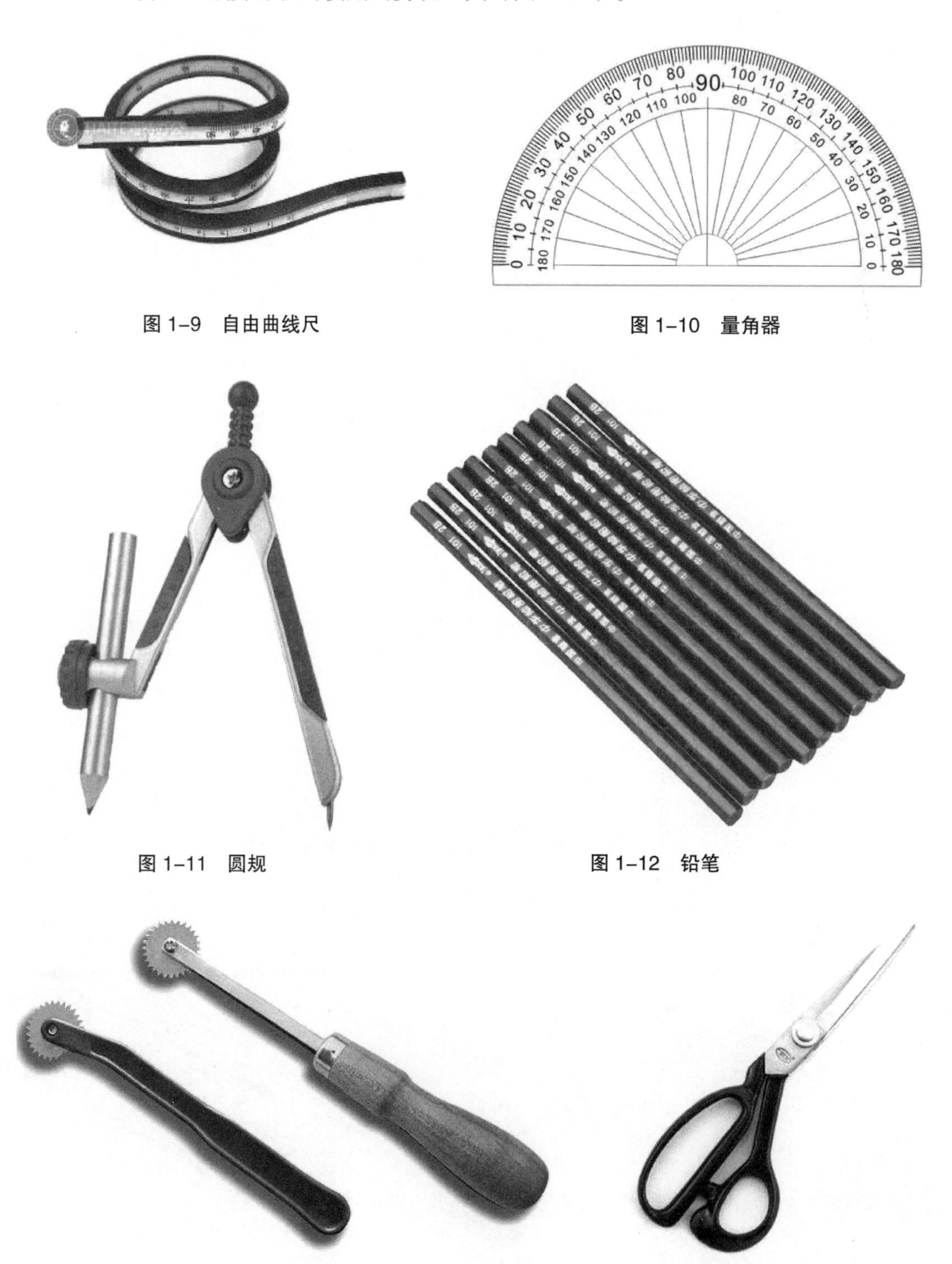

图 1–9　自由曲线尺

图 1–10　量角器

图 1–11　圆规

图 1–12　铅笔

图 1–13　描线轮

图 1–14　剪刀

3. 记号工具

（1）刀眼钳：在样板边缘标记对位记号时使用的工具（图 1–15）。

（2）锥子：在样板内部标记定位点、工艺点的工具（图 1–16）。

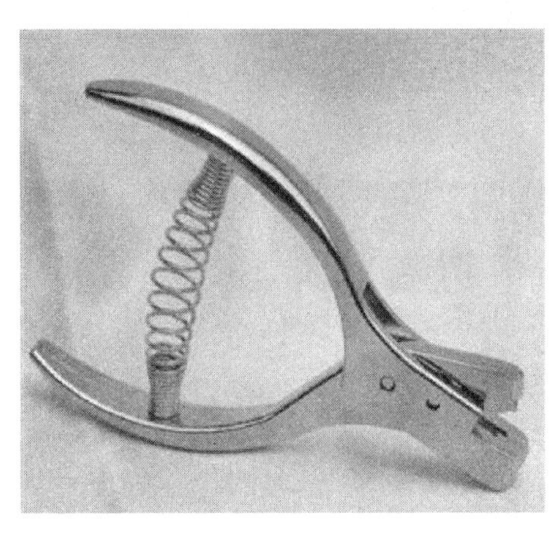

图 1–15　刀眼钳

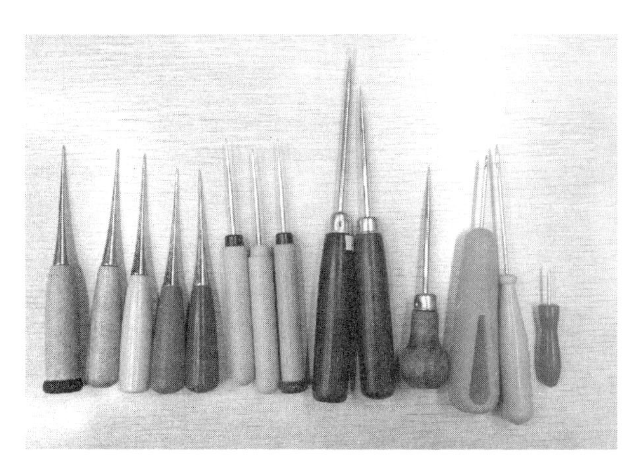

图 1–16　锥子

二、制作材料

现代女装纸样制作的材料，基本要求是伸缩性小、韧性好、表面光洁。主要制作材料有以下几种。

1. 大白纸

大白纸只作为纸样的过渡性用纸，不作为正式样板材料（图 1–17）。

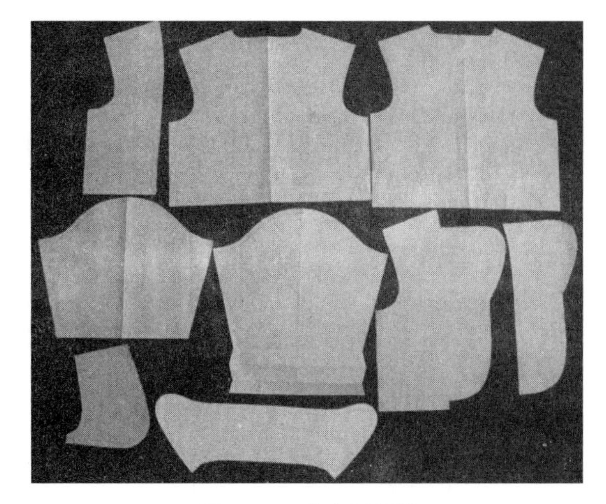

图 1–17　大白纸纸样

2. 牛皮纸

牛皮纸宜选用 100~300g/m^2 规格。其纸薄、韧性好、成本低、裁剪容易，但硬度不足，适宜制作小批量生产的服装纸样。

3. 裱卡纸

裱卡纸宜选用 250g/m^2 规格。其纸面细洁、厚度适中、韧性较好，适宜制作中批量生产的服装纸样。

4. 黄板纸

黄板纸宜选用 400~500g/m^2 规格。其纸较厚实、硬挺、不易磨损，适宜制作大批量生产的服装纸样（图 1–18）。

图 1–18　黄板纸纸样

5. 砂布

砂布可作为不易滑动的工艺纸样材料。

6. 薄白铁皮或铜片

薄白铁皮或铜片可作为长期使用的工艺纸样材料。

第三节　现代女装纸样制图图线与规则

服装制图是传达设计意图，沟通设计、生产、管理部门的技术语言，是组织和指导生产的技术文件之一。纸样制图作为服装制图的组成，它对标准样板的制定、系列样板的缩放具有指导作用。

一、纸样设计图线

纸样设计中不同的线条具有不同的表现形式，这种表现形式称为纸样设计图线。一定的纸样设计图线表达一定的制图内容。纸样设计图线一般有五种表达形式，即粗实线、细实线、虚线、点划线和双点划线。同一图纸中同类图线粗细一致。虚线、点划线和双点划线的线段长短和间隔应各自相同，其首末两端应是线段而不是点。纸样设计图线及用途，如表 1–1 所示。

表 1–1　纸样设计图线及用途　（单位：mm）

序号	图线名称	图线形式	图线粗细	图线主要用途
1	粗实线		0.9	轮廓线
2	细实线		0.3	基本线、辅助线、标注尺寸线
3	虚线	— — — — — —	0.3	放在下层的轮廓线、明缉线
4	点划线	— · — · — · — · —	0.3	对称折叠的线
5	双点划线	— · · —— · · —	0.3	某部位需折转的线

二、纸样设计符号

纸样设计符号是在纸样设计时，为使图纸规范便于识别，避免识图差错而统一制定的标记。纸样设计符号是指具有特定含义的记号，是学习服装纸样者必须掌握的基本知识。纸样设计符号及含义，如表 1–2 所示。

表 1–2　纸样设计符号及含义

序号	符号名称	符号形式	符号含义
1	等分线		等距离的弧线，虚线的宽度和实线相同
2	距离线		表示裁片某一部位两点之间的距离，箭头指示到部位的辅助线或轮廓线
3	省道线		表示省道的位置与形状，一般用实线表示
4	褶位线		表示衣片需要采用收褶工艺，用缩缝号或褶位线符号表示
5	裥位线		表示一片需要折叠进的部分，斜线方向表示褶裥的折叠方向
6	塔克线		图中细线表示塔克梗起的部分，虚线表示缉明线的部分
7	净样线		表示裁片属于净尺寸，不包括缝份
8	毛样线		表示裁片的尺寸包括缝份
9	经向线		表示服装面料经向的线，符号的设置应与面料的经向平行
10	顺向号		表示服装面料表面毛绒顺向的标记，箭头的顺向应与它相同
11	正面号		用于指示服装面料正面的符号
12	反面号		用于指示服装面料反面的符号
13	对条号		表示相关裁片之间条纹应该一致的标记，符号的横线对应布纹

续表

序号	符号名称	符号形式	符号含义
14	对花号	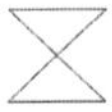	表示相关裁片之间应当对齐花纹标记
15	对格号	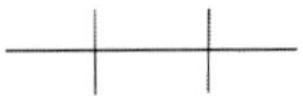	表示相关裁片之间应该对格的标记，符号的横线应该对应布纹
16	剖面线		表示部位结构剖面的标记
17	拼接号	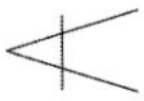	表示相邻的衣片之间需要拼接的标记
18	省略号	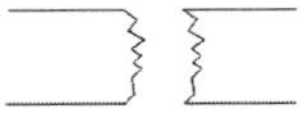	用于长度较大而结构图中又无法全部画出的部件
19	否定号		用于将制图中错误线条作废的标记
20	缩缝号		表示裁片某一部位需要用缝线抽缩的标记
21	拔开		表示裁片的某一部位需要熨烫拉伸的标记
22	等量号	◎ ● ▲	表示相邻尺寸裁片的大小相同
23	重叠号		表示相关衣片交叉重叠部位的标记
24	罗纹号	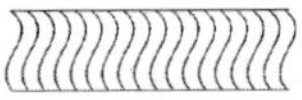	表示服装的下摆、袖口等需要装罗纹的部位的标记
25	明线号		实线表示衣片的外轮廓，虚线表示明线的线迹
26	扣眼位		表示服装扣眼位置及大小的标记
27	纽扣		表示服装纽扣位置的标记，交叉线的交点是缝线位置
28	刀口位		在相关衣片需要对位的地方所做的标记
29	归拢		表示借助一定的温度和工艺手段将余量归拢
30	对位	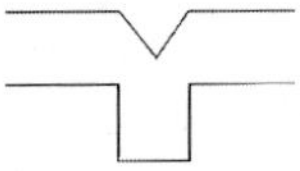	表示纸样上的两个部位缝制时需要对位
31	钉扣位		表示钉扣位置
32	缝合止点	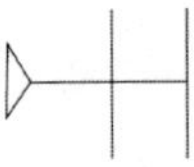	除表示缝合止点外，还表示缝合开始的位置附加物安装的位置

三、纸样设计部位代号

在纸样设计中，为了书写方便及画面的整洁，通常用部位代号来表示文字的含义。一般的部位代号都是以相应的英文名词首字母或两个首字母的组合表示。纸样设计部位代号及含义，如表 1–3 所示。

表 1–3 纸样设计部位代号

序号	中文	英文	代号
1	领围	Neck Girth	N
2	胸围	Bust Girth	B
3	腰围	Waist Girth	W
4	臀围	Hip Girth	H
5	领围线	Neck Line	NL
6	上胸围线	Chest Line	CL
7	胸围线	Bust Line	BL
8	下胸围线	Under Burst Line	UBL
9	腰围线	Waist Line	WL
10	中臀围线	Meddle Hip Line	MHL
11	臀围线	Hip Line	HL
12	肘线	Elbow Line	EL
13	膝盖线	Knee Line	KL
14	胸高点	Bust Point	BP
15	颈肩点	Side Neck Point	SNP
16	颈前点	Front Neck Point	FNP
17	颈后点	Back Neck Point	BNP
18	肩端点	Shoulder Point	SP
19	袖窿	Arm Hole	AH
20	长度	Length	L

四、纸样设计规则

1. 先画基础线，后画结构线

基础线是纸样设计的辅助线，纸样设计时先画基础线确定整体框架，再确定各个局部的尺寸及形状绘制出结构线。基础辅助线用较轻、较细的线条，轮廓线则用较重、较浓的粗线条。

2. 先画主部件，后画零部件

女装主部件主要包括前衣片、后衣片、大袖片、小袖片等。

女装零部件是指衣领（领面、领里）、口袋（袋盖面、袋盖里、嵌线、垫袋布、口袋布）、装饰部件等。

3. 先画净样，后画毛样

在纸样设计中净样表示服装成型后的实际规格，不包括缝份和折边在内。毛样是表示服装成型前的衣片规格，包括缝份和折边在内。先画出衣片的净样，然后按照缝制工艺的具体要求，加放所需要的缝份和折边，最后在图样上注明标记，如经纬纱线的方向、毛向、条格方向等。

4. 先画面板图，后画里板和衬板图

先将面板的图绘制好，然后结合工艺要求画出里板图和衬板图，在绘制里板和衬板图时，要注意留足缝份。

五、纸样设计制作技巧

1. 正确分析款式

女装的款式来源主要有实物样品和服装款式图两种形式。

实物样品有现成的服装成品，对于实物样品可以边观察、分析和测量，边按照服装的款式结构，来进行服装的纸样设计。

服装款式图是指体现服装款式造型的平面图，是款式设计部门与纸样设计部门之间传递设计意图的技术文件。认真分析服装款式图，可以准确分析服装的外观造型、各部位之间的结构关系、工艺处理形式等信息，为服装纸样的制作提供重要的参考依据。服装的款式分析可以按照功能属性、平视结构和透视结构三个方面进行分析。功能属性是指服装属于哪种类型，如是单层还是多层，是表演类、特殊功能类还是实用类；平视结构是指从服装款式图上可直接观察到的款式结构，主要包括服装的外观造型、部件之间的相连形式、穿脱结构等；透视结构是指从款式图中难以观察到的款式结构，主要包括款式表面被其他部位掩盖的部件结构、款式里布的部件结构、款式里布与面布之间的组合结构等，这些内容往往需要服装纸样设计师具有丰富的服装专业知识背景和经历，才能正确分析出最合适的结构形式。

2. 熟练掌握女装纸样设计原理

服装属于三维形态结构，而服装纸样是二维形态结构，为了使二维形态结构的服装纸样更好地符合人体体型特征，在进行服装纸样制作时，必须要熟悉女体体型特征及各部位的比例关系，根据人体的活动规律，设计各个部位的加放松量和相应的纸样。由于服装直接依附于人体，人体的体型特征对服装有直接的影响，而人体的体型与性别、年龄、地域、生活习惯等因素有关，因此，服装纸样设计师必须了解女装纸样设计原理，能够根据女装纸样设计原理知识，设计出不同的女装纸样，满足不同消费者的需求。

3. 精通女装纸样微调技术

女装纸样是按照人体的结构，将服装分解成不同的衣片结构，在分解衣片的过程中，往往会由于分解衣片结构的不合理而导致服装在缝制过程中相邻部位出现凹角和凸角，产生不圆顺的现象，而且由于缝制工艺的不同往往会出现不同程度的收缩现象，因此，在女装纸样制作过程中，为了很好地处理女装的纸样尺寸与服装规格尺寸的差异，必须在女装成品规格和缝制工艺的基础上，借助女装纸样微调技术对服装纸样进行修正，使女装的成品规格达到所需要的实际尺寸。

4. 熟悉女装工业化生产技术

服装的质量对服装的外观有至关重要的作用，服装在生产的过程中会使用一些专用加工设备，一件服装是多人合作的结果，通常采用工业化流水线制作形式。在进行女装纸样制作时，必须考虑服装工业化生产技术，按照流水线的生产方式，优化女装纸样。

第四节　现代女装纸样分类

现代女装纸样是现代女装生产中排料、划样、裁剪和缝制过程中所用的板型图样，它起着模板、模具的作用，同时也是检验产品形状、规格、质量的衡量依据。现代女装纸样按其用途不同可以分为裁剪纸样和工艺纸样。

一、裁剪纸样

1. 面料纸样

面料纸样是用于面料裁剪的纸样，一般加有缝份和折边量。为了便于排料，最好在纸样的正反两面都做好完整的标识，如纱向、号型、名称和数量等。要求结构准确，纸样标识正确清晰。

2. 里料纸样

里料纸样是用于里料裁剪的纸样。里料纸样是根据面料特点及生产工艺要求制作的，一般比面料纸样的缝份大 0.5~1.5cm，留出缝制过程中的清剪量，在有折边的部位，里料的长度可能要比衣身纸样少一个折边量。

3. 衬料纸样

衬料有织造衬和非织造衬、缝合衬和黏合衬之分。不同的衬料和不同的使用部位，有着不同的作用和效果，女装生产中经常结合工艺要求有选择地使用衬料。衬料纸样的形状及属性是由生产工艺决定的，有时使用毛板，有时使用净板。

4. 部件纸样

部件纸样是用于女装中除衣片、袖片、衣领之外的小部件的裁剪纸样，如袋布、袋盖、袖克夫等。

二、工艺纸样

在成批生产的成衣工业中，为使每批产品保持各部位规格准确，对一些关键部位及主要部位的外观及规格尺寸进行衡量和控制的纸样称为工艺纸样。工艺纸样按作用和用法不同，基本分为五种。

1. 修正纸样

修正纸样是用于裁片修正的模板，是为了避免裁剪过程中衣片变形而采用的一种补正措施。主要用于对条、对格的中高档女装产品，有时也用于某些局部的修正，如领圈、袖窿等。有些面料质地疏松且容易变形，因此在划样裁剪中需要在衣片四周加大缝份，在缝制前再用修正纸样覆在衣片上进行修正。局部修正则放大相应部位，再用局部修正纸样修正。修正纸样可以是毛样，也可以是净样，一般情况下以毛样居多。

2. 净片样板

净片样板主要用于高档女装，特别是对条、对格、对花女装产品，高档女西装、礼服等产品的主要附件定位、画剪净样、修剪等。

3. 定量纸样

定量纸样主要是用于掌握和衡量一些较长部位、宽度、距离的小型模具，多用于折边、贴边部位。例如，各种上衣的底边、袖口折边等。

4. 定形纸样

为了保证某些关键部件的外形规范、规格符合标准，在缝制过程中采用定形纸样。定形纸样一般是不加缝份的净样，如衣领、驳头、衣袋、袋盖、袖克夫等小部件的定形纸样。定形纸样按不同的使用方法又可分为画线纸样、缉线纸样和扣边纸样。定形纸样要求结实、耐用、不抽缩，有的使用金属材料。

（1）画线纸样：按定形纸样勾画净线，可作为缉线的线路，保证部件的形状规范统一。例如，衣领在缉领外口线前需先用画线纸样勾画净线，即能使衣领的造型与纸样保持一致。画线纸样一般采用黄板纸和裱卡纸。

（2）缉线纸样：按定形纸样缉线，既省略了画线，又使缉线与纸样的符合率大大提高，如下摆的圆角部位、袋盖部件等。但要注意，缉线纸样应采用砂布等材料制作，目的是为了增加纸样与面料的附着力，以免在缝制中移动。

（3）扣边纸样：多用于单缉明线不缉暗线的零部件，如贴袋、弧形育克等。将扣边纸样放在衣片的反面，周边留出缝份，然后用熨斗将这些缝份向纸样方向扣倒烫平，并保持产品规格一致。扣边纸样应采用坚韧耐用且不易变形的薄铁片或薄铜片制作。扣边纸样以净板居多。

5. 定位纸样

为了保证某些重要位置的对称性和一致性，在批量生产中经常采用定位纸样。定位纸样主要用于不允许钻眼定位的高档女装衣料产品。定位纸样一般取自于裁剪纸样上的某一个局部。衣片或半成品定位纸样往往采用毛样，如袋位的定位纸样等。而成品的定位纸样则往往采用净样，如扣眼定位纸样等。定位纸样一般采用黄板纸或裱卡纸制作。

第二章　女体特征与测量知识

第一节　女体特征

服装是为人体服务的，故在进行女装纸样设计时必须充分考虑女体结构，了解女体体型特征及各部位的比例关系，只有这样设计出的女装纸样才能更好地符合女性消费者的体型特征。

一、女体基本结构

人体是由骨骼、肌肉、关节等构成，它们是决定人体体型的基本要素。

1. 人体骨骼

骨骼是人体的支架，它是由 206 块不同形状的骨头组成。人体外形的体积和比例是由人的骨架制约着。这里主要介绍与女装纸样设计密切相关的人体骨骼。

（1）脊柱：在骨骼中作为主要支柱的是脊柱。它是由颈椎、胸椎、腰椎三部分组成，起着支撑头部、连接胸腔和骨盆的作用，整体形成背部凸起，腰部凹陷的“S”形。

由于脊柱是由活动的骨节和具有弹性的软骨组成，因此脊柱整体都可屈动。脊柱上的第七颈椎，即后颈点，是测量女装后背长的基准点，腰椎共有五块，第三块为腰节，常常作为女装上的腰线位置。脊柱的弯曲形状及肩胛骨突出的程度决定了女装后衣片的结构。

（2）锁骨：位于颈胸的交界处，它的内端与胸锁乳突肌相接形成颈窝，即女装上前颈点的位置。它的外端与肩胛骨、肱骨上端会合形成肩峰，是女装上肩端点的位置。

（3）胸廓：12 个胸椎及连接它们的 12 根肋骨，再加上前面的胸骨形成胸廓，其形状呈竖起的蛋形。女性的乳房大致在第四、第五根肋骨之间，形状隆起而下坠，乳房的大小、高低对女装前衣片的结构有极其重要的影响。

（4）肩胛骨：位于背部最上方，形状呈倒三角形。由于三角形的上部凸起，在女装纸样设计时需考虑肩或肩缝设计。肩胛骨上部横向的长柄状的外侧端是测量肩宽的肩峰点。

（5）骨盆：由两侧髋骨、耻骨、骶骨和坐骨构成。骶骨连接腰椎，髋骨与下肢股骨相连，称为大转子。骨盆是测量臀围线的依据，在女装纸样设计时必须考虑该部位的功能性。

（6）下肢骨系：由股骨、髌骨、胫骨、腓骨和踝骨组成。髌骨是确定裙长的依据，而踝骨则是确定裤长的依据。

（7）上肢骨系：由肱骨、尺骨、桡骨和掌骨组成。肱骨的上端与锁骨、肩胛骨相连形成肩关节，并形成肩凸，这是女装上衣肩部纸样设计的依据。尺骨和桡骨的上端与肱骨前端相连接，形成肘关节，下端与掌骨连接构成腕关节。这些部位是确定女装袖长的依据，也是设置袖弯、袖省的依据。

2. 人体肌肉

肌肉是构成人体的另一个要素，每个人体有500多块肌肉。人体的肌肉组织非常复杂，纵横交错，层次重叠，有的丰满隆起，直接呈现于人体表面；也有的位于深层，间接影响着人体的外形。因此，研究肌肉的形态特征，可以加深理解女装纸样设计的理论，尤其是省道、省道变化原理和结构线设计原理。下面介绍与女装结构密切相关的人体肌肉。

（1）胸锁乳突肌：其上起耳根后部的突起，下至锁骨内端，与锁骨形成的夹角在肩的前部形成颈窝。这就是女装衣片纸样设计中前短后长的原因，因为通过前肩线拔长，后肩线归短，可以使得服装前肩部凹进，后肩处凸起，与人体体型相吻合。

（2）乳房：位于胸廓最丰满处，是测量胸围的部位，乳房的大小和形状直接关系到女装前衣片中心的撇门及省量的大小。

（3）斜方肌：位于肩胛骨的上方，是后背较为发达的肌肉。斜方肌与胸锁乳突肌交叉形成了颈与肩的转折，称之为颈侧点。斜方肌的形状，对女装后衣片及小肩部位的纸样设计有直接影响。

（4）三角肌：三角肌包着肩部关节，形成肩部圆顺的造型。三角肌的形状与大小会影响到女装衣袖的吃势及袖肥。

（5）背阔肌：位于斜方肌的两侧，与前锯肌连接，形成背部隆起。背阔肌与腰部形成上凸、下凹的体型特征，与女装后衣片的纸样设计有直接关系。

（6）臀大肌：位于腰背筋膜的下方，是形成臀部形态的肌肉。臀部肌肉的大小与形状，对女装上衣下摆和裤、裙的臀围大小有极其密切的关系。

3. 人体关节

人体各骨骼之间由关节连接在一起，它对肌肉的伸缩起杠杆作用，决定人体运动方向及范围。因此研究人体关节构造对女装纸样设计十分重要，能够帮助决定放松量的大小及其与舒适性的关系。

（1）颈部：颈部是头部和胸部的连接点，呈上细下粗的圆柱状。从侧面看，颈部向前呈倾斜状，下端圆柱体的截面近似扁圆形，颈中部与颈根部的围度一般相差2~3cm。颈部的活动范围较小，颈部前屈、后伸和侧屈都可以达到45°，左右旋转可以达到60°左右。在女装领子纸样设计中，领上口与颈部之间要留有适当的空隙，以适合颈部的活动需要。

（2）腰部：腰部是胸部和臀部的连接点，为体现女性曲线的关键部位，活动范围较大。前、后、左、右都有一定的活动范围，尤其是向前屈动的范围更大，通常为前屈80°，后伸30°，左右侧屈动35°。因此，在进行上衣、裙子、裤子等纸样设计时应考虑到腰部的活动松量。

（3）大转子：大转子是臀部与下肢的连接点，活动范围非常大，尤其是向前屈动，通常为前屈 120°，后伸 10°。由于运动的平衡关系，左右大转子的运动方向是相反的，因而使腿部运动范围加大，正常行走时前、后足距为 60cm 左右，两膝盖的围度为 90cm 左右；大步行走时，足距为 70cm 左右，两膝盖的围度为 100cm 左右。这些都是确定裙子下摆围、裤子上裆与横裆的依据。

（4）膝关节：膝关节是大腿与小腿的连接点。其活动范围通常为后屈 135°，左右旋转各 45°，是确定裤子中裆的依据。

（5）肩关节：肩关节是胸廓与上肢的连接点，活动范围非常大，通常前、后活动范围为 240°，左、右各为 250°。肩关节主要以向上和向前为主，因而在进行衣袖纸样设计时要把握松量及其与舒适性、造型的关系。

（6）肘关节：肘关节是上臂与前臂的连接点，活动范围以前屈为主，通常为向前屈臂 150°。在紧身袖的纸样设计中，要注意以肘关节为转折点，来决定肘省或弯曲度。

二、女体的基准点与基准线

1. 人体测量基准点

在进行人体测量时，必须掌握与女装密切相关的人体体表的基准点（图 2–1）。

（1）前颈点：位于人体前中心颈、胸交界处，是测量人体胸高的起点，也是基础领线定位的依据。

（2）侧颈点：位于人体颈部侧中央与肩部中央的交界处，是测量人体前、后腰节长及前衣长的起点，也是基础领线的定位依据。

（3）后颈点：位于人体后中心颈、背交界处，是测量人体背长及上体长、后衣长的起点，也是基础领线的定位依据。

（4）肩端点：位于人体肩关节突出处，是测量人体总肩宽的基准点，也是测量臂长、袖长的起点。

（5）背高点：位于人体背部左、右两侧的最高处，是后省尖指向的依据。

（6）胸高点：位于人体胸部左、右两侧的最高处，是胸省指向的依据。

（7）前腋点：位于人体前臂与胸的交界处，是测量人体前胸宽的基准点。

（8）后腋点：位于人体后臂与背的交界处，是测量人体后背宽的基准点。

（9）前肘点：位于人体上肢肘关节前端，是女装前袖弯凹势的依据。

（10）后肘点：位于人体上肢肘关节后端，是女装后袖弯凸势及省道指向的依据。

（11）前腰中点：位于人体前腰部正中央。

（12）后腰中点：位于人体后腰部正中央。

（13）腰侧点：位于人体侧腰部正中央，是测量裤长、裙长的依据。

（14）前臀中点：位于人体前臀正中央。

（15）后臀中点：位于人体后臀正中央。

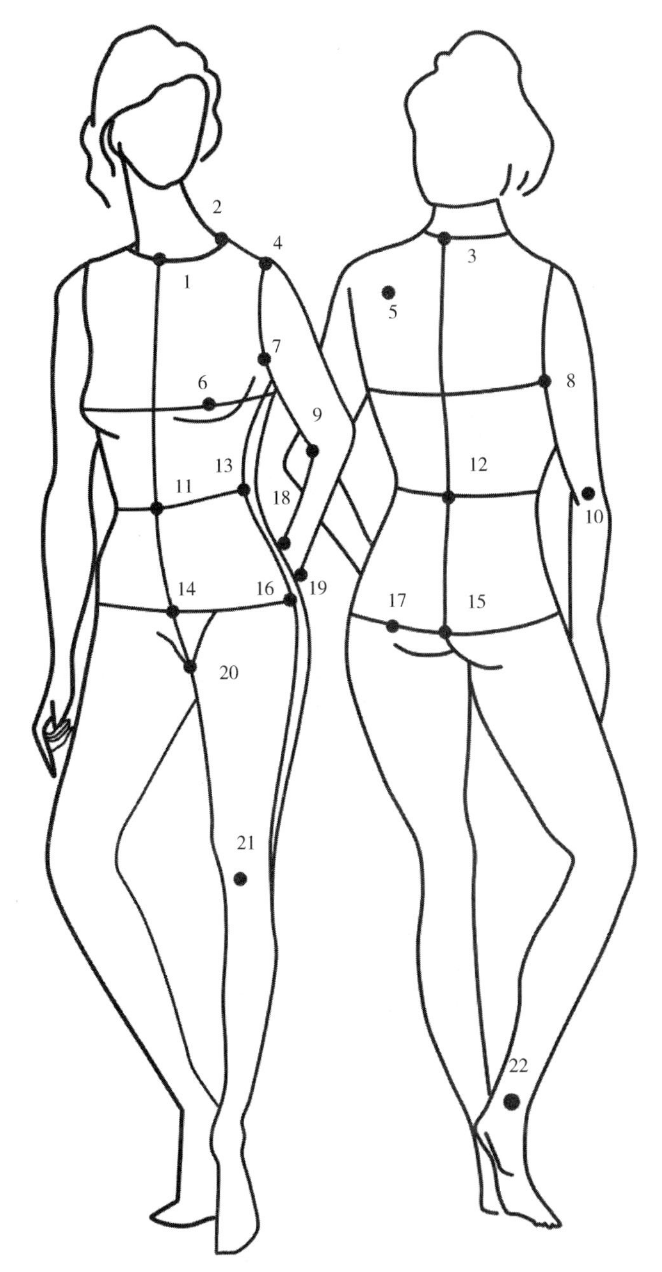

图 2-1　人体基准点

（16）臀侧点：位于人体侧臀正中央。

（17）臀高点：位于人体后臀左、右两侧最高处，是女装省道指向依据。

（18）前手腕点：位于人体手腕部的前端，是测量服装袖口大小的基准点。

（19）后手腕点：位于人体手腕部的后端，是测量臂长的终点。

（20）会阴点：位于人体两腿的交界处，是测量人体下肢及腿长的起点。

（21）髌骨点：位于人体膝关节的外端。

（22）踝骨点：位于人体脚腕部外侧中央，是测量人体腿长的终点，也是确定裤长的参考点。

2. 人体测量基准线

在进行人体测量时，必须掌握与女装密切相关的人体基准线（图 2–2）。

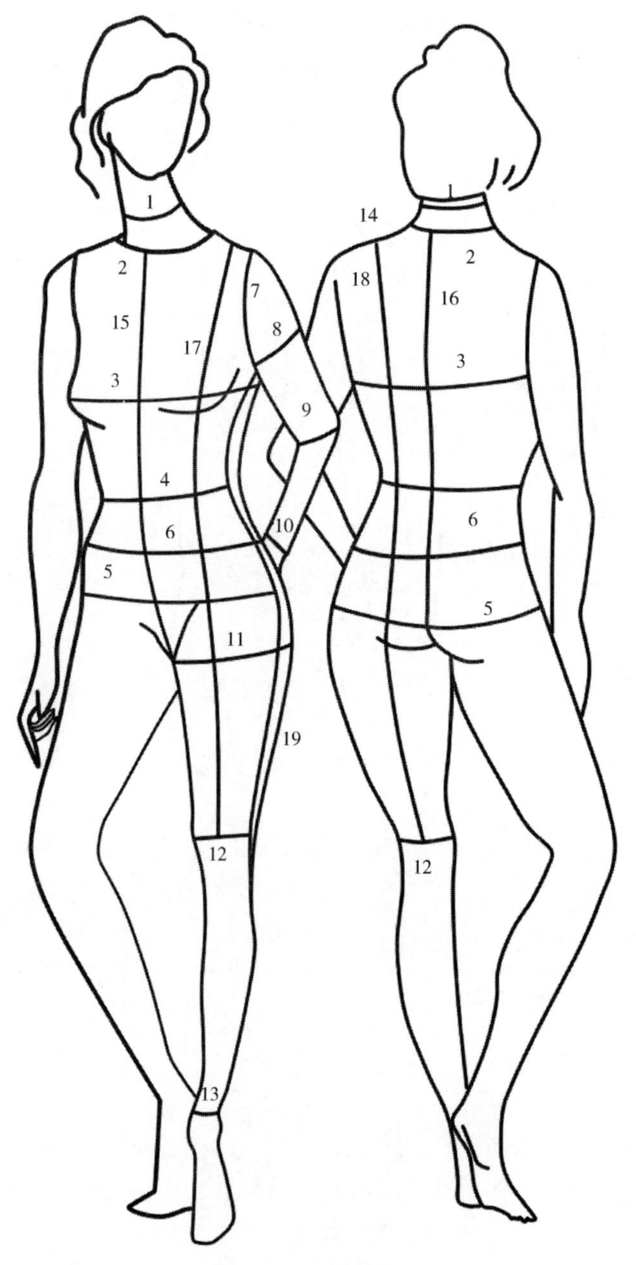

图 2–2　人体基准线

（1）领围线：经喉结下 2cm 处水平围量一周，是测量人体颈围的基准线。

（2）颈根围线：经前颈点、侧颈点、后颈点围量一周，是测量人体颈根围度的基准线，也是女装基础领线定位的依据。

（3）胸围线：经胸高点水平围量一周，是测量人体胸围的依据。

（4）腰围线：经腰部最细处水平围量一周，是测量人体腰围的依据，也是前、后腰节长的基准线。

（5）臀围线：经臀部最丰满处水平围量一周，是测量人体臀围的依据，也是臀长的基准线。

（6）中臀围线：在腰围线与臀围线之间的 1/2 处水平围量一周，是测量人体中臀围的依据。

（7）臂根围线：经前腋点、后腋点及肩端点围量一周，是测量人体臂根围的依据。

（8）臂围线：经上臂最丰满处围量一周，是测量人体臂围的依据。

（9）肘围线：经手臂前、后肘点围量一周，是女装袖肘线定位的参考依据，也是测量上臂长度的基准线。

（10）腕围线：经前、后手腕点水平围量一周，是测量人体手腕围的依据，也是测量前臂长的基准线。

（11）大腿根围线：经大腿最丰满处水平围量一周，是测量人体大腿围的依据，也是确定裤子横裆线位置的参考依据。

（12）膝围线：经下肢髌骨点水平围量一周，是确定裤子中裆的参考依据，也是测量大腿长度的基准线。

（13）脚腕围线：经脚腕部最细处水平围量一周，是测量脚腕围的位置及腿长的终止线，也是长裤脚口定位的参考依据。

（14）肩线：经侧颈点与肩端点的肩部中央线，是人体前、后肩的分界线。

（15）前中心线：由前颈点经前腰中点、前臀中点至会阴点的前身对称线，是女装前中线定位的依据。

（16）后中心线：由后颈点经后腰中点、后臀中点的后身对称线，是女装后中线定位的依据。

（17）胸高纵线：经人体胸高点、髌骨点的顺直线，是女装前公主线定位的参考依据。

（18）背高纵线：经人体背高点、臀高点的顺直线，是女装后公主线定位的参考依据。

（19）侧缝线：经人体腰侧点、臀侧点、踝骨点的人体侧身中央线，是女装侧缝定位的参考依据。

第二节　测量知识

女装是现代女士不可缺少的生活用品，是民族文化和现代文化的结合。一件高档女装的缝制过程，大致需要经过选择面料、决定款式、测量人体、纸样设计、裁剪衣片、组合假缝、试穿修正、定型缝制八个步骤。在这八个步骤中，纸样设计是比较重要的一环，它既要体现款式的要求，又要体现人体外形结构的要求。所以进行纸样设计之前，首先要对人体进行测量、观察，了解体态特征，这样才能准确地使服装裁制有据可依，而量体的准确与否直接影响着款式实现的效果。

一、人体测量姿势

进行人体测量时，一般采用被测者的立姿或坐姿。被测者的立姿要求两腿并拢，两脚尖自然分开 60°，全身自然伸直，双肩放松，双臂下垂自然贴于身体两侧。测量者位于被测者的左侧，按照先上装后下装，先长度后围度，最后测量局部的程序进行测量。被测者的坐姿要求上身自然伸直，并与椅面垂直，小腿与地面垂直，上肢自然弯曲，双手平放于大腿上。

二、人体测量项目

1. 围度尺寸测量

围度尺寸测量共 11 个部位。

（1）胸围：在胸部经过胸高点水平围量一周的尺寸，软尺要保持水平状态。

（2）腰围：在腰部最细处水平围量一周的尺寸。

（3）臀围（坐围）：在臀部最丰满处水平围量一周的尺寸。

（4）腹围：经过腰围线与臀围线的中点处水平围量一周的尺寸。

（5）头围：经过耳上、前额、后枕骨围量一周的尺寸。

（6）颈根围：经过后颈点（第七颈椎骨）、左右侧颈点和前颈点围量一周的尺寸。

（7）臂根围：经过肩端点、前后腋点环绕臂根围量一周的尺寸。

（8）上臂围：在手臂最粗位置围量一周的尺寸。

（9）肘围：曲肘时经过肘点围量一周的尺寸。

（10）手腕围：在手腕关节处围量一周的尺寸。

（11）手掌围：五指自然并拢，软尺绕手掌最宽处围量一周的尺寸。

2. 长度尺寸测量

长度尺寸测量共 11 个部位。

（1）背长：从后颈点随背形测量至腰围线。

（2）腰长：从腰围线测量至臀围线的距离。

（3）臂长：肩端点经过肘点至手腕处的长度。

（4）胸高点：测量侧颈点至乳尖点距离。

（5）裙长：自腰围线测量至裙底边线。

（6）裤长：自腰围线测量至外踝点。

（7）股上长：自腰围线到股（大腿）根部的尺寸。

（8）股下长：裤长减去股上长尺寸或直接自臀股沟测量至外踝点。

（9）后腰长：自侧颈点过肩胛骨测量至腰围线。

（10）前腰长：自侧颈点过乳尖点测量至腰围线。

（11）肘长：自肩端点经过肘部测量至肘点。

3. 宽度尺寸测量

宽度尺寸测量共 4 个部位。

（1）肩宽：左、右肩端点之间的距离，测量时软尺应保持水平。

（2）背宽：左、右后腋点之间的距离。

（3）胸宽：左、右前腋点之间的距离。

（4）乳间距：左、右乳尖点之间的距离。

第三节　女装号型

我国的《服装号型标准》为服装企业成衣生产的规格设计提供了依据，其是以我国正常人体主要部位的尺寸为依据，对不同体型进行分类制定的服装号型国家标准。这个标准基本反映了我国人体的体型规律，具有广泛的代表性。现行 GB/T 1335—2008 标准的内容是在 GB/T 1335—1997 的基础上修订完成的。新标准在制定过程中，参考了国际标准技术文件以及日本工业标准等国外先进标准，使服装的号型标准更科学合理，更符合中国人体体型特点。

一、号型定义

服装的号与型是服装规格的长短与肥瘦的标志，是根据正常人体型规律以及选用最有代表性的部位，经过合理归并设置的。“号”指高度，以厘米为单位表示人体总高度，也包含与之相对应的人体长度各控制部位的数值，是设计服装长、短的依据。“型”指围度，以厘米为单位表示人体胸围或腰围。上装的“型”表示净体胸围的长度，下装的“型”表示净体腰围的长度。与“号”的情况相同，“型”也包含着与之相对应的围度方面的控制部位数值。“型”是设计服装肥瘦的依据。

按照国家《服装号型标准》规定，服装是以人体高度为“号”，以胸围、腰围的围度为“型”。凡国内服装产品，人们一看号型标志的数值，就可知适合身材多高、体围多大的人穿用。

二、体型代号

我国女子体型按 4 种体型代号分类，即 Y、A、B、C，它是根据人体的胸腰差，即净体胸围减去净体腰围的差值大小（表 2-1）来进行分类的。如，某女子的胸腰差在 4~8cm，那么该女子的体型就是 C 体型。

表 2-1　我国女子四种体型代号　（单位：cm）

体型分类代号	胸围与腰围之差	体型分类代号	胸围与腰围之差
Y	19~24	B	9~13
A	14~18	C	4~8

总体看，人群中 A 体型和 B 体型较多，其次为 Y 体型，但在全国的不同区域中，其比例又有所不同（表 2-2）。在号型规格设计时，应该在服装销售的具体区域各体型占有率的基础上，合理地设置号型系列，这对于成衣生产至关重要。

表 2-2　全国及分地区女子各体型代号所占比例

体型 地区	Y（%）	A（%）	B（%）	C（%）	其他（%）
华北、东北	15.15	47.61	32.22	4.47	0.55
中西部	17.50	46.79	30.34	4.52	0.85
长江下游	16.23	39.96	33.18	8.78	1.85
长江中游	13.93	46.48	33.89	5.17	0.53
广东、广西、福建	9.27	38.24	40.67	10.86	0.96
云、贵、川	15.75	43.41	33.12	6.66	1.06
全国	14.82	44.13	33.72	6.45	0.88

三、号型标志

产品出厂必须标明成品的号型，还必须加注人体体型代号 Y、A、B、C。号、型和体型代号在服装成品上的表示方法为“号”的数值在前，“型”的数值在后，中间用斜线分隔，“型”的数值后面是体型分类，即号 / 型体型分类代号。号型标志也可以说是服装规格的代号。套装系列，上、下装必须分别标有号型标志。

例如，女上衣号型 165/88A，号 165 表示该人的身高为 165cm，型 88 表示该人的净体胸围是 88cm，体型分类代号 A 表示该人胸围与腰围的差值在 14~18cm 之间；女裤装号型 160/68A，号 160 表示该人的身高为 160cm，型 68 表示该人的净体腰围是 68cm，体型分类代号 A 表示该人胸围与腰围的差值在 14~18cm 之间。

四、号型配置形式

成衣生产中，必须根据选定的号型系列编制出产品的规格系列表，这是对正规化生产的基本要求之一。一方面以此来控制和保证产品的规格质量；另一方面则结合投产批量、款式等实际情况，编制出样板所需要的号型配置。这种配置一般有三种形式。

1. 号和型同步配置

配置形式是：155/76，160/80，165/84，170/88，175/92。

2. 一个号和多个型配置

配置形式是：170/76，170/80，170/84，170/88，170/92。

3. 多个号和一个型配置

配置形式是：155/88，160/88，165/88，170/88，175/88。

五、号型系列

把人体的号和型进行有规则的分档排列即为号型系列，“国标”中的号型系列主要有 5・4 系列和 5・2 系列。5・4 系列是指身高按 5cm 分档，胸围或腰围按 4cm 分档。5・2 系列是指身高按 5cm 分档，腰围按 2cm 分档，只用于下装。分档数值又称为档差。以中间体为中心，向两边按照档差递增或递减，从而形成不同的号和型，其合理地组合与搭配可形成不同的号型，号型标准给出了可以采用的号型系列。表 2–3~ 表 2–6 所示为女装常用的号型系列。

表 2–3　5・4/5・2Y 女装号型系列　（单位：cm）

胸围	腰围													
	身高 145		身高 150		身高 155		身高 160		身高 165		身高 170		身高 175	
72	50	52	50	52	50	52	50	52						
76	54	56	54	56	54	56	54	56	54	56				
80	58	60	58	60	58	60	58	60	58	60	58	60		
84	62	64	62	64	62	64	62	64	62	64	62	64	62	64
88	66	68	66	68	66	68	66	68	66	68	66	68	66	68
92			70	72	70	72	70	72	70	72	70	72	70	72
96					74	76	74	76	74	76	74	76	74	76

表 2-4　5·4/5·2A 女装号型系列　　（单位：cm）

胸围	腰围																				
	身高 145			身高 150			身高 155			身高 160			身高 165			身高 170			身高 175		
72				54	56	58	54	56	58	54	56	58									
76	58	60	62	58	60	62	58	60	62	58	60	62	58	60	62						
80	62	64	66	62	64	66	62	64	66	62	64	66	62	64	66	62	64	66			
84	66	68	70	66	68	70	66	68	70	66	68	70	66	68	70	66	68	70	66	68	70
88	70	72	74	70	72	74	70	72	74	70	72	74	70	72	74	70	72	74	70	72	74
92				74	76	78	74	76	78	74	76	78	74	76	78	74	76	78	74	76	78
96							78	80	82	78	80	82	78	80	82	78	80	82	78	80	82

表 2-5　5·4/5·2B 女装号型系列　　（单位：cm）

胸围	腰围													
	身高 145		身高 150		身高 155		身高 160		身高 165		身高 170		身高 175	
68			56	58	56	58	56	58						
72	60	62	60	62	60	62	60	62	60	62				
76	64	66	64	66	64	66	64	66	64	66				
80	68	70	68	70	68	70	68	70	68	70	68	70		
84	72	74	72	74	72	74	72	74	72	74	72	74	72	74
88	76	78	76	78	76	78	76	78	76	78	76	78	76	78
92	80	82	80	82	80	82	80	82	80	82	80	82	80	82
96			84	86	84	86	84	86	84	86	84	86	84	86
100					88	90	88	90	88	90	88	90	88	90
104							92	94	92	94	92	94	92	94

表 2-6　5·4/5·2C 女装号型系列　　（单位：cm）

胸围	腰围													
	身高 145		身高 150		身高 155		身高 160		身高 165		身高 170		身高 175	
68	60	62	60	62	60	62								
72	64	66	64	66	64	66	64	66						
76	68	70	68	70	68	70	68	70						
80	72	74	72	74	72	74	72	74	72	74				
84	76	78	76	78	76	78	76	78	76	78	76	78		
88	80	82	80	82	80	82	80	82	80	82	80	82		
92	84	86	84	86	84	86	84	86	84	86	84	86	84	86
96			88	90	88	90	88	90	88	90	88	90	88	90
100			92	94	92	94	92	94	92	94	92	94	92	94
104					96	98	96	98	96	98	96	98	96	98
108							100	102	100	102	100	102	100	102

六、中间体

根据大量实测的人体数据，通过计算求出平均值，即为中间体。它反映了我国成年女子各类体型的身高、胸围、腰围等部位的平均水平，具有一定的代表性。在设计女装规格时必须以中间体为中心，按一定的分档数值，向上下、左右推档组成规格系列。但中间体是在号型中占有最大比例的体型，国家设置中间标准体号型是就全国范围而言，由于各个地区的情况会有差别，因此，对中间号型的设置应视各地区的具体情况及产品销售方向而定，不宜照搬，但号型规定的系列不变。女体型中间体设置如表 2-7 所示。

表 2-7　女体型中间体设置　（单位：cm）

体型	Y	A	B	C
身高	160	160	160	160
胸围	84	84	88	88

七、号型应用

号和型的分档数值与每个人的实际高矮胖瘦并不完全相同，所以在对用号型表示规格尺寸的女装的选购时，可采用上下归靠的方法。消费者选择和应用号型时应注意，选购女装前，先测量自己的身高、净胸围、净腰围，以胸腰差值来确定自己的体型，然后按测量得到的实际尺寸在某个体型中选择近似的号型女装。如身高 167cm，胸围 90cm 的人，号是在 165~170cm 之间，型是在 88~92cm 之间，因此需要向上或向下靠档。一般来说，应向接近自己身高、胸围或腰围的尺寸号型靠档。

按身高数值选用号，例如，身高为 163~167cm，选用号 165cm；身高为 168~172cm，选用号 170cm。

按净体胸围数值选用上衣的型，例如，净体胸围为 82~85cm，选用型 84cm；净体胸围为 86~89cm，选用型 88cm。

按净体腰围数值选用裤子的型，例如，净体腰围为 65~66cm，选用型 66cm；净体腰围为 67~68cm，选用型 68cm。

对服装企业来说，在选择和应用号型系列时应注意以下几点：

（1）必须在“国标”规定的各系列中选用适合本地区的号型系列。

（2）无论选用哪个系列，都必须考虑每个号型适应本地区的人口比例和市场需求情况，相应地安排生产依据。

（3）当服装号型中规定的号型不够用时（虽然这部分人占的比例较小），可扩大号型设置范围，以满足消费者的要求。扩大号型范围时，应按各系列所规定的分档数值和系列数值进行。

第三章　女装原型

第一节　女装原型概述

一、服装原型

服装原型是指符合人体原始状态的基本服装形状，即简单的不带任何款式变化因素的服装纸样，又称原型纸样。原型纸样是以人体基本尺寸为依据，加以理想化、标准化而得出的，是覆盖人体表面的最基本的纸样，是制作服装纸样的依据和基础。

二、服装原型分类

根据服装原型的不同内涵，可以将原型分为以下几类。

1. 按年龄和性别分类

由于年龄、性别等影响因素，人体各个部位的长度或形态各不相同，因此可以根据年龄和性别的差异划分成不同的原型种类。可以分为男装原型、女装原型和童装原型。

2. 按服装种类的不同分类

不同的服装品种，其着装状态存在明显的差异，对放松量的要求也不一样。因此按服装种类的不同，可以分为衬衫、套装、内衣、裙子、裤子等原型。

3. 按原型的穿着部位不同分类

依据服装原型覆盖人体不同的部位，原型可以分为上衣原型、袖原型、裙原型和裤原型。

4. 按原型的放松量不同分类

依据服装放松量的不同，原型可以分为紧身原型、半紧身原型和宽松原型。紧身原型是布料与人体表面完全接触的状态；半紧身原型是布料与人体表面稍有间隙的状态；宽松原型是腰省未缝合时的状态。

5. 按原型的出处不同分类

按照服装原型的出处不同，原型可以分为英式原型、美式原型、日本原型和东华原型，而日本原型又分为文化式原型和登丽美式原型。

6. 按衣身的立体构成形态分类

按衣身的立体构成形态，可分为箱型原型和梯形原型。

目前，我国有许多女装原型并存，但日本文化式原型流行时间最长、范围最广、影响深度最深，是被广泛使用的一种原型，主要原因是文化式原型不论是对体型的覆盖率还是对人体动作的适合性都较好，具有系统完备的理论知识和应用体系，为我国的服装专业人士所熟知。我国与日本人同为亚洲人，人体形态特征相近，因此，我国通常引用日本原型，尤其是文化式原型运用更为广泛。

第二节　女装原型绘制

一、原型获取

服装原型是指符合人体基本形态的最简单的衣片，是服装构成的基础。将布料包裹在人体模型上，抚平布料使其与人体模型吻合，通过大量的实验，获得一系列紧身原型衣片。将这些原型衣片摊开并进行平面测量，再将各部位的数值与胸围值作比较，从而获得各部位与胸围之间的关系。将分析得到的公式进行简化，使其易于计算，而且误差小，能适合大多数体型。在简化公式时，还要对各部位做一些调整，使原型含有适当的活动舒展量，并且结构简单易于绘制。

二、原型尺寸测量

绘制文化式衣片原型，需要测量人体背长和胸围；绘制袖片原型，需要测量手臂长；绘制裙片原型，则需测量人体腰围、臀围、腰至臀长和裙长。具体测量方法如下：

胸围：软尺通过胸部最丰满处水平围量一周。因背部凸起部分容易使软尺松弛，故应在测量时放进二至三个手指，由此测得的胸围尺寸即为服装号型规格中的“型”。

背长：由后颈中点（即第七颈椎点）向下量至腰围最细处。

袖长：由肩端点量至腕关节。但软尺应随手臂自然下垂形状测量。

三、原型各部位名称

1. 衣身原型结构线名称

衣身原型结构线名称如图 3-1 所示。

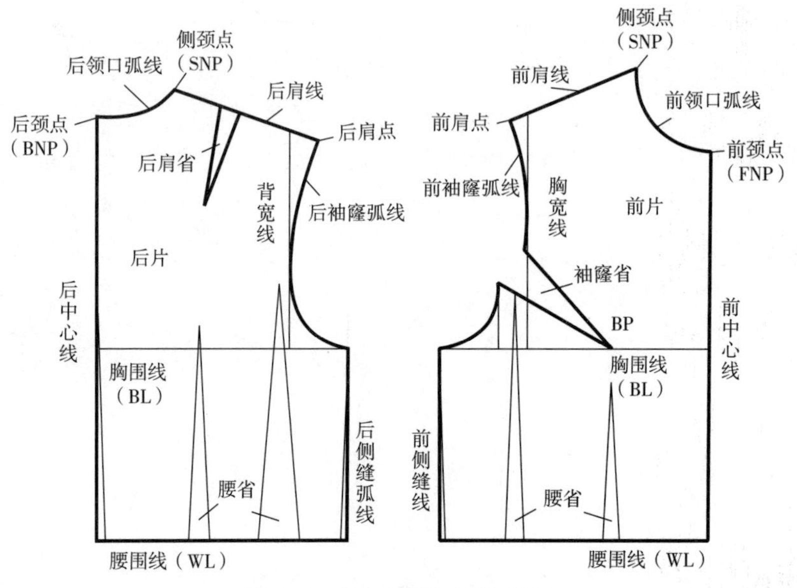

图 3-1　衣身原型结构线名称

2. 袖原型结构线名称

袖原型结构线名称如图 3-2 所示。

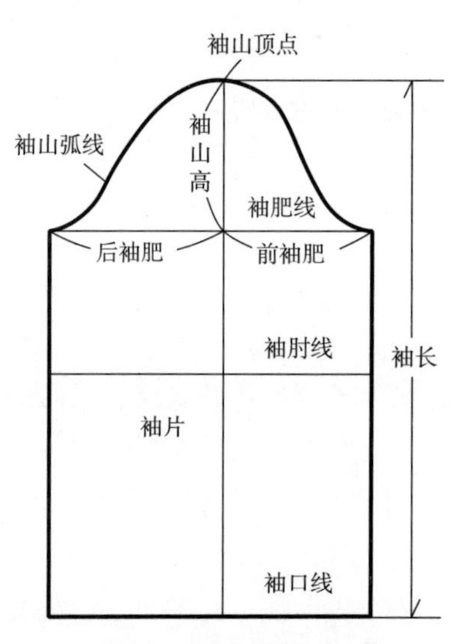

图 3-2　袖原型结构线名称

四、原型绘制

1. 原型制图规格

原型制图规格如表 3-1 所示。

表 3-1　原型制图规格　（单位：cm）

号型	尺寸	胸围（*B*）	背长	腰围（*W*）	袖长（SL）
160/84A	净体尺寸	84	38	64	52
	成品尺寸	96	38	70	52

2. 衣身原型绘制

其中 *B* 为胸围净体尺寸，*W* 为腰围净体尺寸。

（1）衣身原型基础线绘制：如图 3-3 所示。

①以 *A* 点为后颈点，垂直向下取背长长度作为后中心线。

②画 WL 水平线，并确定身宽（前、后中心线之间的宽度）为 *B*/2+6cm。

③从 *A* 点垂直向下取 *B*/12+13.7cm 确定胸围水平线 BL，并在 BL 线上取身宽为 *B*/2+6cm。

④垂直于 WL 画前中心线。

⑤在 BL 线上，由后中心线向前中心线方向取背宽为 *B*/8+7.4cm，确定 *C* 点。

⑥经 *C* 点向上画背宽垂直线。

⑦经 *A* 点画水平线，与背宽线相交。

⑧由 *A* 点向下 8cm 画一条水平线，与背宽线交于 *D* 点。将后中心线至 *D* 点之间的线段两等分，并向背宽线方向取 1cm 确定 *E* 点，作为后肩省尖点。

⑨将 *C* 点与 *D* 点之间的线段两等分，通过等分点向下量取 0.5cm，过此点向侧缝方

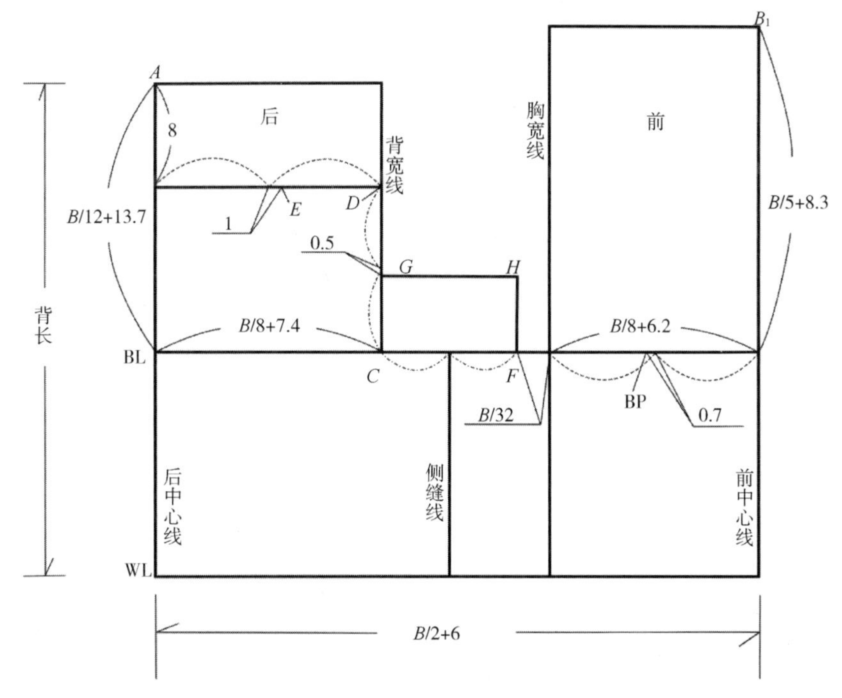

图 3-3　衣身原型基础线绘制

向画水平线 G 线。

⑩在前中心线上从 BL 线向上取 $B/5+8.3$cm，确定 B_1 点。

⑪通过 B_1 点画一条水平线。

⑫在 BL 线上，由前中心线向后中心线方向取胸宽为 $B/8+6.2$cm，并由胸宽两等分点的位置向后中心线方向取 0.7cm 作为 BP 点。

⑬画垂直的胸宽线，形成矩形。

⑭在 BL 线上，沿胸宽线向侧缝方向取 $B/32$ 作为 F 点，由 F 点向上作垂线，与 G 线相交，得到 H 点。

⑮将 C 点与 F 点之间的线段两等分，过等分点向下作垂直的侧缝线。

（2）衣身原型轮廓线绘制：如图 3-4 所示。

①绘制前领口弧线。由 B_1 点沿水平线取 $B/24+3.4$cm= ●（前领口宽），得 SNP 点。由 B_1 点沿前中心线取● +0.5cm= △（前领口深），画出领口矩形。依据对角线上的参考点，画圆顺前领口弧线。

②绘制前肩线。以 SNP 为基准点，向下取 22° 作为前肩倾斜角度，与胸宽线相交后延长 1.8cm 形成前肩线长（★）。

③绘制后领口弧线。 由 A 点沿水平线取● +0.2cm= ◇（后领口宽），取其 1/3 作为后

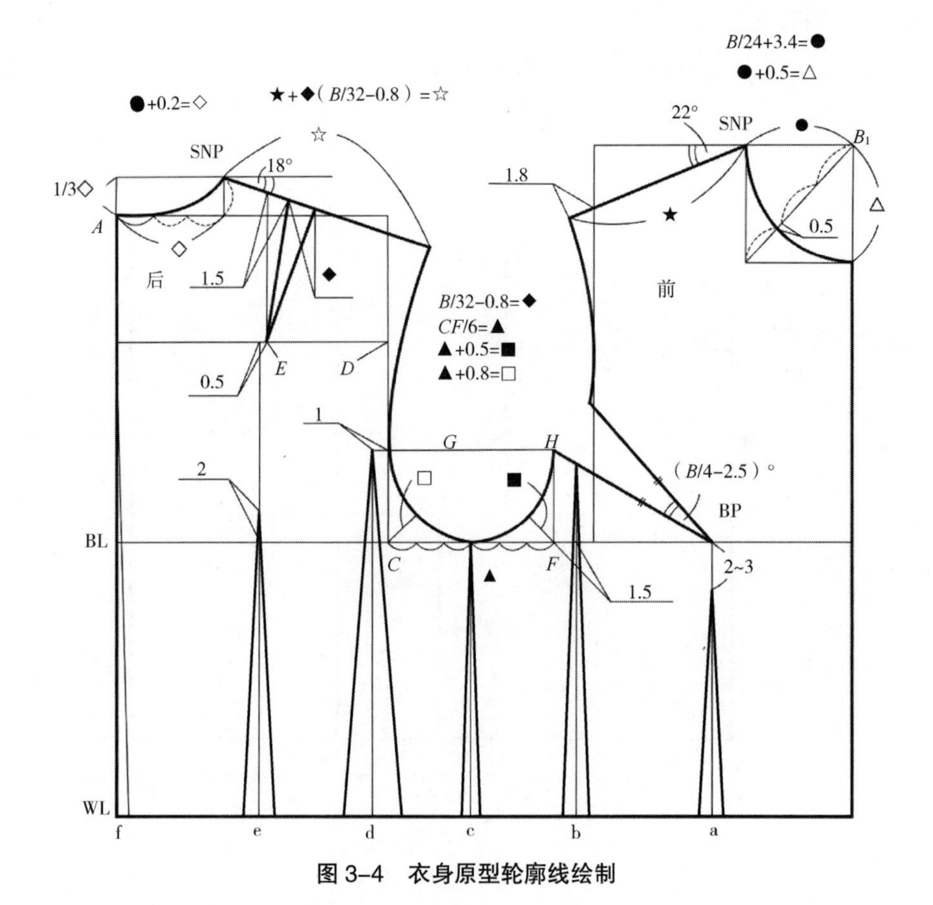

图 3-4　衣身原型轮廓线绘制

领深，并确定 SNP 点，画圆顺后领口弧线。

④绘制后肩线。以 SNP 为基准点，向下取 18° 作为后肩倾斜角度，在此斜线上取★＋◆（*B*/32−0.8cm）= ☆，作为后肩线长。

⑤绘制后肩省。通过 *E* 点，向上作垂直线与肩线相交，由交点位置向肩点方向取 1.5cm 作为省道的起始点，并取 *B*/32−0.8cm= ◆作为后肩省道量，连接省道线。

⑥绘制后袖窿弧线。取 *CF* 的 1/6 作为▲，由 *C* 点作 45° 倾斜线，在线上取▲+0.8cm=□作为后袖窿弧线参考点，以背宽线作后袖窿弧线的切线，通过肩点和后袖窿弧线参考点画圆顺后袖窿弧线。

⑦绘制胸省。由 *F* 点作 45° 倾斜线，在线上取▲ +0.5cm= ■作为前袖窿弧线参考点，经过袖窿深点、前袖窿弧线参考点和 *H* 点画圆顺前袖窿弧线的下半部分。以 *H* 点和 BP 点的连线为基准线，向上取（*B*/4−2.5）° 夹角作为胸省量。

⑧通过胸省省长的位置点与肩点画圆顺前袖窿弧线上半部分，注意胸省合并时，袖窿弧线应保持圆顺。

⑨绘制腰省。腰省的总省量 =*B*/2+6cm−（*W*/2+3cm），具体衣身原型腰省分配如表 3−2 所示。

a 省：由 BP 点向下 2~3cm 作为省尖点，并向下作 WL 的垂直线作为省道的中线。

b 省：由 *F* 点向前中心线方向取 1.5cm 作垂直线与 WL 相交，作为省道的中线，将省中线与胸省的交点作为省尖点。

c 省：将侧缝线作为省道的中线，以 *CF* 线的平分点作为省尖点。

d 省：参考 *G* 线的高度，由背宽线向后中心线方向取 1cm，由该点（即 d 省的省尖点）向下作垂直线交于 WL 线，作为省道的中线。

e 省：由 *E* 点向后中心线方向取 0.5cm，通过该点作 WL 的垂直线，作为省道的中线，在省中线与 BL 的交点处向上取 2cm 作为省尖点。

f 省：将后中心线作为省道的中线。

各省量以总省量为依据，参照各省道的比率关系进行计算，并在 WL 上以省道的中线为基准，分别在前中线两侧取等分省量。

表 3−2　衣身原型腰省分配表　（单位：cm）

总省量（100%）	f（7%）	e（18%）	d（35%）	c（11%）	b（15%）	a（14%）
9	0.630	1.620	3.150	0.990	1.350	1.260
10	0.700	1.800	3.500	1.100	1.500	1.400
11	0.770	1.980	3.850	1.210	1.650	1.540
12	0.840	2.160	4.200	1.320	1.800	1.680
12.5	0.875	2.250	4.375	1.375	1.875	1.750
13	0.910	2.340	4.550	1.430	1.950	1.820
14	0.980	2.520	4.900	1.540	2.100	1.960
15	1.050	2.700	5.250	1.650	2.250	2.100

注　括号里的数字为该处的省量占总省量的百分率。

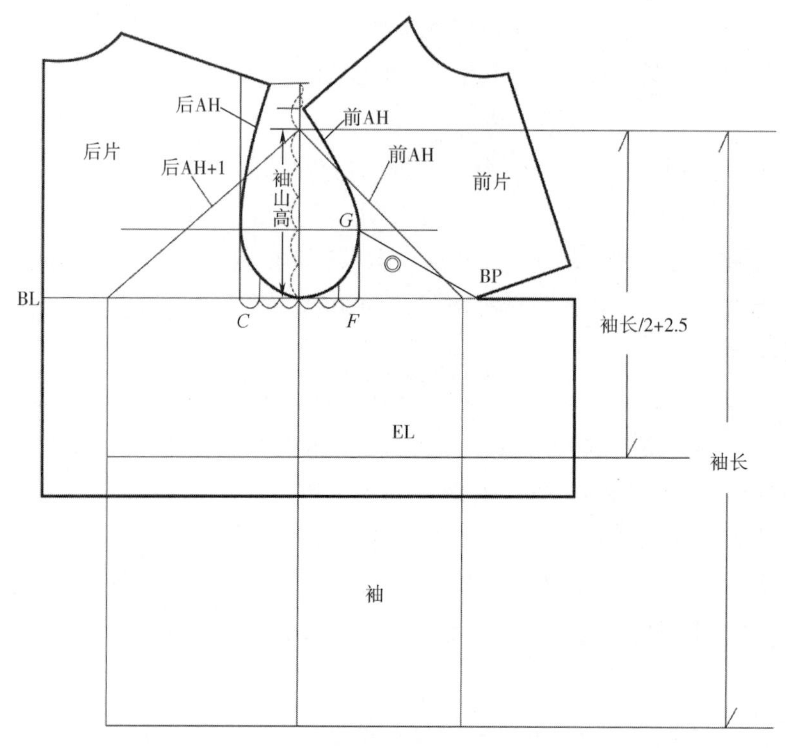

图 3–5　袖原型基础线绘制

3. 袖原型绘制

（1）袖原型基础线绘制：将上半身原型的袖窿省闭合，以此时前、后肩点的高度为依据，在衣身原型的基础上绘制袖原型。

袖原型基础线绘制如图 3–5 所示。

①确定前、后袖窿弧线：拷贝衣身原型，将前袖窿省闭合，画圆顺衣身的前后袖窿弧线。

②确定袖山高：将侧缝线向上延长作为袖山线，并在该线上确定袖山高。袖山高的确定方法为：计算由前、后肩点高度差的 1/2 位置点至 BL 之间的高度，取其 5/6 作为袖山高。

③确定袖肥：由袖山顶点开始，向前片的 BL 取斜线长等于前 AH，向后片的 BL 取斜线长等于后 AH+1cm，两条斜线与 BL 的交点之间的距离即为袖肥。

④确定袖口线：由袖山顶点开始，向下量取袖长尺寸，确定袖长线。

⑤确定袖肘线：由袖山顶点开始，向下量取袖长 /2+2.5cm，确定袖肘线。

⑥确定袖缝线：从袖肥的两端向下作垂线，与袖口线相交。

（2）袖原型轮廓线绘制：如图 3–6 所示。

①绘制前、后袖山弧线底部：将衣身袖窿弧线上●至■之间的弧线拷贝至袖原型基础框架上，作为前、后袖山弧线的底部。

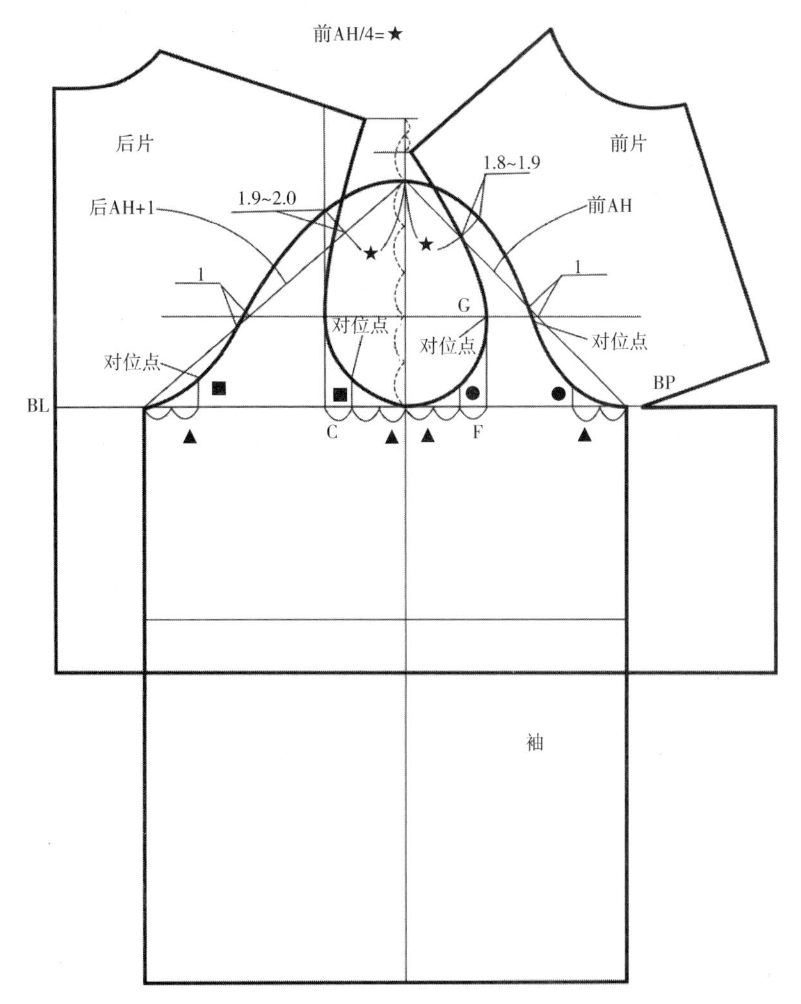

图 3–6　袖原型轮廓线绘制

②绘制前袖山弧线：在前袖山斜线上沿袖山顶点向下量取前 AH/4= ★的长度，由该位置点作前袖山斜线的垂直线，并取 1.8~1.9cm 的长度，沿袖山斜线与 *G* 线的交点向上 1cm 作为袖山弧线的转折点，经过袖山顶点、两个新的定位点及袖山底部画圆顺前袖山弧线。

③绘制后袖山弧线：在后袖山斜线上沿袖山顶点向下量取★的长度，由该位置点作后袖山斜线的垂直线，并取 1.9~2.0cm 的长度，沿袖山斜线与 *G* 线的交点向下 1cm 作为袖山弧线的转折点，经过袖山顶点、两个新的定位点及袖山底部画圆顺后袖山弧线。

④确定对位点：前对位点，在衣身上测量由侧缝线至 *G* 线的前袖窿弧线长，并由袖山底部向上量取相同的长度确定前对位点；后对位点，将袖山底部画有■印的位置点作为后对位点。侧缝线至前、后对位点之间不加吃势量。

第四章　衣身纸样设计

第一节　省道纸样设计

为使平面状的布料与复杂的人体曲面相吻合，必须研究服装结构的处理方法，通常可以用省、褶裥、分割线等服装结构的主要处理方式来解决，以消除平面布料披覆在人体曲面上时所引起的各种褶皱、斜裂、重叠等现象，能从各个方向改变衣片块面的大小和形状，塑造出各种美观适体的造型，达到美化人体的作用。

一、省道的分类

1. 按省道的外观形态分类

服装上的省道按照其外观形态的不同，可以分为钉子省、锥子省、开花省、橄榄省、弧形省等。

（1）钉子省：省形类似钉子的形状，上部较平，下部呈尖状。常用于肩部和胸部等复杂形态的曲面，如肩省、领口省等。

（2）锥子省：省形类似锥子的形状。常用于制作圆锥形曲面，如腰省、袖肘省等。

（3）开花省：省道一端为尖状，另一端为非固定形状，或两端都是非固定的平头开花省。该省是一种具有装饰性与功能性的省道。

（4）橄榄省：省的形状两端尖、中间宽，常用于上装的腰省。

（5）弧形省：省形为弧形状，省道有从上至下均匀变小或上部较平、下部呈尖状等形态，也是一种兼具装饰性和功能性的省道。

2. 按省道所在位置分类

服装上的省道按照它所在衣片上的部位不同，可以分为肩省、领省、袖窿省、腰省、侧缝省和门襟省等。省道位置随服装款式的需要而定，只要是以胸高点为中心，可向任何方向确定省道位置。

（1）肩省：肩省的底端在肩缝部位，常设计成钉子形。前衣身设计肩省是为了服装能吻合胸部凸起的立体形态，后衣身设计肩省是为了服装能吻合肩胛骨凸起的立体形态。

（2）领省：领省的底端在领口部位，常设计成上大下小、均匀变化的锥形。其作用是使服装能吻合胸部和背部隆起的形态。领省常常应用于要吻合颈部形态的衣领与衣身相连的结构中，即通常所说的连身领的纸样设计中，此时领省代替肩省来突出胸部的立体形态。领省较其他类型的省道更有隐蔽的特点。

（3）袖窿省：袖窿省的底端在袖窿部位，常设计成锥形（图 4–1）。前衣身的袖窿省是为了体现胸部的凸出形态而设计的，后衣身的袖窿省是为了体现背部形态而设计的。前衣片的袖窿省常常以连省成缝的形式出现，如常见的袖窿刀背缝分割就是袖窿省和腰省连接在一起变成分割线的典型例子。

图 4–1　袖窿省

（4）腰省：腰省的底端在腰节部位。在下装中，腰省常设计成锥形，在上衣和连衣裙中，腰省常设计成锥形或橄榄形（图 4–2）。

（5）侧缝省：又被称为腋下省、胁省，省底端在服装的侧缝线上，一般只设在前衣身上，是为吻合胸部的立体形态而设的，省道形状常设计成锥形（图 4–3）。

图 4–2　腰省

图 4–3　侧缝省

（6）门襟省：门襟省的底端位于门襟部位，常设计成锥形。门襟处的省道并不常见，一般是细褶比较常见。

二、省道的作用

从结构上考虑，省道主要有以下三个基本作用。

1. 适应人体体型

服装上的省道缝合以后，省尖部位能形成锥面形态（经熨烫处理即可变为柔和的球面），使之更符合人体表面，如领省、肩省、袖肘省等。

2. 调节围度差值

省道能调节省尖和省口两个部位的围度差值，如收腰的旗袍、连衣裙、衬衫、西装等，胸腰省能调节胸腰差，使旗袍、连衣裙、衬衫、西装更符合人体的曲线要求。

3. 符合特殊款式结构

通过省道设置，可以符合一些特殊服装款式结构的需要，如通过领省的设置，可以将衣身与领圈部分相连，实现连通的目的。

三、省道的设计原理

1. 省道量的设计

省量的大小在理论上是以人体各截面围度的差数为依据。差数越大，人体曲面形成的角度越大，面料覆盖于人体的余褶就越多，即可设计的省道量越大，反之可设计的省道量就越小。因此，胸部丰满且腰细的体型，省道量可设计得大一些；胸部扁平且腰粗的体型，省道量则可设计得小一些。除此之外，设计省道量的大小还应考虑服装的造型风格，对于宽松服装，省道量设计得小一些，甚至不设计省道；而对于合体服装，省道量则应设计得大一些。

2. 省端点的设计

在理论上省尖与人体隆起部位即凸点相吻合。服装中经常考虑的人体凸点有胸凸、肩胛凸、腹凸、臀凸、肘凸，这些凸点相对应的省为胸省、肩省、腰省、臀省、肘省。不同特征的凸点，对应的省的形状也不同。胸凸明显，位置确定，所以胸省的省尖位置明确，省量较大。肩胛凸面积大，无明显高点，故肩省的省尖可以在一定范围内变动。腹凸和臀凸呈带状均匀分布，位置模糊，故腰省和臀省的设计较为灵活。

由于人体曲面变化平缓而不是突变的，在实际缝制时省端点只要对准某一曲率变化最大的部位就可以了，而不是非要缝制到曲率变化最大的点上。不同部位的省道距胸高点的距离如表 4–1 所示。

表 4–1 各种省道的省尖位置设计 （单位：cm）

省道名称	肩省、领省	袖窿省	侧缝省	腰省、前中省
距 BP 点距离	4~5	3~4	3~4	2~3

在实际操作时，省尖距胸高点的远近与设计的省量大小有关，省量越大，服装的贴体度越高，省尖理应距胸高点越近，反之越远。

3. 省道的个数设计

省道的设计与运用是女装设计的灵魂，女装省道可以根据人体曲面的需要，围绕胸高点（BP）进行多方位设计，其形式可以是单个而集中的，也可以是多个而分散的。单个而集中的省道由于缝去量大，容易形成尖点，不仅外观造型生硬，且与人体的实际结构也不相吻合。多个而分散的省道，由于各方位的省道缝去量小，可使省尖处较为平缓，最后的成型效果较单个集中使用的省道要丰满、圆润，但由于需要缝制多个省道又会影响缝制效率。在实际应用中，设计省道个数应综合考虑各种影响因素，既要使外观造型美观，又要不影响缝制效率，特别是还要考虑面料的特性。

4. 省道的形态设计

省道形态的设计，主要视衣身与人体贴合程度的需要而定，不能将所有省道的两边都机械地缝成两道直线形线迹，而必须根据人体的体型特征将其缝成略带弧形或有宽窄变化的省道，根据人体不同的曲面形态和不同的贴合程度可选择相应的省道形态。如在一些合体女装中，将肩省设计成弧线形态，可使肩部更合体；或将胸部以下、腰部以上这部分腰省的边线也设计成弧线形态，以使胸部曲线体现得更完美。人体各部位的省道是设计成胖形省还是瘪形省，主要取决于人体各部位的形态。

5. 省道的位置设计

从理论上讲，只要省角量相等，不同部位的省道能起到同样的合体效果，但实际上不同部位的省道却影响着服装外观造型形态，这取决于不同的体型和不同的面料。如肩省更适合用于胸围较大及肩宽较窄的体型，而袖窿省或侧缝省更适合于胸部较扁平的体型。从结构功能上讲，肩省兼有肩部造型和胸部造型两种功能，而袖窿省或侧缝省只具有胸部造型的单一功能。

6. 省道的设计风格

胸部是人体隆起程度最大的部位，其周围的曲率变化很大。在这个部位，如果服装与人体不能相吻合，则此部位的服装会不平服，易产生褶皱。因此，胸省的设计是影响整件服装造型的重要因素。而胸省的设计又必须以乳房的形态和丰满程度为依据。从某种程度上来说，胸省的设计风格决定了服装造型的风格。下面就几种风格的省道及其所适合的胸部丰满度来介绍省道的设计要点：

（1）高胸细腰型：此风格适合乳房丰满的女性，这类体型女性的胸腰差较大，乳房体积较大，胸高点位置偏低，腰部较细。设计时，省道量要大，形状为符合乳房形态的弧形，强调乳房体积，进一步加强收腰效果，除胸省外还需要收腰省。

（2）少女型：此风格适合处于青春发育期的女性，这类体型女性的胸高点间距狭长，位置偏高，表现女性成长期的少女胸部造型。设计时，省尖位置应偏高，省道量较小，形状呈锥形。

（3）优雅型：此风格适合胸部不太丰满的女性，这类体型女性的胸部造型隆起偏平缓，胸部位置是一个近似圆形的区域，不强调腰部的凹进和臀部的隆起形态。设计时，省道量要小且分散。

（4）平面型：此风格适合平胸的女性，服装不表现女性胸部的隆起形态，腰部和臀部造型也较平直，设计时，省道量要很小或不收省。

四、省道转移的方法

省道转移就是一个省道可以被转移到同一衣片上的任何其他部位，而不影响服装的尺寸和适体性。前衣身所有的省道尽管在缝制时很少缝至胸高点，但在省道转移时，则要求所有的省道线必须或尽可能到达胸高点。省道转移最常用的方法有剪开法和旋转法。

1. 剪开法

剪开法是将新省道的端点与 BP 点连线，然后将此连线剪开，闭合原省道，新省道自然打开。如图 4–4 所示，以 *A* 点为新省道的端点，沿 *OA* 线剪开，将原省道 *OB*、*OC* 两条线闭合，新省道 *OA* 处自然张开，从而形成新的省道 *AOA′*，完成省道的转移。

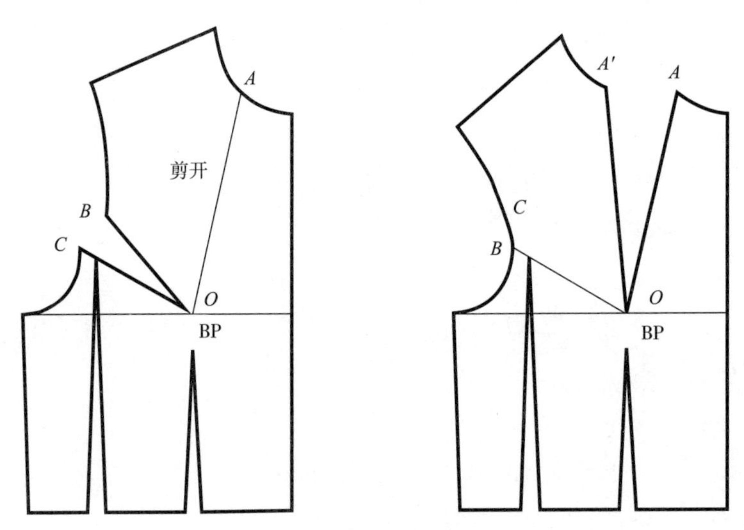

图 4–4　剪开法

2. 旋转法

旋转法是指将新省道位置与 BP 点连线，按住 BP 点不动，将原型旋转，使原来的两条省边线重合，拓画旋转后的相关线条，即完成转移如图 4–5 所示，以 *OA* 为新省道线，按住 BP 点旋转原型，使 *OB* 与 *OC* 线重合，拓画 *OA′EFC*，即为省道转移后的衣片。

五、省道转移的原则

在实际应用中，根据造型需要会设计各种各样不同的省道，例如有时设计单个而集中的省道，有时设计多个而分散的省道，有时设计曲线或折线式的省道等，省道的位置、方向也会经常变化，因此，经常需要利用原型进行省道转移。在利用原型进行省道转移时，要注意以下几个原则。

1. 新旧省道张角不变

胸省可围绕 BP 点作 360° 旋转，省道转移前后角度不变，但新省道的长度尺寸与原省道的长度尺寸不同，即不论新省道位于衣片何处，新旧省道的张角都必须相等。只有省道转移前后的角度不发生变化，才能保证省道经转移之后的立体形态不发生变化。

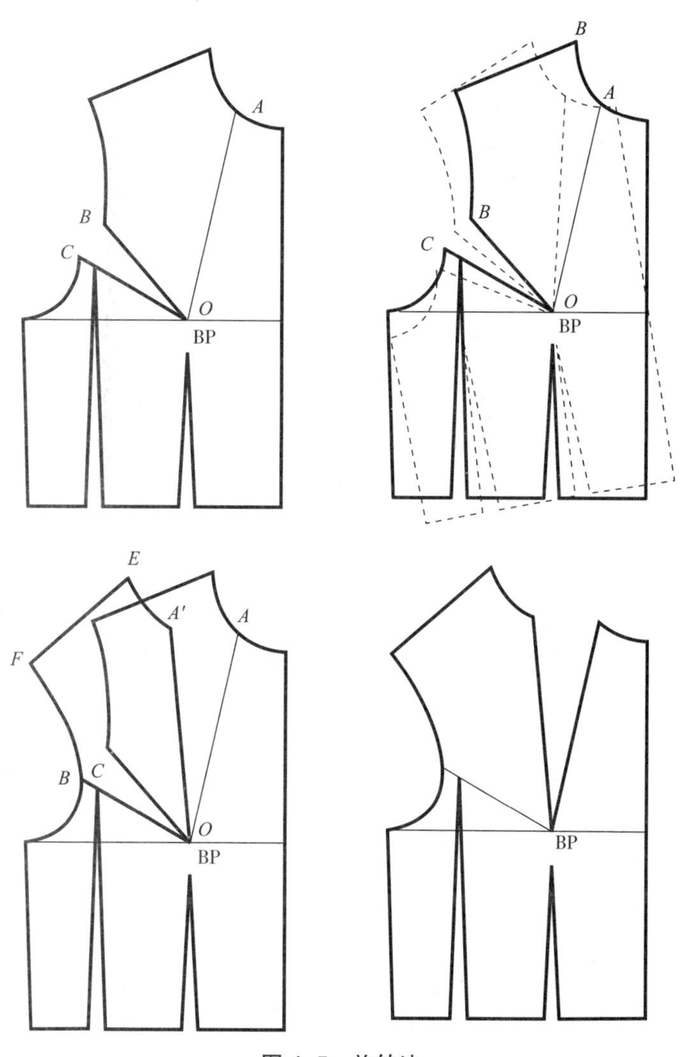

图 4–5　旋转法

2. 省道转移必须经过胸高点

当新省道与原型的省道位置不相接时，应尽量通过胸高点 BP 的辅助线使两者连接，以便于省道的转移。

3. 省道转移必须符合衣身的整体平衡

无论款式造型多么复杂，省道的转移都要保证衣身的整体平衡，一定要使前、后衣身的原型腰节线保持在同一水平线上，或基本在同一水平线上，否则会影响制成样板的整体平衡和尺寸的准确性。

4. 省道转移尽可能选择省道分解

省道的转移可以是单个省道的集中转移，也可以是一个省道转移为多个分散的省道，这就是省道的分解作用。单个集中转移的省尖过分突出，不能形成饱满、圆润并合乎人体体型结构的立体结构，因此省道分解的使用效果必然会比单个集中省道的使用效果更理想。这就意味着，在具体的实践中，在款式允许的前提条件下，应尽可能地选择省道的分解作用。

六、省道的纸样设计与应用

1. 领口省和腰省纸样设计

领口省和腰省纸样设计如图 4-6 所示。

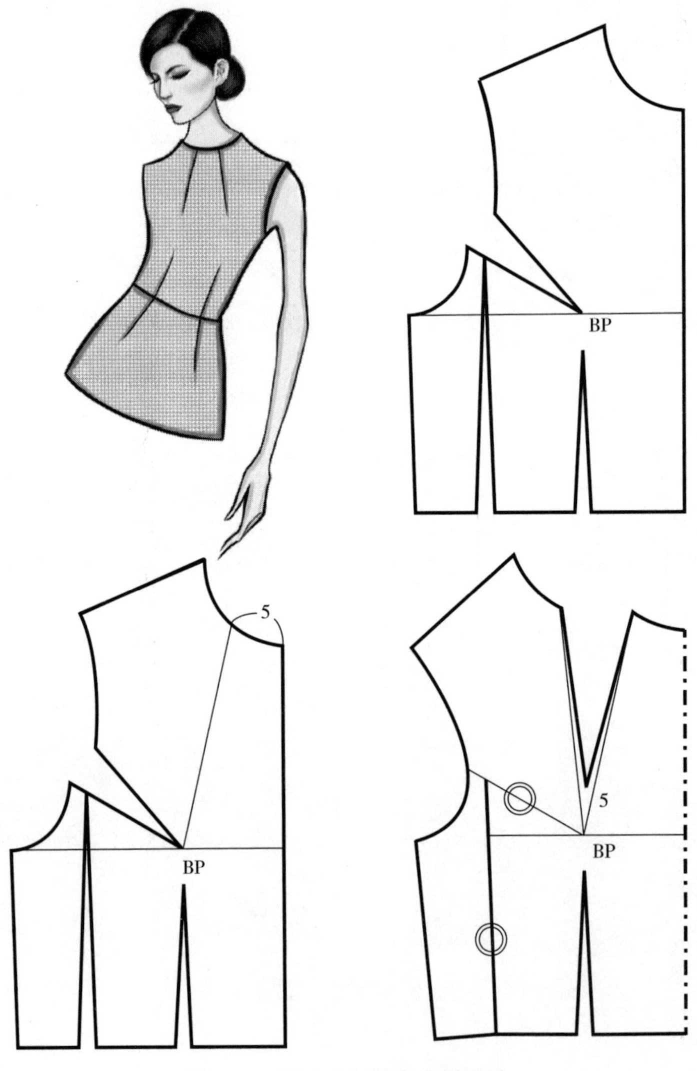

图 4-6 领口省和腰省纸样设计

（1）画出前片原型纸样。

（2）将原型领口上 5cm 处的点与胸高点（BP）作直线连接，确定领口省线。

（3）将前片原型纸样的领口省线剪开至胸高点（BP），合并袖窿省和靠近侧缝的腰省，在领口省线处形成新的领口省。

（4）将领口省进行修正，领口省的省尖到胸高点（BP）的距离为 5cm。

（5）保留原型上靠近前中的腰省。

2. 法式省和领口省纸样设计

法式省和领口省纸样设计如图 4–7 所示。

（1）画出前片原型纸样。

（2）在前片原型纸样上画出法式省线和领口省线。

（3）将前片原型纸样的法式省线和领口省线剪开至胸高点（BP），合并袖窿省、靠近前中的腰省和靠近侧缝的腰省，在法式省线处、领口省线处分别形成法式省、领口省。

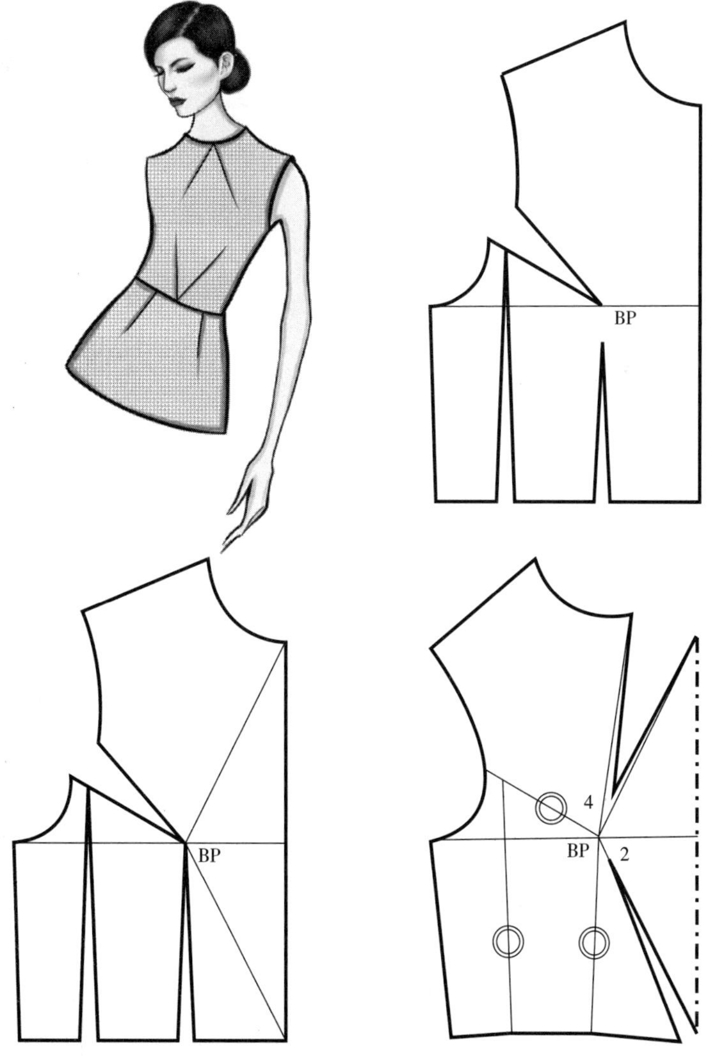

图 4–7　法式省和领口省纸样设计

（4）将法式省和领口省进行修正，法式省的省尖到胸高点（BP）的距离为 2cm，领口省的省尖到胸高点（BP）的距离为 4cm。

3.“人”字形省纸样设计

“人”字形省纸样设计如图 4–8 所示。

（1）画出前片原型纸样的左右片。

（2）在前片原型纸样的左右片上画出 “人”字形省线。

（3）将前片原型纸样上的“人”字形省线剪开至胸高点（BP），合并前片原型纸样左右片的袖窿省、靠近前中的腰省和靠近侧缝的腰省，使“人”字形省线处自然张开从而形成 “人”字形省。

（4）将“人”字形省进行修正，“人”字形省的两省尖到左、右前方胸高点（BP）的距离均为 3cm。

图 4–8　“人”字形省纸样设计

4. 前中省纸样设计

前中省纸样设计如图 4–9 所示。

（1）画出前片原型纸样的左右片。

（2）在前片原型纸样的左右片上画出前中省线。

（3）将前片原型纸样的前中省线剪开至胸高点（BP），合并前片原型纸样左右前片的袖窿省、靠近前中的腰省和靠近侧缝的腰省，使前中省线处自然张开从而形成前中省。

（4）将前中省进行修正，前中省的两省尖到左、右前片两胸高点（BP）的距离均为 2cm。

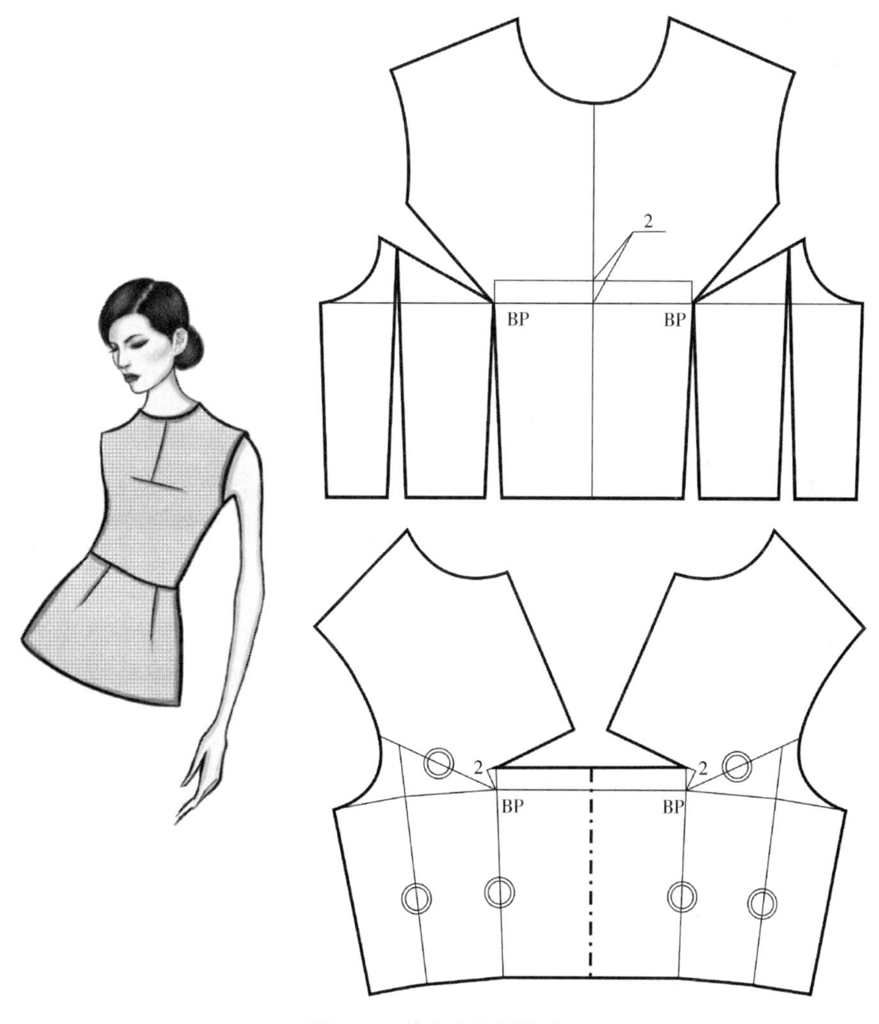

图 4–9　前中省纸样设计

5. 平行领口省纸样设计

平行领口省纸样设计如图 4–10 所示。

（1）画出前片原型纸样。

（2）在前片原型纸样上画出平行领口省线。

（3）将前片原型纸样上的平行领口省线剪开至胸高点（BP），合并前片原型纸样的袖窿省、靠近前中的腰省和靠近侧缝的腰省，使平行领口省线处自然张开形成平行领口省。

（4）将平行领口省进行修正，平行领口省的省尖到胸高点（BP）的距离均为 4cm。

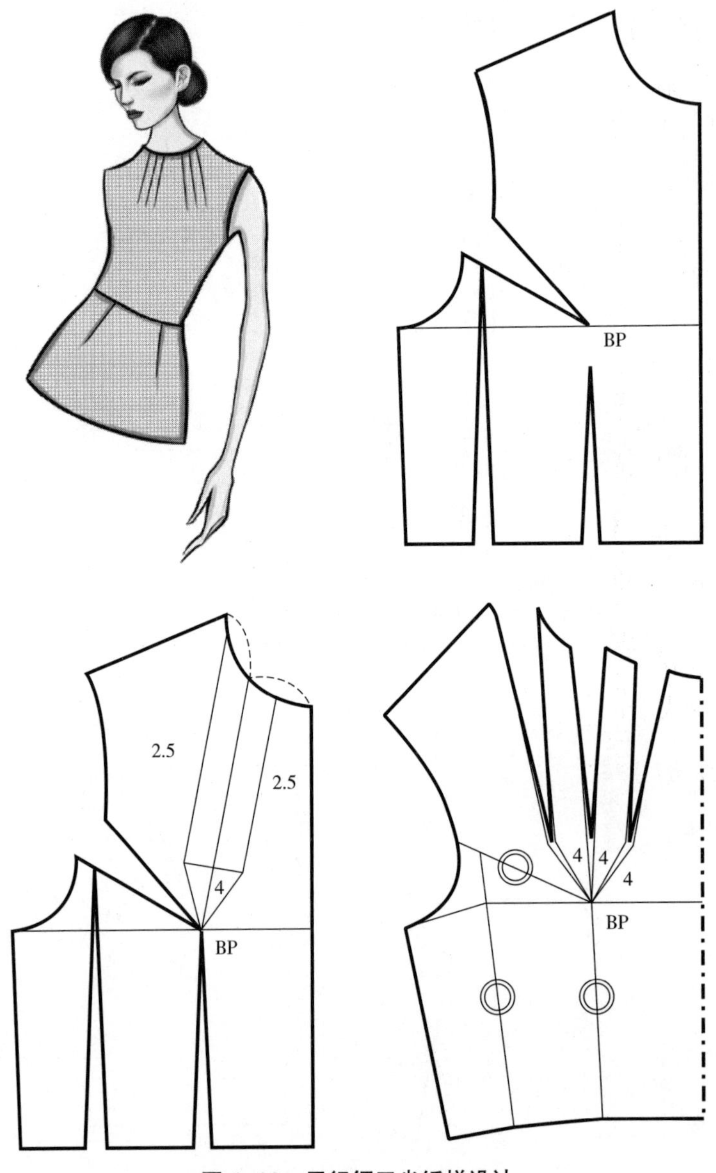

图 4-10　平行领口省纸样设计

6. 平行肩省纸样设计

平行肩省纸样设计如图 4-11 所示。

（1）画出前片原型纸样。

（2）在前片原型纸样上画出平行肩省线。

（3）将前片原型纸样上的平行肩省线剪开至胸高点（BP），合并前片原型纸样的袖窿省、靠近前中的腰省和靠近侧缝的腰省，使平行肩省线处自然张开形成平行肩省。

（4）将平行肩省进行修正，平行肩省的省尖到胸高点（BP）的距离均为5cm。

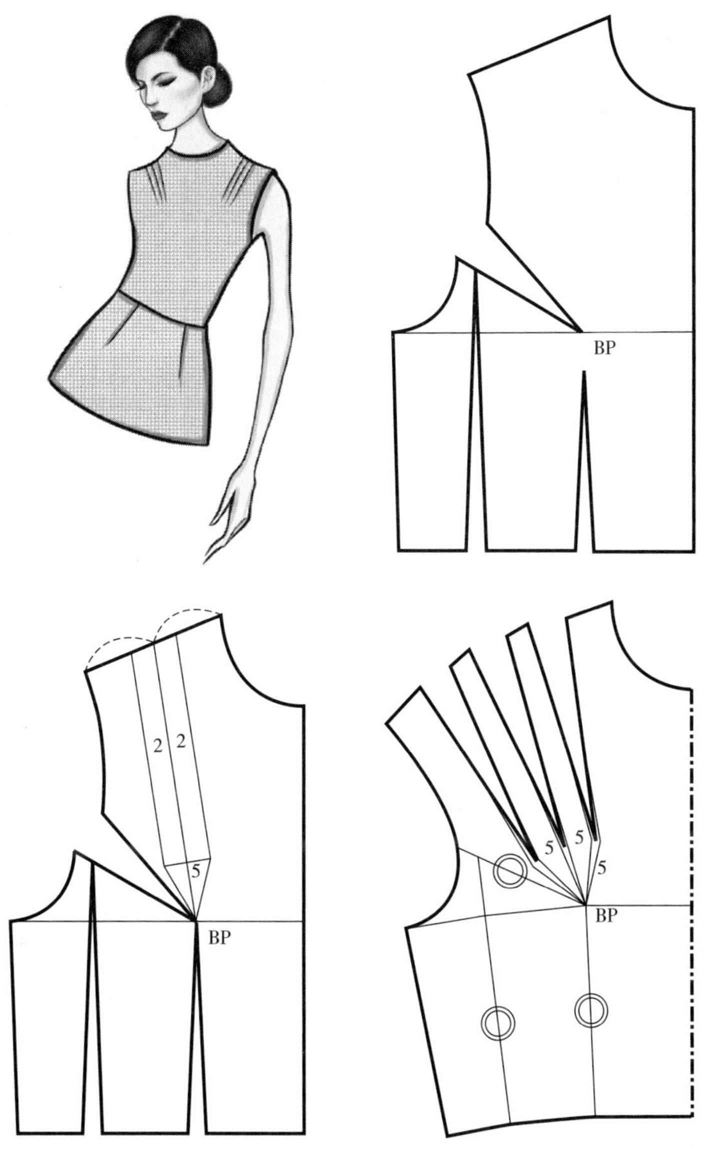

图4-11 平行肩省纸样设计

第二节　褶裥纸样设计

随着现代女装的发展及社会生活的不断提高，更多的人开始注重自我魅力和风格，穿着者享受品质与时尚的同时，更加凸显个性与自信，因此，现代女装在设计思路上要创新。褶裥作为现代女装设计的经典元素，应用于现代女装的立体造型设计，能增加现代女装外形的层次感和立体感，使现代女装的内在价值得到更大的延伸和拓展。所以，把握褶裥的纸样设计方法，对现代女装的设计与制作具有重要的意义。

一、褶裥的分类

褶裥是服装造型中的重要手段，是对服装进行立体处理时用到的结构形式。根据褶裥的结构特点，可以分为细褶、宽裥和塔克褶三大类。

图 4–12　细褶

1. 细褶

细褶可以看作是由许多细小的褶裥组合而成（图 4–12）。其特点是以成群而分布集中，无明显的倒向形式。它可以由省道转变而来，也可以为了一定的装饰效果而设计，多用于轻、薄、软面料的女装。

2. 宽裥

宽裥的折叠印痕较大。其特点是将面料的一端进行有规则的折叠，并用缝迹固定，而在面料的另一端可以采用多种形式，如用缝迹固定、熨烫定型或不固定自然散开等方式。宽裥由三层面料组成，即外层、中层和里层。外层是衣片上的一部分，中层和里层则被外层所覆盖为不可视部分。宽裥的两条折边分别是明折边和暗折边。宽裥分布有一定规则，有明显的倒向形式。宽裥有以下几种分类形式：

（1）按形成宽裥的倒向分类：

① 顺裥：指向同一方向折叠的裥，亦称顺风裥（图 4–13）。

② 箱形裥：亦称扑面裥，指同时向两个方向折叠的裥（图 4–14）。箱形裥的两条明折边对合在一起，就形成阴裥，阴裥又称为暗裥；箱形裥的两条暗折边对合在一起就形成阳裥，阳裥又称为明裥。

图 4–13　顺裥

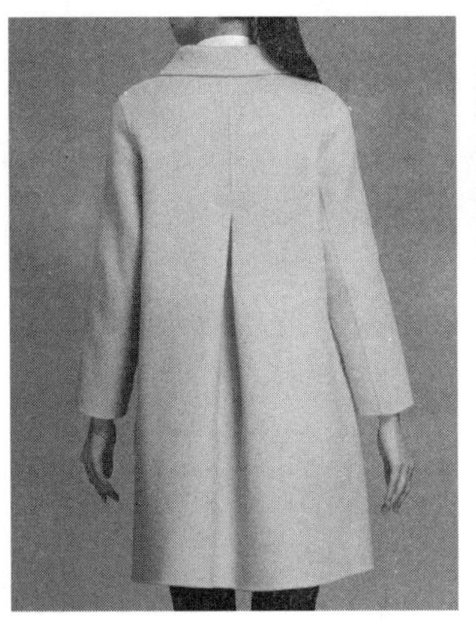

图 4–14　箱形裥

（2）按形成宽裥的线条类型分类：

①直线裥：褶裥两端折叠量相同，其外观形成一条条平行的直线，常用于衣身、裙片的设计（图 4–15）。

②曲线裥：同一褶裥所折叠的量不断变化，在外观上形成一条条连续变化的弧线（图 4–16）。为吻合人体各部位的尺寸，往往在女装褶裥中包含了省道的量。

③斜线裥：指褶裥两端折叠量不同，但其变化均匀，外观形成一条条互不平行的线条（图 4–17）。

3. **塔克褶**

塔克是英语 tuck 的发音，是一个外来语。塔克褶在结构上需要将面料有规律地折向一侧，再用缝迹固定部分或全部面料，不需熨烫或仅仅熨烫缝迹固定的部位，其余部位则自然张开。塔克褶比规律褶、规律裥更具有装饰效果。

图 4–15　直线裥

图 4–16　曲线裥

图 4–17　斜线裥

（1）普通塔克：普通塔克在面料上沿折倒的褶裥明折边用缝迹固定（图4–18）。

图4–18　普通塔克

（2）立式塔克：立式塔克在面料上沿折倒的褶裥暗折边用缝迹固定。因为明折边没有用缝迹固定，所以立式塔克比普通塔克更具有立体装饰感，更具浮雕效果。

二、褶裥的作用

1. 丰富面料的肌理效应

褶裥能产生特殊的肌理效果，以增强服装的雕塑感，表现某种艺术情趣，如有些侧重于装饰性的辐射状宽裥造型（图4–19）。

图4–19　肌理感宽裥

2. 满足人体体型需要

通过打褶裥，既能满足人体球面形态的要求，又能形成各种宽松形态的服装造型，如各种胸褶造型及灯笼袖等（图4–20）。

3. 调节相邻部位的差值

褶裥能调节褶裥边界线的长度值，扩大其临近部位的松量。如衬衫的袖口和袖肥的差值，胸围、腰围和臀围的差值等（图4–21）。

图4–20　造型感褶裥

图4–21　调节褶裥

三、褶裥的设计方法

1. 移褶裥法

移褶裥法是通过省道转移，将省道量转移到需要位置，在制作的时候，按照褶裥的工艺要求进行缝制，同样能使现代女装达到合体的效果。图 4–22 所示的胸部褶裥就是通过省道转移的方法获得的。

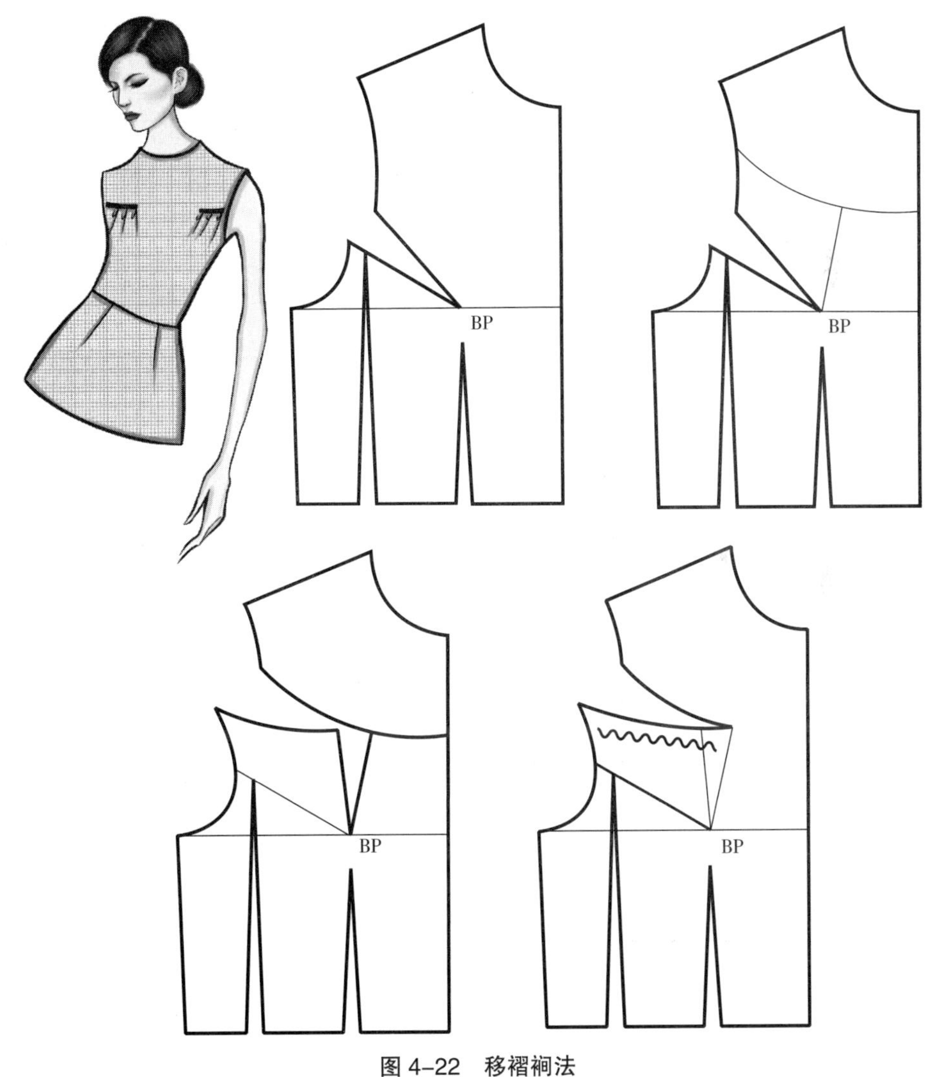

图 4–22　移褶裥法

2. 加褶裥法

加褶法按照其外观效果和形成的原理，通常可以分为平行展开法、旋转展开法和叠加展开法三种形式。

（1）平行展开法：首先按款式外型确定褶裥的位置和方向，再将纸样上下两端同时剪开并将纸样平行移动，展开结构图，放出规律褶裥中、内层的相等展开量（图 4–23）。

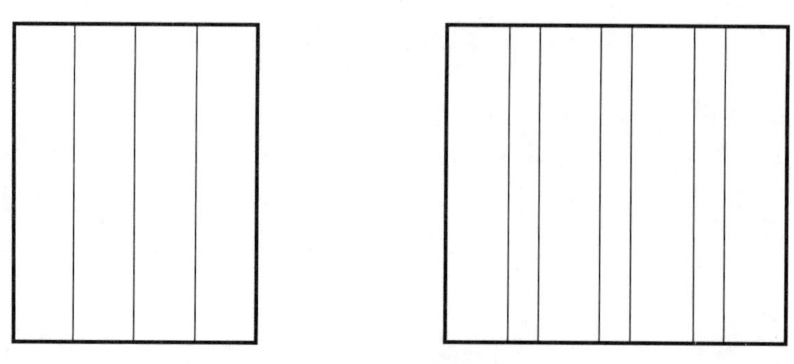

图 4–23　平行展开法

（2）旋转展开法：先将纸样按波浪所在的位置从一端剪开至另一端，再将剪开的纸样根据款式需要展开相等或不等的量，最后修正展开图的边缘轮廓线（图 4–24）。其中剪开的片数和展开量均与波浪的大小有关。

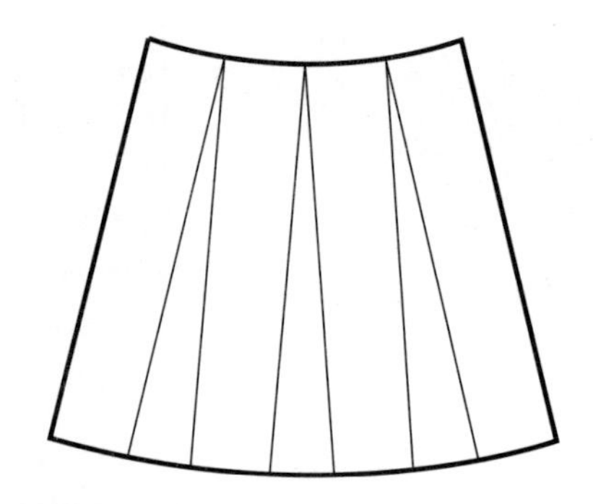

图 4–24　旋转展开法

（3）叠加展开法：先将纸样按波浪所在的位置上下两端同时剪开，再将纸样进行移动，展开结构图，放出褶裥量，上、下两端放出的褶裥量大小不等，最后修正展开图的边缘轮廓线（图 4–25）。

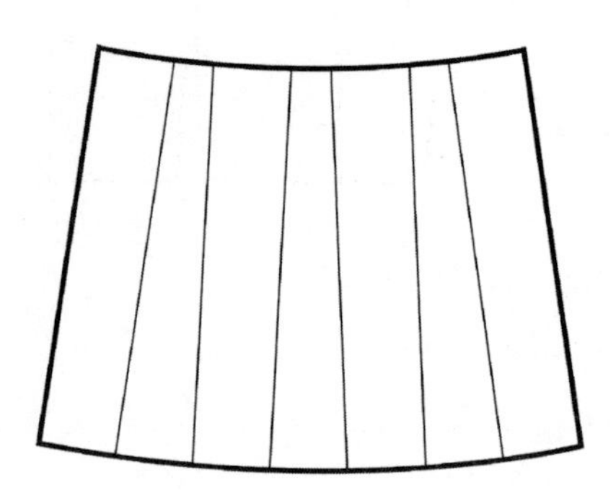

图 4–25　叠加展开法

四、褶裥纸样的设计与应用

1. 腰省线细褶纸样设计

腰省线细褶纸样设计如图 4–26 所示。

（1）画出前片原型纸样。

（2）将前片原型纸样上的袖窿省、靠近侧缝的腰省转移到靠近前中的腰省。

（3）剪开靠近侧缝的腰省线与侧缝线之间的部分并进行旋转展开、修正，形成所需的细褶量。

图 4–26　腰省线细褶纸样设计

2. 腋下省线细褶纸样设计

腋下省线细褶纸样设计如图 4–27 所示。

（1）画出前片原型纸样。

（2）将前片原型纸样上靠近侧缝的腰省、袖窿省、靠近前中的腰省转移到侧缝处，形成侧缝省。

（3）剪开袖窿弧线与侧缝省上部的分割线、肩缝与侧省线上部的分割线，进行旋转展开并进行修正，形成所需的细褶量。

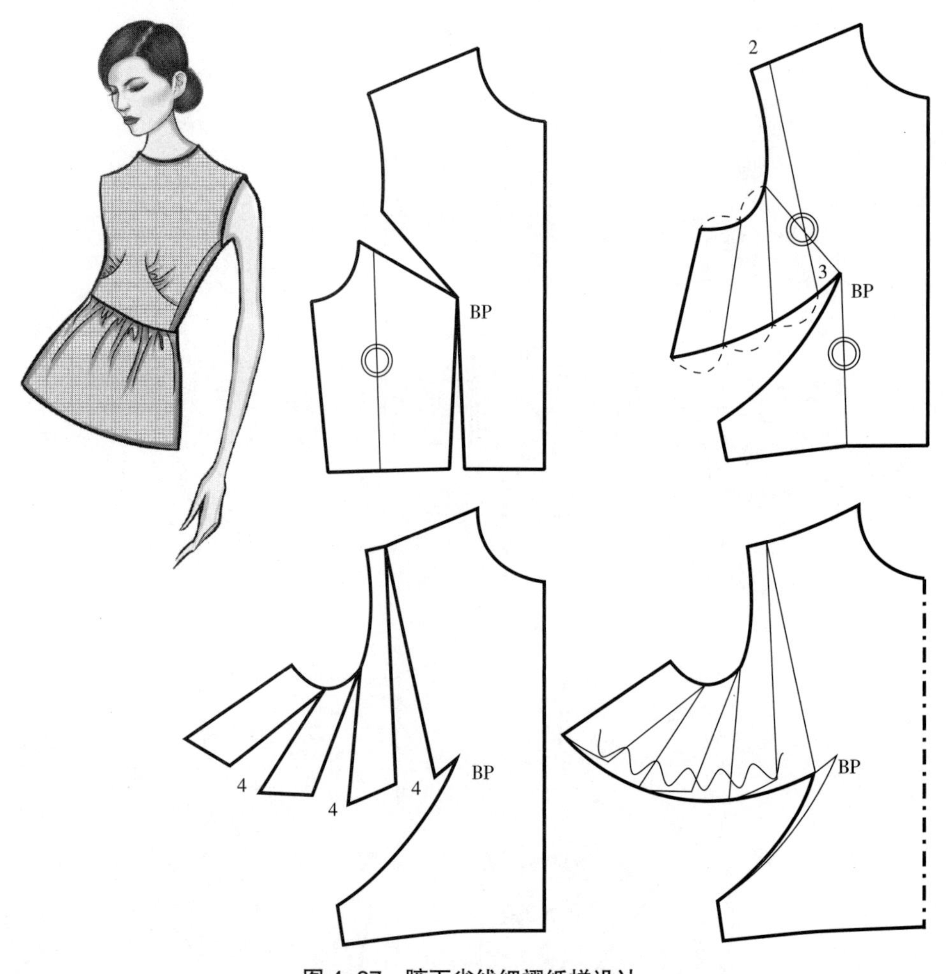

图 4–27 腋下省线细褶纸样设计

3. 腰部横向线细褶纸样设计

腰部横向线细褶纸样设计如图 4–28 所示。

4. 平行褶裥纸样设计

平行褶裥纸样设计如图 4–29 所示。

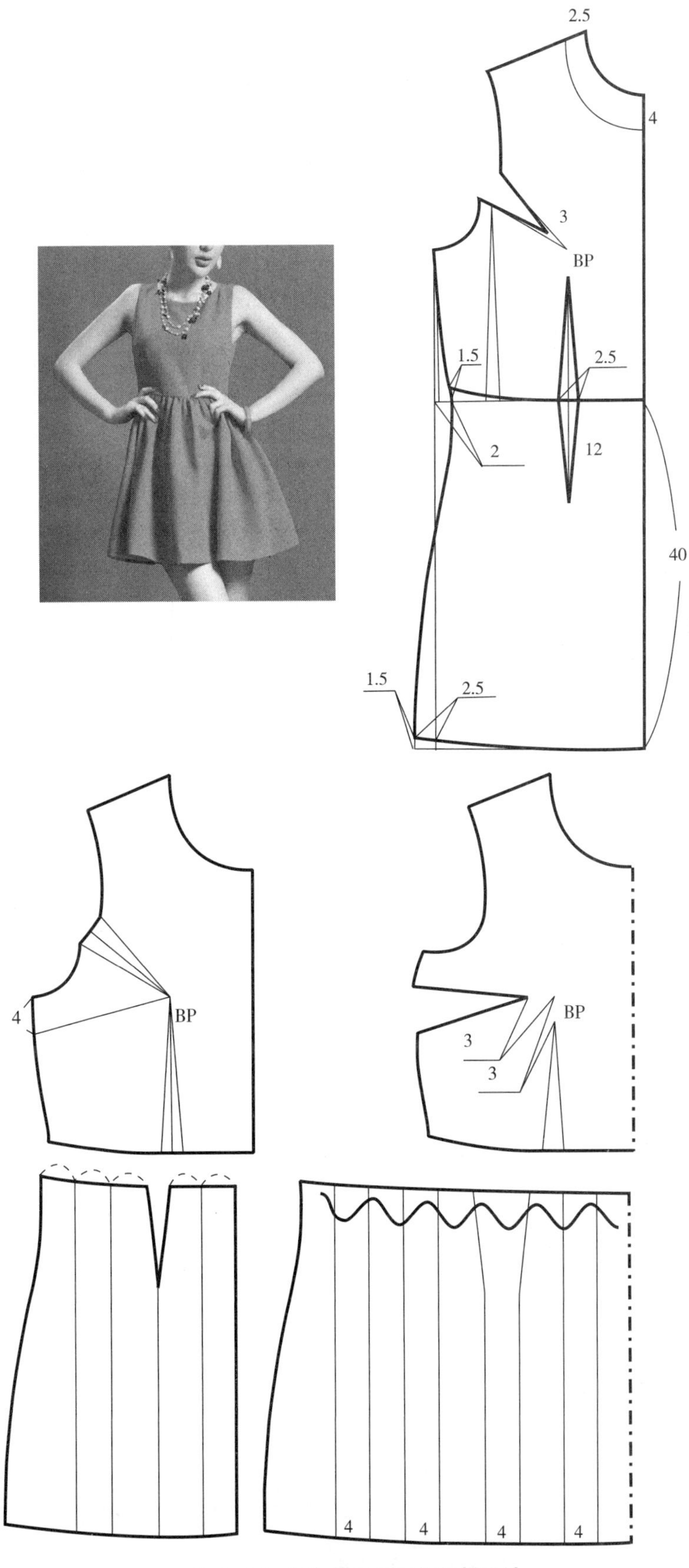

图 4-28　腰部横向线细褶纸样设计

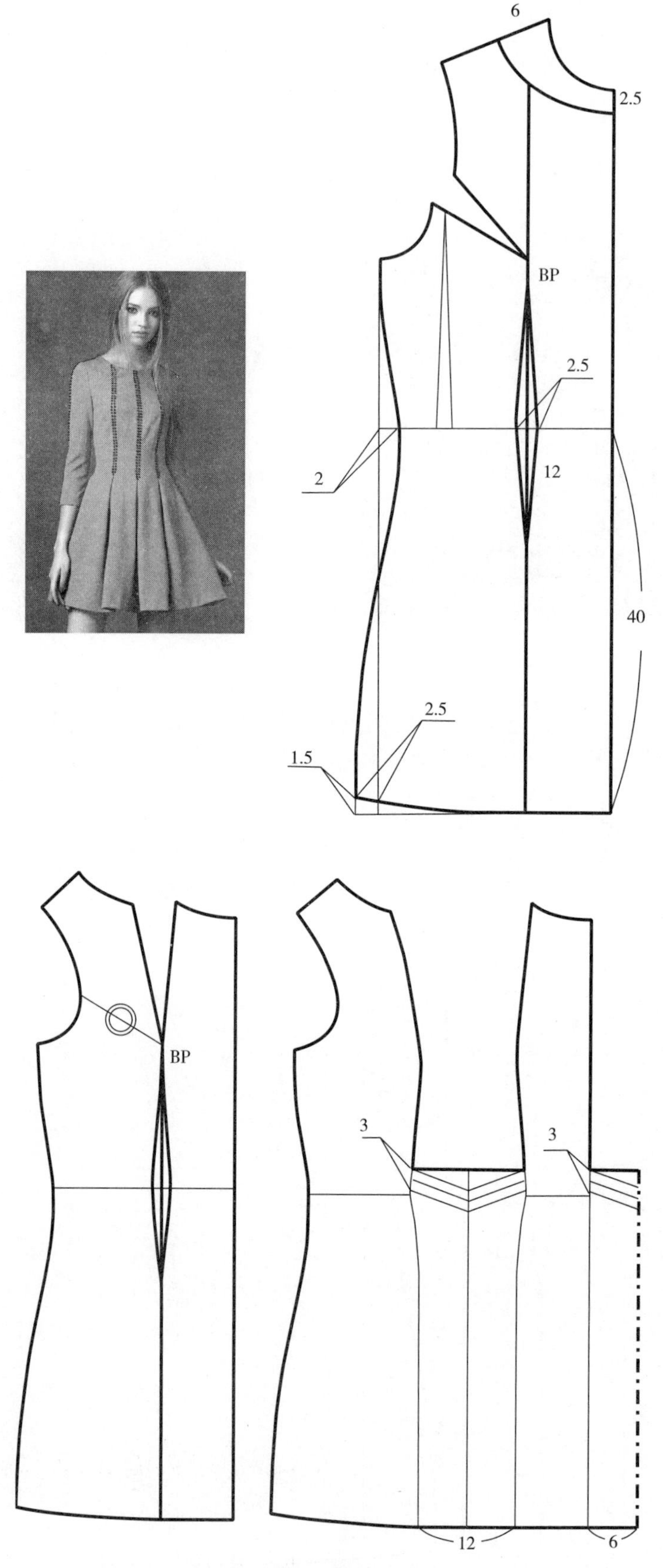

图 4-29 平行褶裥纸样设计

第三节　分割线纸样设计

分割线是女装设计中常见的一种造型形式，通过对现代女装进行分割处理（可借助视错原理改变人体的自然形态），创造理想的比例和完美的造型。我们可以运用分割线的形态、位置和数量的不同组合，形成女装的不同造型及合体状态的变化规律。

一、分割线分类

分割线在女装纸样设计中起着极为重要的作用，它既能构成多种形状，又能使女装适应人体表面，还能塑造出新的形态，它既具有装饰的特点，又具有功能的特点，因此可以将女装的分割线分为装饰分割线和功能分割线。

1. 装饰分割线

装饰分割线，指为了造型的需要，附加在女装表面起装饰作用的分割线，分割线所处部位、形态、数量的改变，会引起女装造型艺术效果的变化。

分割线数量的改变，会因人们的视错效果而改变女装风格，如后衣身的纵向分割线，两条比一条更能体现女装的修长、贴体，但数量的增加必须保持分割线的整体平衡，特别对于水平分割线，尽可能符合黄金分割比，使其具有节奏感和韵律感。

在不考虑其他造型因素的情况下，女装韵律的阴柔美，是通过线条的横、弧、曲、斜与力度的起、伏、转、折及节奏的轻、巧、活、柔来表现的，女装大体上采用曲线形的分割线，外形轮廓线以卡腰式为多，显示出活泼、秀丽、苗条的造型。

2. 功能分割线

功能分割线，指既能使女装适应人体体型和活动的特点，又能在结构上具有一定的作用。功能分割线的设计不仅要体现款式新颖的服装造型，而且要具有多种实用的功能性，如突出胸部、收紧腰部、扩大臀部等，使女装显示出人体曲线之美，并且要能做到在保持款式新颖的前提下，最大限度地减少女装加工的复杂程度。

功能分割线的目的之一是为了适应人体体型，以简单的分割线形式，最大限度地显示出人体廓型的重要曲面形态。如为了显示人体的侧面体型，设置背缝线和公主线；为了显示人体的正面体型，设置肩缝线和侧缝线。

功能分割线的目的之二是以简单的分割线形式，取代复杂的湿热塑形工艺，兼有或取代收省道的作用。如公主线的设置，其分割线位于胸部曲率变化最大的部位，上与肩省相连，下与腰省相连，通过简单的分割线就能将人体复杂的胸、腰、臀部形态描绘出来。

功能性分割线不仅装饰美化了服装造型，而且代替了复杂的湿热塑形工艺。这种分割线实际上起到了收省缝的作用，通常是由连省成缝而成。

二、分割线效果

女装上各种形态的分割线，主要可分为竖向分割线、横向分割线和斜向分割线。通过这些分割线可以塑造不同的效果，有些弧线和自由线也根据其大致的方向归入这三类。

1. 竖向分割线

竖向分割线能引导人的视线上下移动，具有强调高度的作用，所以以竖向分割线为主的女装，使穿着者显高。竖向分割线给人以挺拔、修长和庄重的感觉，因此隆重场合的女装以竖向分割设计为主。但是过多竖向分割线的排列会把人的视线引向宽度，产生相反的横向扩张的错觉。女装中的竖向分割线包括门襟、竖向省缝、开口、褶裥线、竖向的口袋等。

2. 横向分割线

横向分割线能引导人的视线左右横向移动，具有强调宽度的作用，所以以横向分割线为主的设计能使穿着者显得健壮、稳重、安定。横向分割线能给人以柔和、开阔、平衡的感觉，适用于便装、生活装等。但是按一定规律排列的过多的横向线也能引导视线上下移动产生增加长度的错觉。女装中的横向分割线包括各种育克（yoke）、下摆线、腰节分割线、横向的褶皱、横向的袋口等。横向分割线之间相互配合，会形成富于律动感的变化，所以常使用横向分割线作为装饰线，并以镶边、嵌条、缀花边、加荷叶边、缉明线等方法予以强调。

3. 斜向分割线

斜向分割线具有运动感和活跃感。其关键在于倾斜度的把握，由于斜线的视觉移动距离比直线长，所以接近垂直的斜线分割比垂直分割造成的高度感更为强烈，而接近水平的斜向分割则降低高度感，增加宽度。斜向分割线交接形成角，角度越小，分割线越趋向于竖向线的颀长感；角度越大，分割线越趋向于横向线的宽阔感；45°的斜向分割最能掩饰体型的缺点。

在女装中，可以综合发挥横向和竖向分割线的不同视错觉的作用，达到造型美的目的。例如，可以在胸、肩部运用横向分割线而在腰部和下肢运用竖向分割线，从而使肩部或胸部显得宽阔丰满，使腰、臀和下肢显得挺拔、苗条。

三、分割线设计方法

女装分割线的形态、位置、数量不仅影响女装的合体状态，而且还与女装的加工工艺密切相关。现代女装的分割线的设计方法主要有连省成缝、不经过省端点的分割线两种形式。

1. 连省成缝

贴体女装要与复杂的人体曲面相吻合，往往需要在女装的纵向、横向或斜向做出各种形状的省道，但是在一片衣片上做过多的省，会影响制品的外观、缝制效率和穿着牢度。女装纸样设计中，在不影响款式造型的基础上，需将相关联的省道用衣缝来代替，即称连省成缝。连省成缝其形式主要有衣缝和分割线两种，尤其以分割线形式占多数。衣缝主要有侧缝、背缝等，分割线形式主要有公主线、刀背缝等。

连省成缝的基本原则有：

（1）省道在连接时，应尽可能考虑连接线要通过或接近该部位曲率最大的工艺点，以充分发挥省道的合体作用。

（2）经向和纬向的省道连接时，从工艺角度考虑，应以最短路径连接，使其具有良好的可加工性、贴体功能性和美观的艺术造型；从艺术角度考虑造型时，省道连接的路径要服从于造型的整体协调和统一。

（3）如按原来方位进行连省成缝不理想时，应先对省道进行转移再连接，注意转移后的省道应指向原先的工艺点。

（4）连省成缝时，应对连接线进行细部修正，使分割线光滑美观，而不必拘泥于省道的原来形状。

图 4–30 为前衣片公主线纸样设计，其具体步骤如下：

①先绘制出新文化女装原型前片。

②按照女装款式的要求绘制出前衣片的轮廓线，采取连省成缝的方式绘制出前衣片公主线。在绘制前衣片公主线时，可不必拘泥于原省位，以美观的造型连省，画顺公主线。

③将新文化女装原型前片的袖窿省合并，转移到公主线中。

④采取平行移动的方法，将前衣片女装纸样分解成前中片和前侧片纸样，当前中片布片和前侧片布片进行缝制时，就会在前衣身上形成一条光滑的公主线，该公主线中包含了肩省和腰省。

图 4–31 为前衣片刀背缝纸样设计，其具体步骤如下：

①先绘制出新文化女装原型前片。

②按照女装款式的要求绘制出前衣片的轮廓线，采取连省成缝的方式绘制出前衣片刀背缝。在绘制前衣片刀背缝时，可不必拘泥于原省位，以美观的造型连省，画顺刀背缝。

③将新文化女装原型前片的袖窿省合并，转移到刀背缝中。

④采取平行移动的方法，将前衣片女装纸样分解成前中片和前侧片纸样，当前中片布片和前侧片布片进行缝制时，就会在前衣身上形成一条光滑的刀背缝，该刀背缝中包含了袖窿省和腰省。

2. 不经过省端点的分割线

经过省端点的分割线，一般可通过连省成缝来完成。但在女装款式设计中，经常会碰到不经过省端点的分割线，此时应设置辅助线，设法使分割线与省端点连接。当分割线与省端点相距较近时，辅助线处的省道量较小，可将此省道忽略不计，缝制时可借助

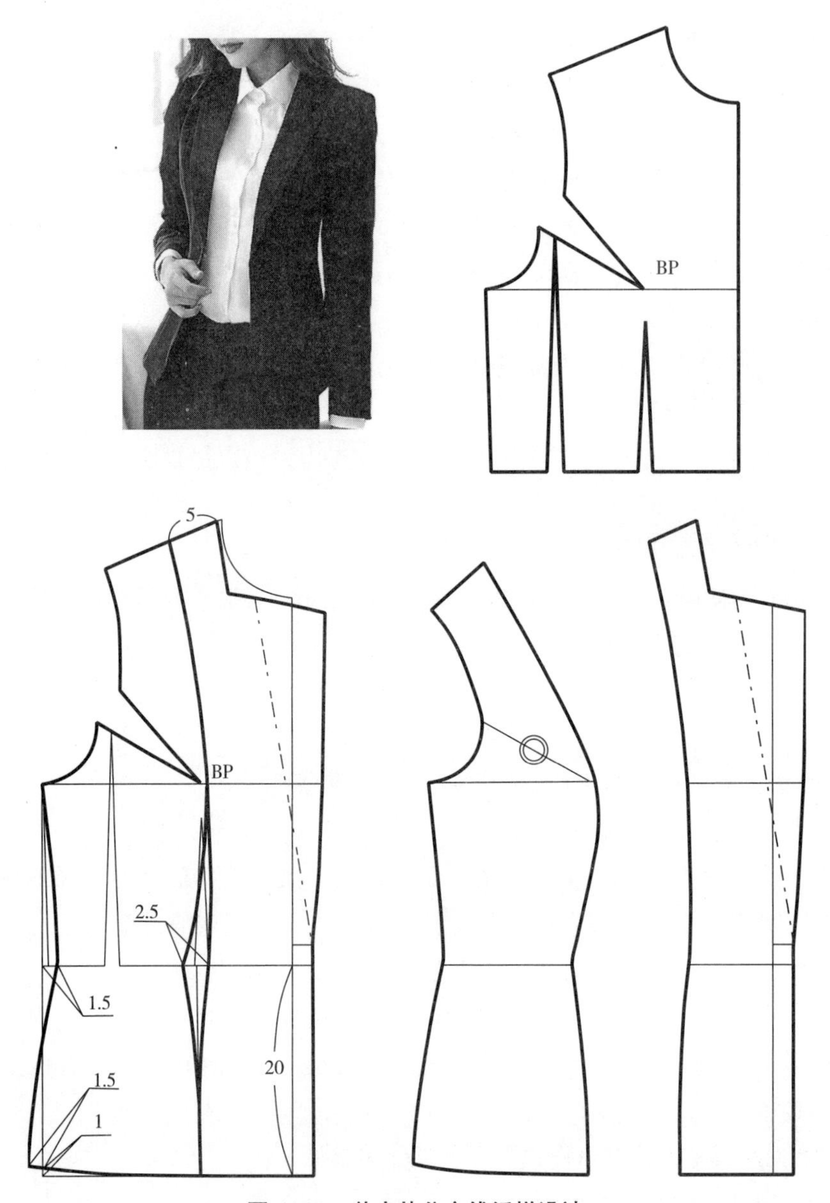

图 4-30　前衣片公主线纸样设计

熨烫工艺；当分割线与省端点相距较远时，辅助线处的省道量较大，不能忽略不计，必须保留此省道，如图 4-32 所示。

四、分割线纸样设计与应用

1. 刀背缝断腰节分割纸样设计

刀背缝断腰节分割纸样设计如图 4-33 所示。

2. 公主线断腰节褶裥分割纸样设计

公主线断腰节褶裥分割纸样设计如图 4–34 所示。

3. 胸部弧线分割褶裥纸样设计

胸部弧线分割褶裥纸样设计如图 4–35 所示。

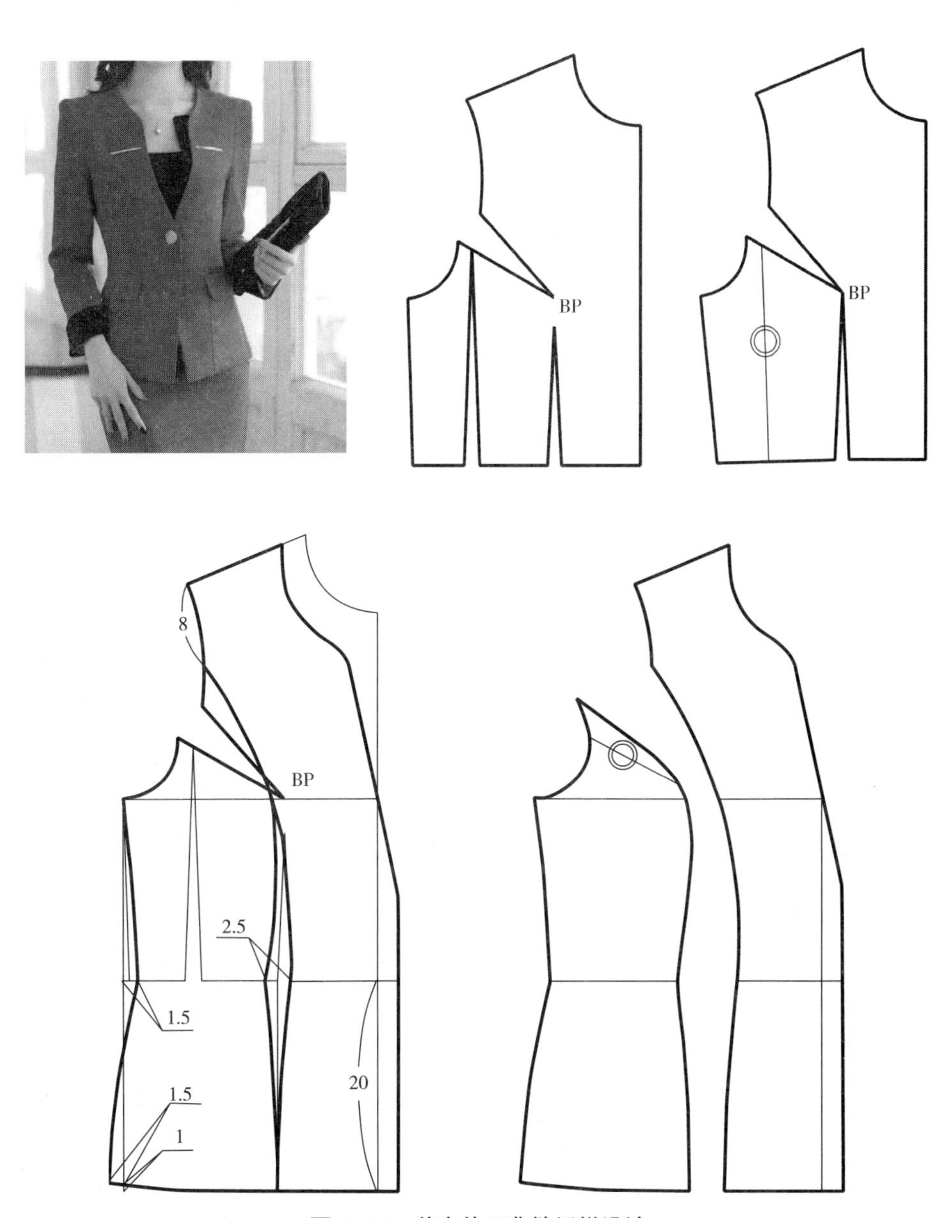

图 4–31　前衣片刀背缝纸样设计

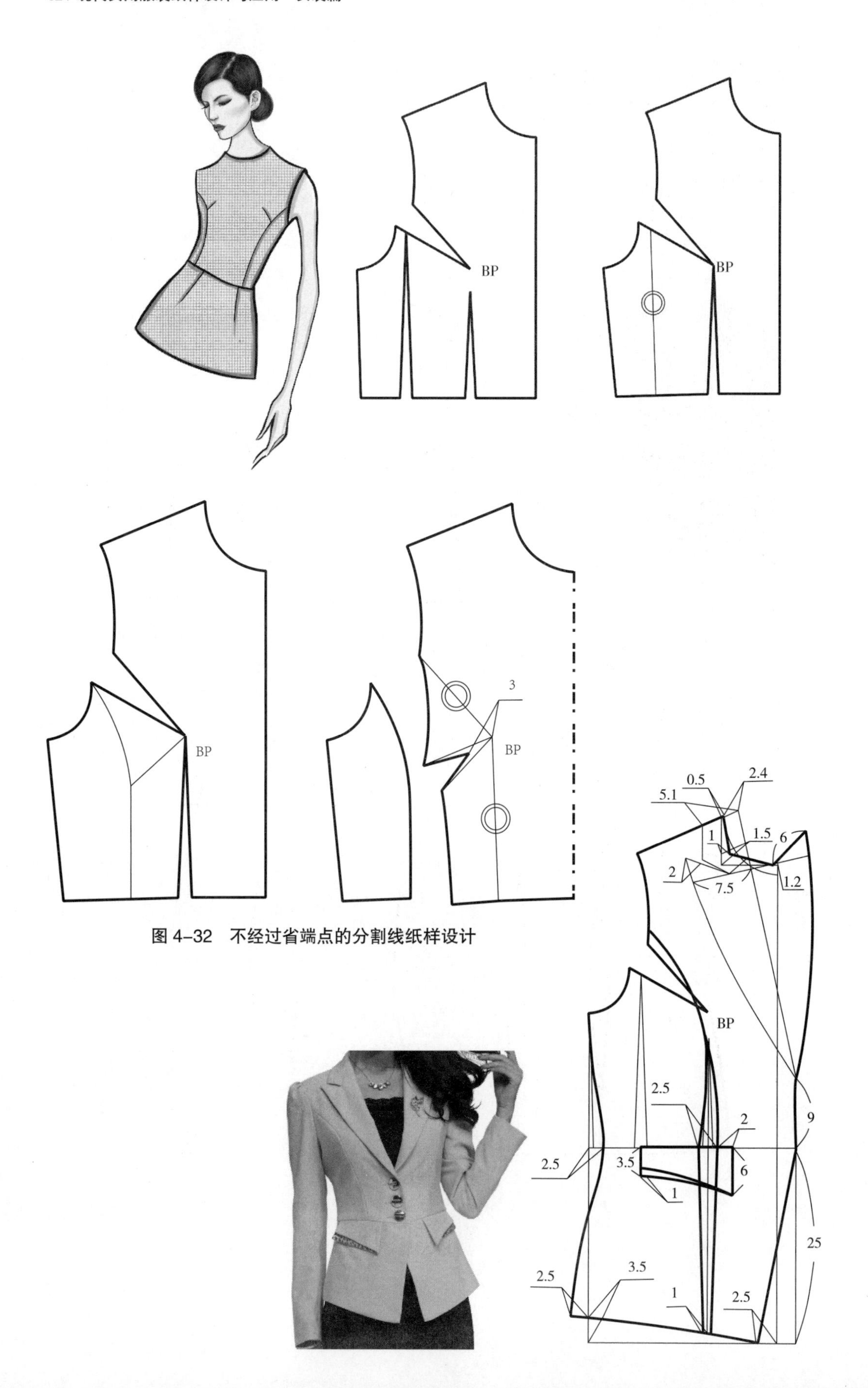

图 4–32　不经过省端点的分割线纸样设计

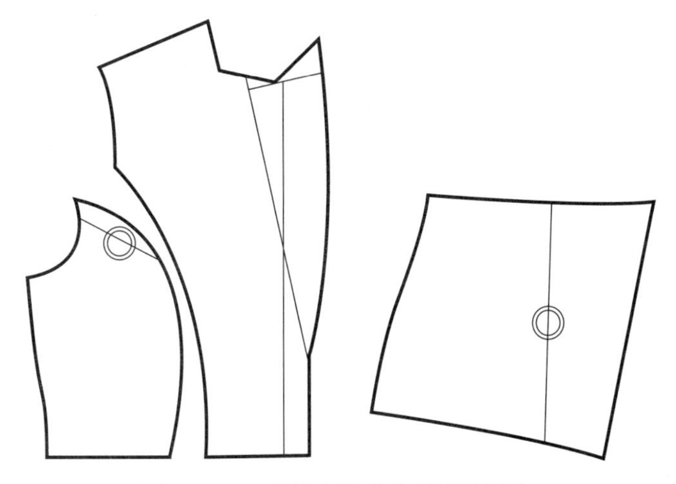

图 4-33　刀背缝断腰节分割纸样设计

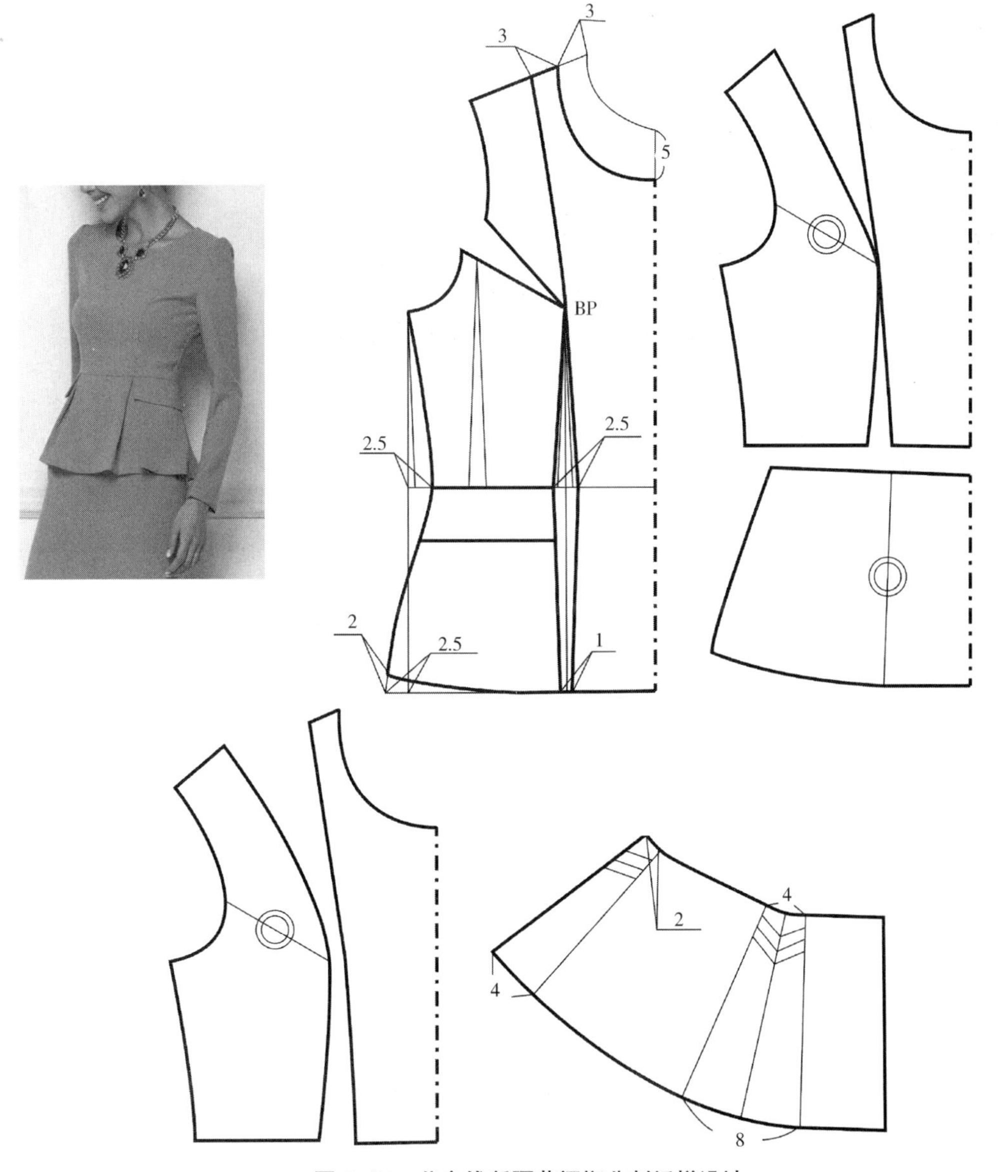

图 4-34　公主线断腰节褶裥分割纸样设计

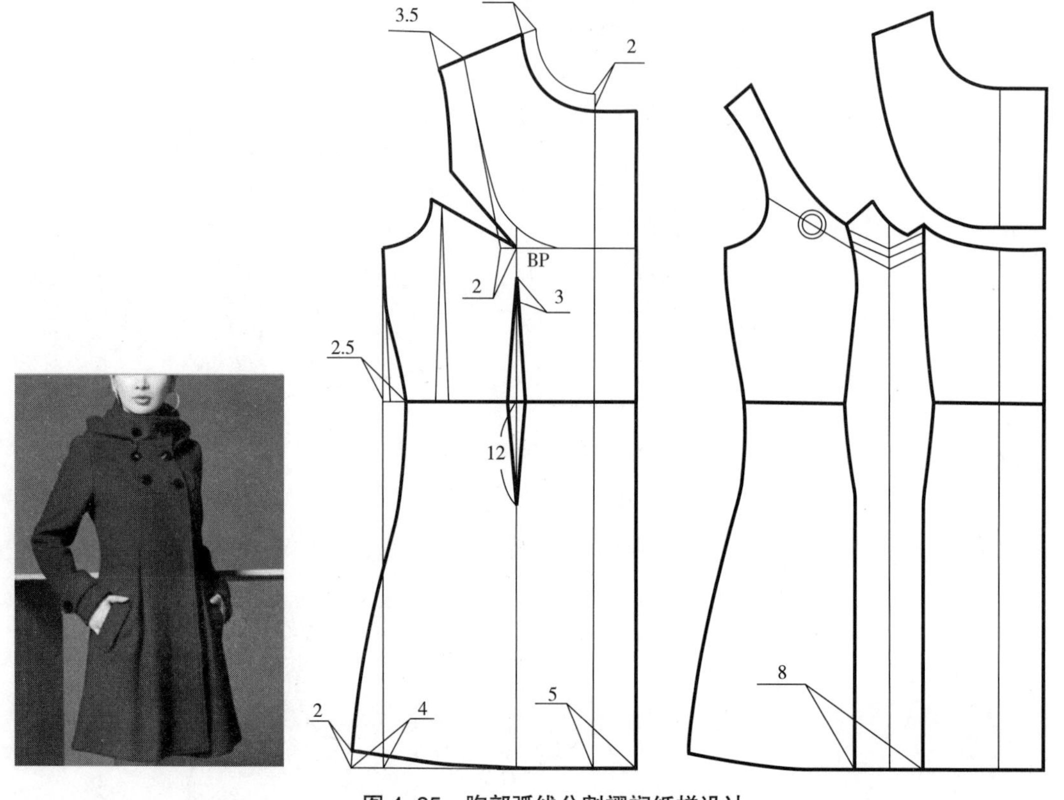

图 4-35 胸部弧线分割褶裥纸样设计

第五章　衣领纸样设计

领子是女装整体造型中最重要的组成部分，它又是连接头部与身体的视觉中心，在很大程度上表现着成品女装的美观及外在质量。分析各种衣领内部结构，掌握衣领构造设计方法，是现代女装成衣纸样设计的重要内容。领子款式虽十分丰富，但总的可分为无领和有领两大类。仅仅只有领线而无领身的即是无领类；在领线上装有各种不同形式的衣领的即是有领类。有领类又可分为立领、坦领、翻折领、翻驳领、结带领、帽领等。

第一节　无领纸样设计

一、无领分类

1. 圆形领

圆形领是领口呈圆形的无领结构（图 5–1）。以女装原型的领口作为圆形领的基本廓型，由于其形状符合颈根的自然造型，给人以舒适感，所以多用于套头式女士针织内衣。如果进一步扩大领口，设计成较大开度的圆形领口，则更随意自然，可用于连衣裙等夏季女装。

2. V 形领

V 形领的廓型特征是领口在前中心线处形成的夹角呈 V 字形（图 5–2）。浅而宽的 V

图 5–1　圆形领

图 5–2　V 形领

形领显出柔和的动感，常配用于运动装和连衣裙。深而宽的 V 形领则被认为是开放的领型，适用于晚装及晚礼服。背心套装及外套所采用的 V 形领呈现出庄重而柔和的风格，一般仅利用领口深度和门襟的变化来达到不同的造型，领宽保持基本纸样的领宽。

3. U 形领

U 形领的廓型特征是领口两侧近似直线向下开深，在下侧由圆角过渡为弧线，形成在前中心线左右对称的 U 字形（图 5-3）。U 形领的领口宽一般在肩线中点附近，而领深在前颈点至胸围线之间变化，因而属于前胸较袒露的领型，浅 U 形领多用于女士背心和连衣裙，深 U 形领多用于晚礼服。

4. 方形领

方形领的廓型特征是领口呈四角形，在效果上能表现出颈部的平缓曲线，是具有女装风格的领型（图 5-4）。方形领一般采用中等的领口开度，宽度在侧颈点与肩点中点之间，深度在前颈点与胸罩外廓线之间，因而也比较适用于中等松度较为合体的女装，如连衣裙、外套及背心等。方形缩褶领一般在领口两侧或前领口处缩褶，但仍保持方角造型不变。

图 5-3　U 形领

图 5-4　方形领

5. 船形领

船形领的廓型特征是领口横向开度较大，纵向开度较小而呈椭圆形，可以看作是由圆形领演变而来的（图 5-5）。船形领的前领深一般与原型差异不大，而领宽可以到达肩点附近，因而可使颈部无压迫感而活动自如。船形领更多地用在女士针织运动衣或丝绸类柔软面料的夏季便装上。为了增加其现代感，后领深可大于前领深。如果前领深很小，使前颈点与侧颈点位于同一水平线上，这种领型则演变为一字领，在女士针织便装上配用较为多见，也用于女士礼服。

6. 露肩领

露肩领是胸部以上完全袒露的无领廓型的统称，实际上露肩领的领口已不存在，而是以胸围线的变化作为设计的重点，由于露肩领极为开放，性感十足，所以成为晚礼服常用的领型（图5-6）。露肩领女装由于失去肩部的支撑而容易下坠滑脱，因而采用弹性的面料（针织）做贴体设计比较适宜，成衣的胸围尺寸稍小或等于净体胸围尺寸，在用原型进行纸样设计时，要去掉加放的基本松度。如果采用弹性较小的机织面料制作，则需适当加放必要的松度，以减小胸部的压迫感，同时也可在肩部加装吊带以防脱落。如果后衣身领口深度开至胸围线以下，而前身领口则要从胸部向上延伸形成后领口贴边，这种领型称其为轭圈领。

图5-5　船形领

图5-6　露肩领女装

7. 异形领

异形领的领口为各种几何形，它是具有标新立异感觉的领型，较多用于女士时装（图5-7）。在进行女装设计时，异形领的领口形状往往要与衣身分割线及袋口线等相协调，以左右对称的廓型为主，如漏斗领、五角领、花边领等。

图5-7　异形领

二、无领领口形状及领口开度设计

1. 无领领口形状设计

无领领型的变化取决于领口的形状与开度。领口的形状在设计中自由度较大，它可以设计成我们所能想到的任何一种形状。通常采用较多的是以前中心线为对称轴，左右对称的领型，以求得造型上的平衡美。当为了强调服装结构线的装饰美，在衣片上进行直线或曲线分割时，领口的形状必须服从形式美的和谐与多样性统一的规律，以使领口与衣片分割线的形状达到局部与整体的协调。例如，采用直线分割衣片时配以直线构成的几何形领口，能够显示简洁的阳刚之气；采用曲线分割的衣片时，配以曲线形领口，能够显出细腻柔和的造型风格；当直线与曲线组合分割时，可以赋予衣身很强的装饰性。领口需要根据造型的主次关系来确定最佳的形状，至少要使领口的一部分与衣身主要的分割线相似。

2. 无领领口开度设计

无领服装是所有只有领口而无需加装衣领的服装的统称，其领口开度既受女装流行趋势的影响，又受服装款式的制约。女装原型的领口开度尺寸是无领款式的领口最小极限尺寸。当增大领口开度时，必须遵循的原则是，领口不能超过内穿胸罩的外廓线。因此，无领领口的前领口变化范围应在基本领口线与胸罩外廓线之间，后领口在腰围线以上的范围内变化。为了保证领口造型的稳定，横开领应避开肩点 3~5cm。一般晚礼服或用弹性面料制作的紧身服装，横开领较大，甚至超过肩点而成为露肩的款式。女士套装及背心的横开领必须在肩点以内，如果横开领较小，而采用增加领口纵向开度的设计时，必须考虑前、后领口的互补，以保持肩部的稳定。当领口开至腰围线以下，并偏离前中线时，无领服装则成为开襟的款式。

三、无领纸样设计方法

无领结构的变化形式很多，在设计方法上大体有以下三种类型。

1. 对直开领做不同程度的增量处理

横开领与人体颈部相吻合，而对直开领进行不同程度的增量处理，并利用直线、曲线、折线、波浪线等构成不同形状的领口。直开领增量的最大值一般为 10~25cm，超过此限度时，要考虑增加附件，以免胸部暴露过大。

2. 对横开领做不同程度的增量处理

直开领与人体颈部相吻合，而对横开领进行不同程度的增量处理，并通过改变领口线的形状而产生新的视觉效果。横开领的宽度一般为 10~18cm，大于 18cm 时应考虑增加吊带，否则会因横开领过大而易脱落。

3. 对直开领与横开领做不同程度的增量处理

结合不同线型的视觉效果，实现无领式结构的多样化设计。设计参数：直开领为 10~20cm，横开领为 10~18cm。

无领式结构的纸样设计，可以按照先绘制女装基本原型，后做变化形的程序进行绘制，不强求一步到位。首先，根据女性人体体型，绘制出女装原型；其次，根据无领造型在女装原型领窝的基础上，分别调整直开领与横开领的值；最后，绘制出体现造型的领口弧线。采用这种方法的要求是对女装原型领窝在人体上的对应位置比较熟悉，在进行加放时能做到心中有数，横开领增大时，可在肩线上直接扩展，肩线的斜度不会因此而改变。

此外，无领式结构的设计，还要根据款式的特点及特定的穿着要求，选择开口的位置与形式，如前部开口、后部开口、肩部开口、对称或不对称部位的开口等，尤其是套头式领口，凡是领口围度小于 60cm 的都要设置开口。

四、无领纸样设计

1. 圆形领纸样设计

圆形领纸样设计如图 5-8 所示。

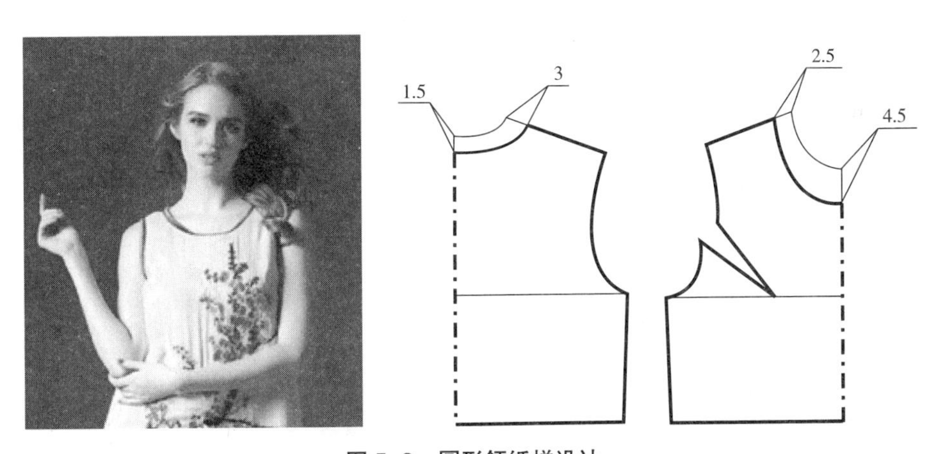

图 5-8　圆形领纸样设计

2. V 形领纸样设计

V 形领纸样设计如图 5-9 所示。

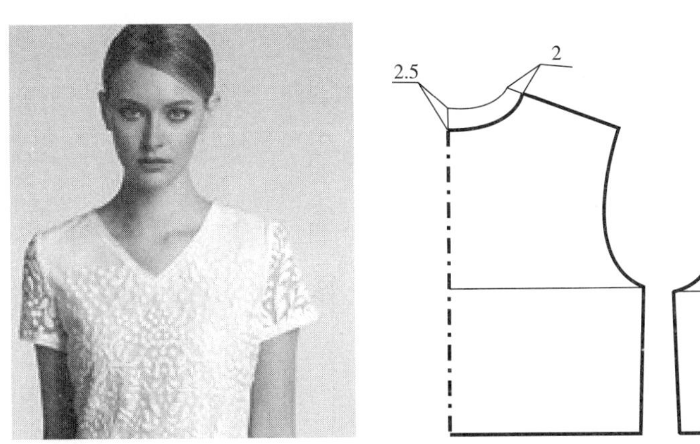

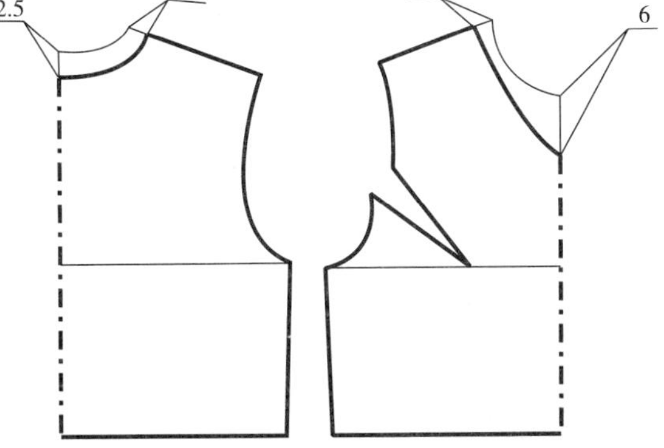

图 5-9 V 形领纸样设计

3. U 形领纸样设计

U 形领纸样设计如图 5–10 所示

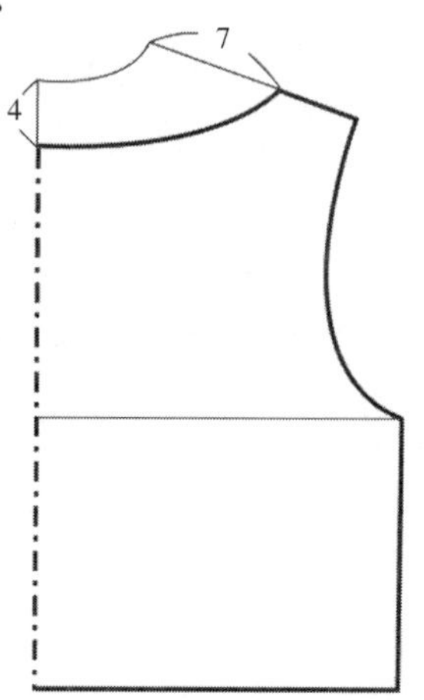

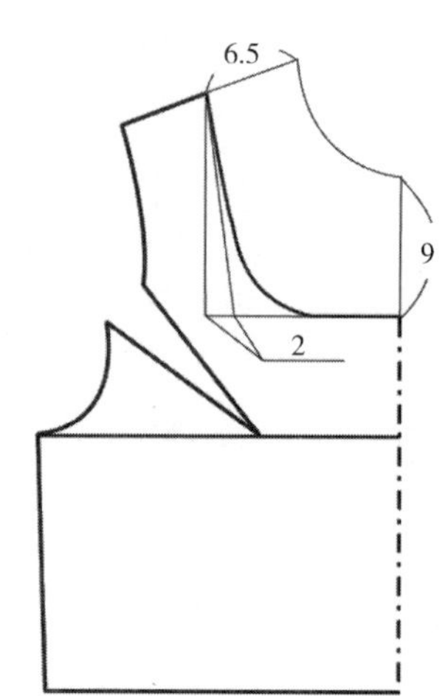

图 5–10　U 形领纸样设计

4. 方形领纸样设计

方形领纸样设计如图 5–11 所示。

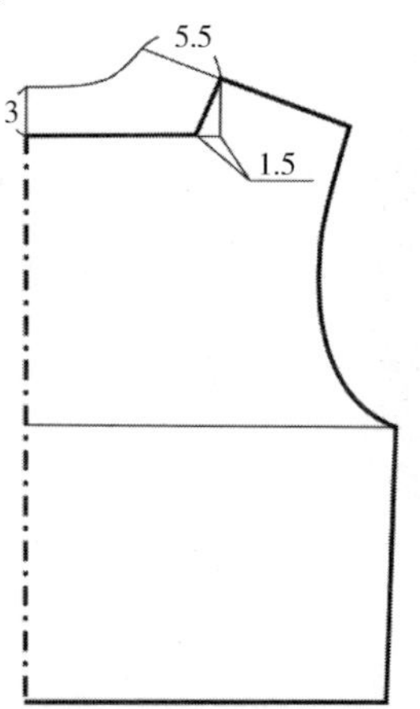

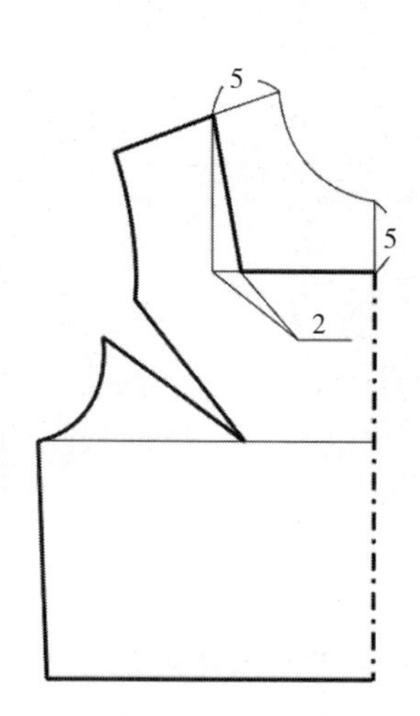

图 5–11　方形领纸样设计

5. 船形领纸样设计

船形领纸样设计如图 5–12 所示。

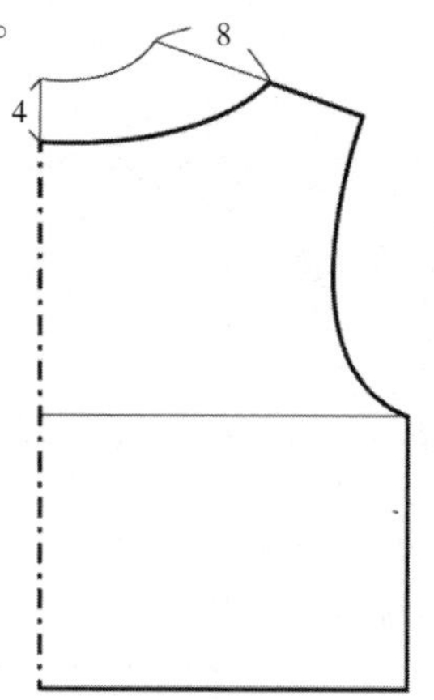

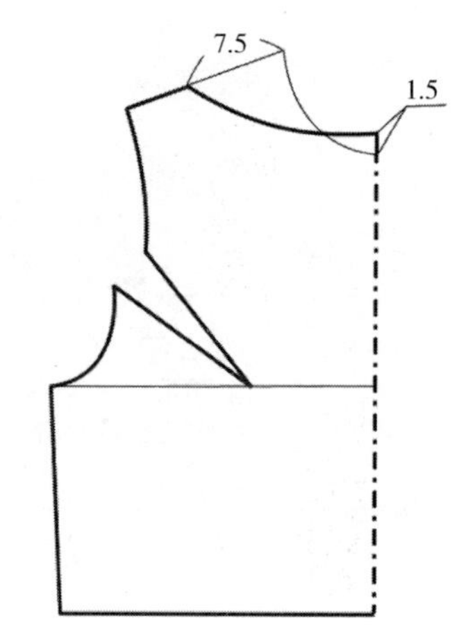

图 5–12　船形领纸样设计

6. 异形领纸样设计——漏斗领

漏斗领纸样设计如图 5–13 所示。

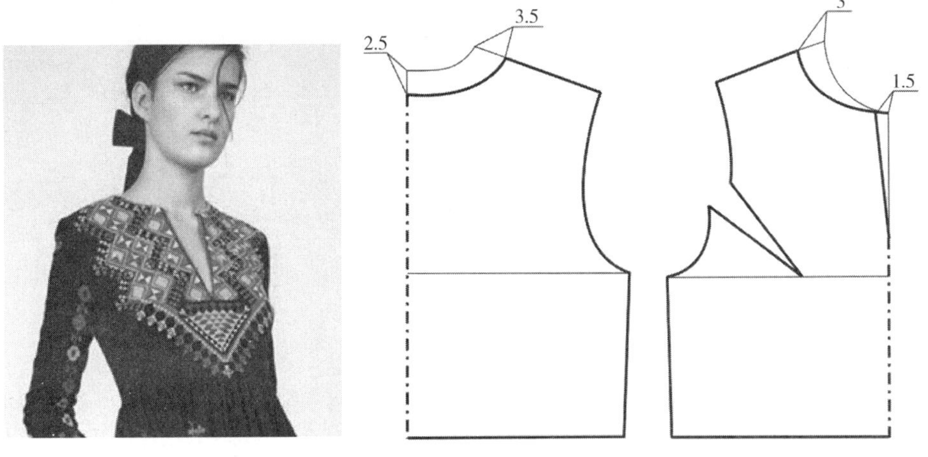

图 5–13　漏斗领纸样设计

7. 异形领纸样设计——花边领

花边领纸样设计如图 5–14 所示。

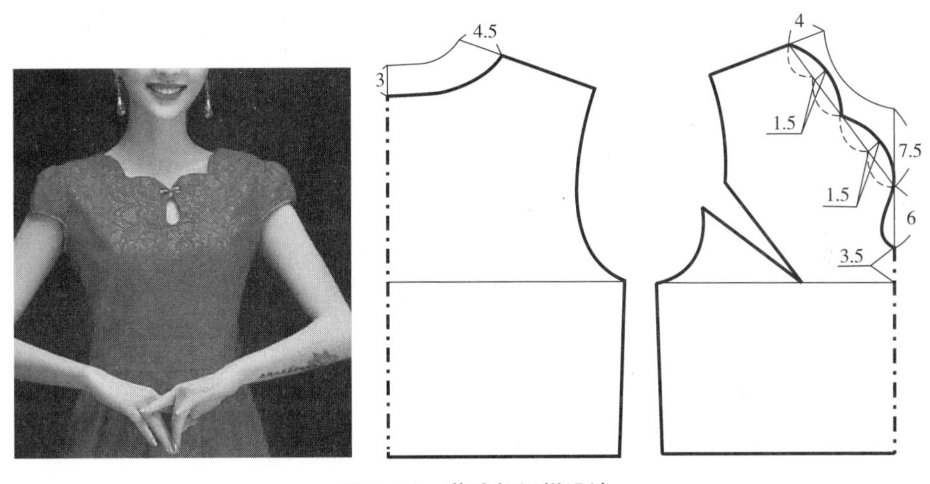

图 5–14　花边领纸样设计

第二节　立领纸样设计

立领是指单独直立状的领型，它只有底领而没有翻领部分，造型简洁，实用性强，因而成为现代女装中常见的一种领型。立领造型别致，立体感强，具有端庄、严谨的特征，能体现东方女性的稳重。

一、立领分类

1. 按外观效果分类

现代女装立领按外观效果的不同，分三种基本的形态，即直角立领、钝角立领和锐角立领。

（1）直角立领：也称直立领，是指与颈根围截面呈 90° 夹角的立领（图 5-15）。领上口线和下口线基本平行，领下口线和人体颈跟围长度一样，领上口线偏离人体颈部，没有很好地贴合颈部，这是因为人的颈部不是一个标准的圆柱体，而是上细下粗的圆台体。直角立领的起翘量为 0。

（2）钝角立领：也称合体立领（锥形立领），是指与人体肩线呈钝角夹角的立领（图 5-16）。钝角立领也称为内倾式立领，由于领上口线和下口线同时向上弯曲，使得两条线的长度产生了差数，即领上口线短于领下口线，领子贴合人体颈部，形成圆台状。钝角立领的起翘量一般为 1.5~2.5cm。

（3）锐角立领：指与人体肩线呈锐角夹角的立领（图 5-17）。锐角立领也称为外倾式立领（倒锥形立领），其领上口线比下口线长，形成倒圆台形，领上口线越长，越向外扩展，远离人体颈部。锐角立领的起翘量为负值。

2. 按立领结构分类

现代女装立领按结构的不同，可分为三种基本形态，即装缝式立领、连裁式立领和连身立领。

（1）装缝式立领：指将单裁的领片缝合在领窝之上的领型，这种领型立体感强，简单挺拔，会造成人体颈部拉长的感觉（图 5-18）。

（2）连裁式立领：指立领与部分衣片相连，顺着颈部立起的领型。 这种领型在设计的时候，可以将省道融进分割线之中。

图 5-15　直角立领

图 5-16　钝角立领

（3）连身立领：指与衣片相连，顺着颈部立起的领型，具有清秀端庄的气质，常用于春秋季女装中。连身立领的造型效果主要反映在领缘角度变化及搭门的装饰上（图 5–19）。

图 5–17　锐角立领

图 5–18　装缝式立领

图 5–19　连身立领

二、立领各部位线条名称

立领各部位线条名称如图 5–20 所示。

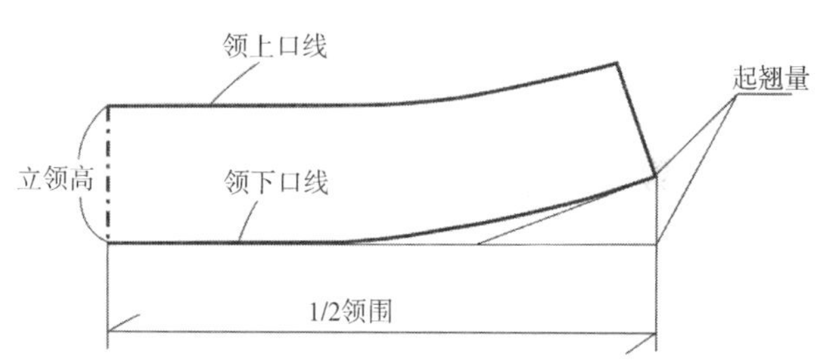

图 5–20　立领各部位线条名称

三、立领纸样设计影响因素

1. 领高

现代女装立领的高度可以在前颈点至眼睛之间的范围内变化，但是由于对立领造型美观性的需要，领高应大于 2cm。套装的立领高度仅限于脖颈长度范围，一般为 2~8cm。而冬季外套的立领高度可超过颈部，高度可达 15cm 左右，此时领口围度必须增大甚至接近头围尺寸，才能遮挡面部，并保持颈部活动自如。

2. 上领口松度

现代女装立领上领口松度主要取决于领下口线的形态，在领下口线长度不变的情况下，使其上翘，领上口线长度变小，呈锥形立领结构，领上口围与颈部的间隙变小。这种领型的外观造型较好，但处理不当会影响颈部的活动，在设计时应留有一定的余地。因此，在设计锥形立领时应满足两个基本条件：领上口线长度大于或等于颈围；领下口线长度等于衣身领口长度。当领下口线向下弯曲时，领上口变大，呈倒锥形立领结构，领上口围与颈部的间隙增大，穿着舒适，活动自如。设计中一般与领子的高度同步变化，领子高度越大，领上口围也越大。为了保持倒锥形立领造型的稳定性，必须借助硬挺度较高的树脂衬等辅料的支撑。

四、立领纸样设计

1. **合体立领纸样设计**

合体立领纸样设计如图 5-21 所示。

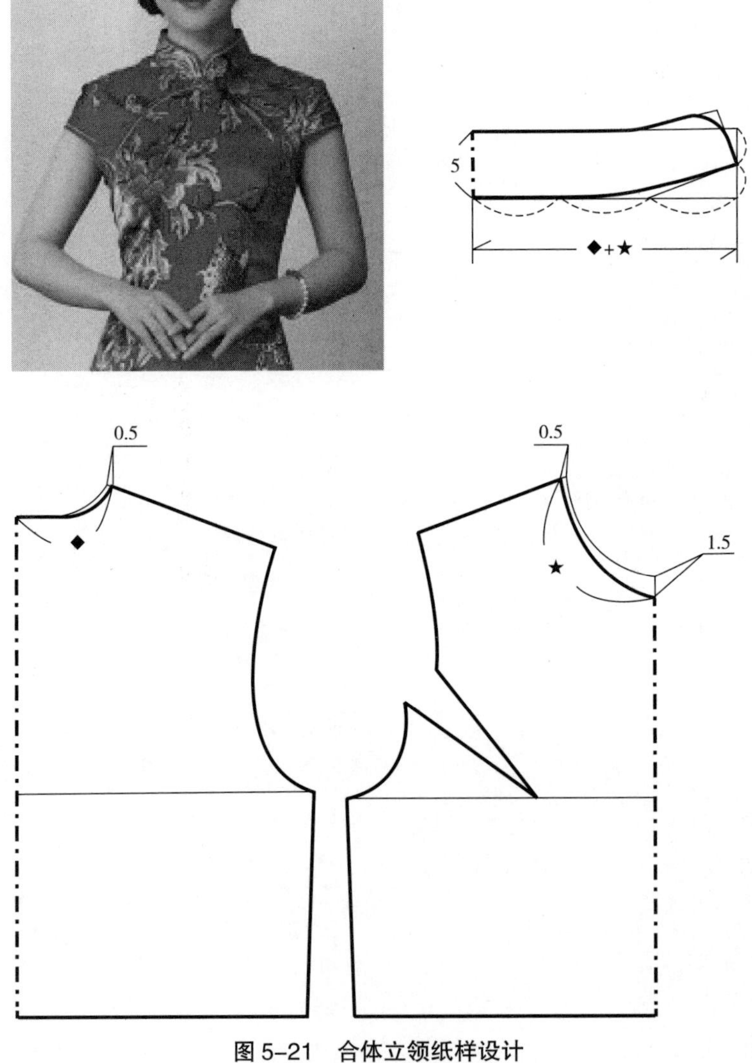

图 5-21　合体立领纸样设计

2. 直立领纸样设计

直立领纸样设计如图 5–22 所示。

3. 凤仙领纸样设计

凤仙领纸样设计如图 5–23 所示。

4. 连身领纸样设计

连身领纸样设计如图 5–24 所示。

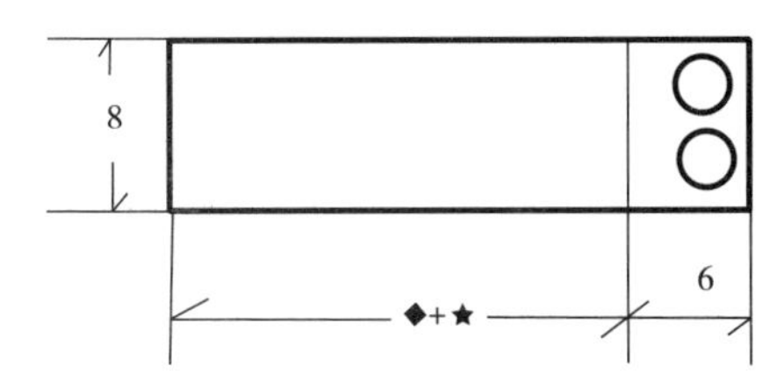

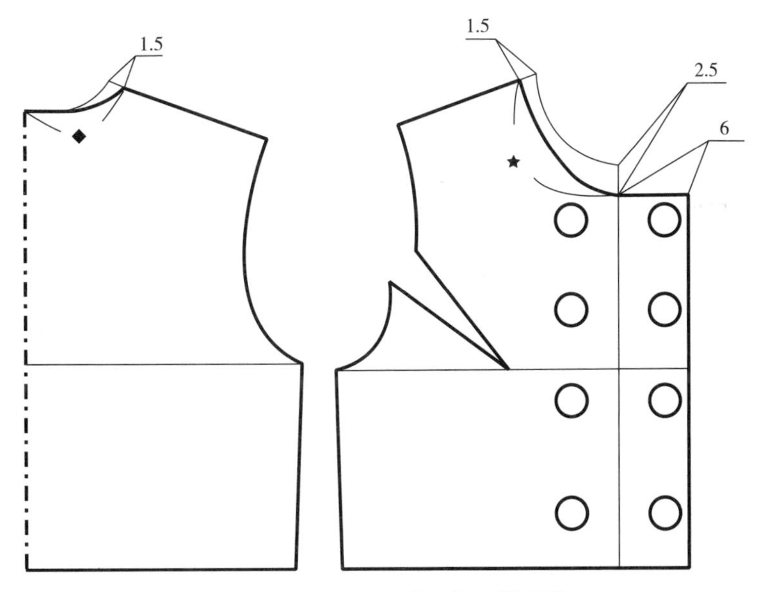

图 5–22 直立领纸样设计

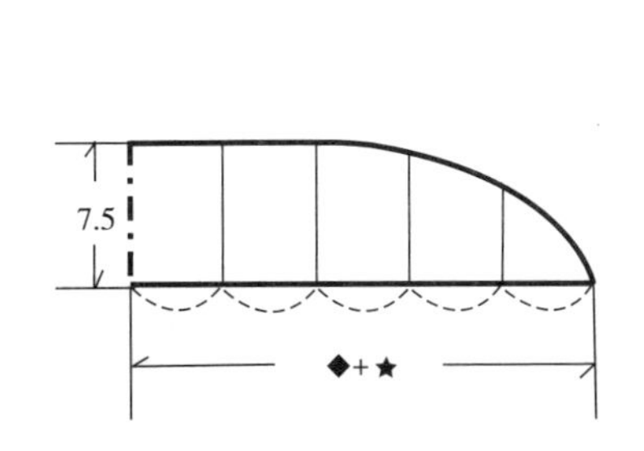

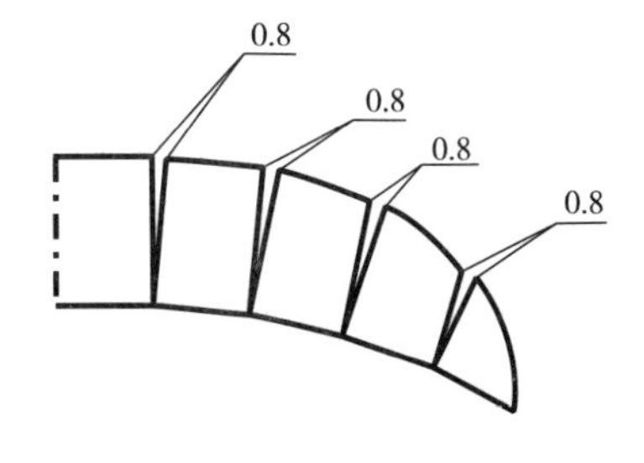

图 5–23

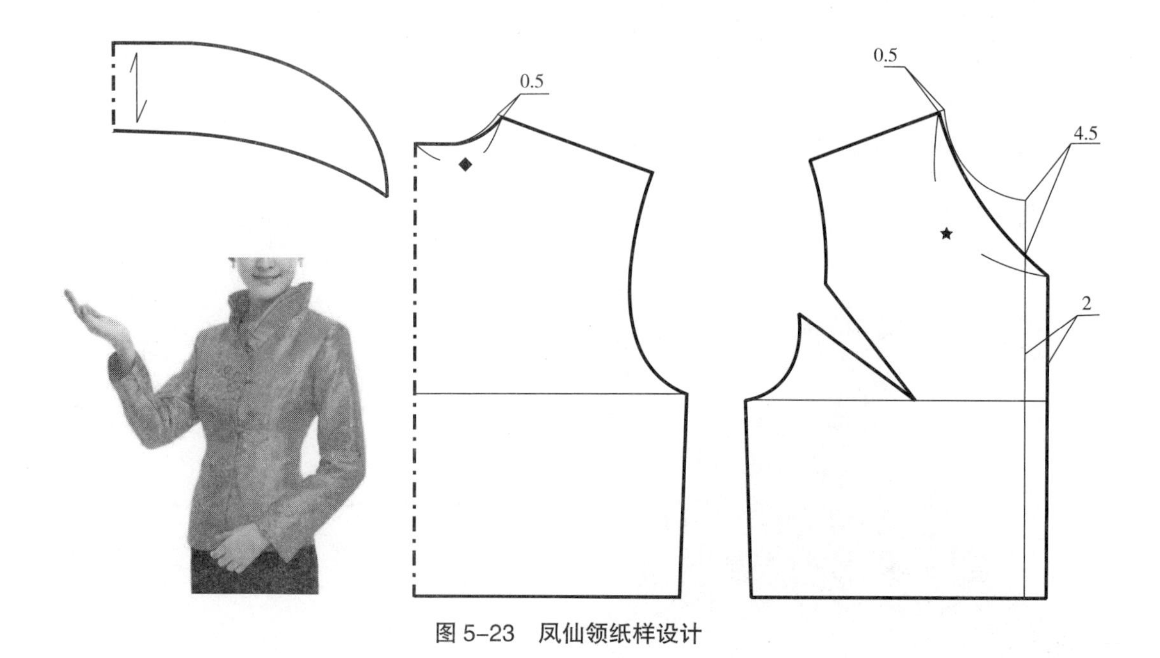

图 5-23 凤仙领纸样设计

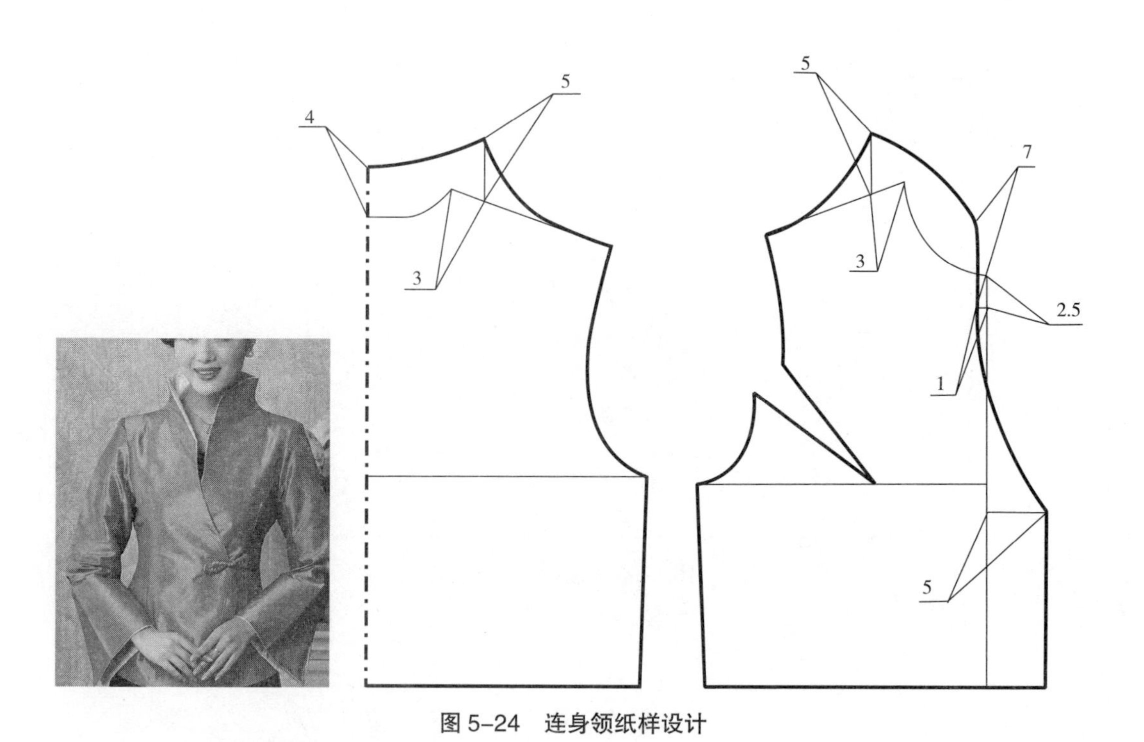

图 5-24 连身领纸样设计

第三节　坦领纸样设计

坦领指领座较低，领面平摊在肩背部的造型，是现代女装中的常用领型，其形式较为简单，不易受流行的影响。坦领可通过改变直开领的深浅、领宽的大小、领角的形状等来改变领子的造型。这种领型显得年轻、活泼、可爱。

一、坦领分类

1. 一般坦领

一般坦领指领面完全翻倒，平服地贴在肩背部，领宽等于肩线长度的 1/2 左右（图 5-25）。一般坦领在进行纸样设计时，必须将前、后衣片的肩线合并或在肩线处重叠 1.5~2cm 的量，使坦领在颈部略有拱起以掩盖缝迹线。一般坦领适用于衬衫或套装。一般坦领的造型主要是由领围线和领角的形状决定的。领角设计为圆角时称为圆角坦领，领角设计为方角时称为方角坦领，领外口线设计为波浪形时称为花边坦领。

图 5-25　一般坦领

2. 水兵领

水兵领的廓型特征是前领口为 V 字形，领宽占肩线长度的 2/3 左右，后领呈方形并由肩点向前领口成弧线连接（图 5-26）。此种领型因多用于水兵制服而得命。水兵领利用领口开度与领外口线处的滚边、镶边等进行装饰，成为流行的领型，多用于夏季女装、连衣裙等。夏季水兵领女装由于面料轻薄而柔软，所以衣领容易贴服于肩背部，实际穿用中希望衣领在后颈部拱起的量小些为好，在纸样设计时往往采用较小的肩部重叠量，一般为 1.5cm。水兵领外套女装由于面料质地较厚，悬垂性差，并且领口开度较大，为了使衣领贴服于肩背部，所以领外口尺寸宜小不宜大，纸样设计中需适当增加其肩部的重叠量，一般为 2.5~6cm，或在后中线处适当减少领外口长度，使衣领后部拱起一定的高度。

图 5-26　水兵领

3. 披肩领

披肩领的廓型特征是领宽大于肩宽，领面完全翻在衣身上，并在肩外侧自然下垂（图 5-27）。披肩领宽大而保暖，常用于女士时装外套。在披肩领的纸样设计中为了突出披肩领的飘逸和宽松自然的风格，往往使前后衣片纸样在肩部不重叠甚至加放一定宽松量，其加放量一般为 0~6cm，以便使衣领在肩部垂下的余量不影响手臂的活动。

4. 褶边坦领

褶边坦领的廓型特征是衣身领口处犹如加装了较宽的装饰花边，衣领领口线呈现出波动

图 5-27　披肩领　　图 5-28　褶边坦领

褶（图 5-28）。褶边坦领在时装及礼服中应用较多。褶边坦领包括波褶坦领和缩褶坦领。

波褶坦领的纸样设计是利用一般坦领的纸样进行剪开加放褶量而完成的，将坦领外口长度加放展宽后，使领下口线先弯曲，曲率增大，则成为波褶坦领。

缩褶坦领是将一般坦领的纸样分成几等份剪开后平行加放，则衣领纸样成为长条状，领下口线长度一般为衣身领口长度的 1.5~2 倍，绱领时通过缩褶或叠褶使领下口线与领口长度相吻合。

二、坦领纸样设计要点

在进行坦领纸样设计时，首先要根据效果图确定衣身上的领窝造型；其次将前、后衣片在肩线处对齐，在其上绘制出衣领的造型；最后将轮廓线修顺，即为坦领纸样图。但在实际操作中，往往采用绱领线比领窝线偏直的做法，即将前、后衣片在肩缝处重叠一部分，再做领子造型，修顺轮廓线。这样做有两个优点：一是可以使坦领的领止口线服贴在肩部，领面平整；二是绱领线弯曲度小于领窝线，形成一小部分领座，使绱领线与领窝线接缝处隐蔽，坦领在靠近颈部位置微微拱起。根据经验，肩端部的重叠量与领座的关系如表 5-1 所示。

表 5-1　肩端部的重叠量与领座的关系　（单位：cm）

重叠量	领座高	重叠量	领座高
1	0~0.4	3.8	1
2.5	0.6	5	1.5

三、坦领纸样设计

1. 方角坦领纸样设计

方角坦领纸样设计如图 5-29 所示。

2. 水兵领纸样设计

水兵领纸样设计如图 5-30 所示。

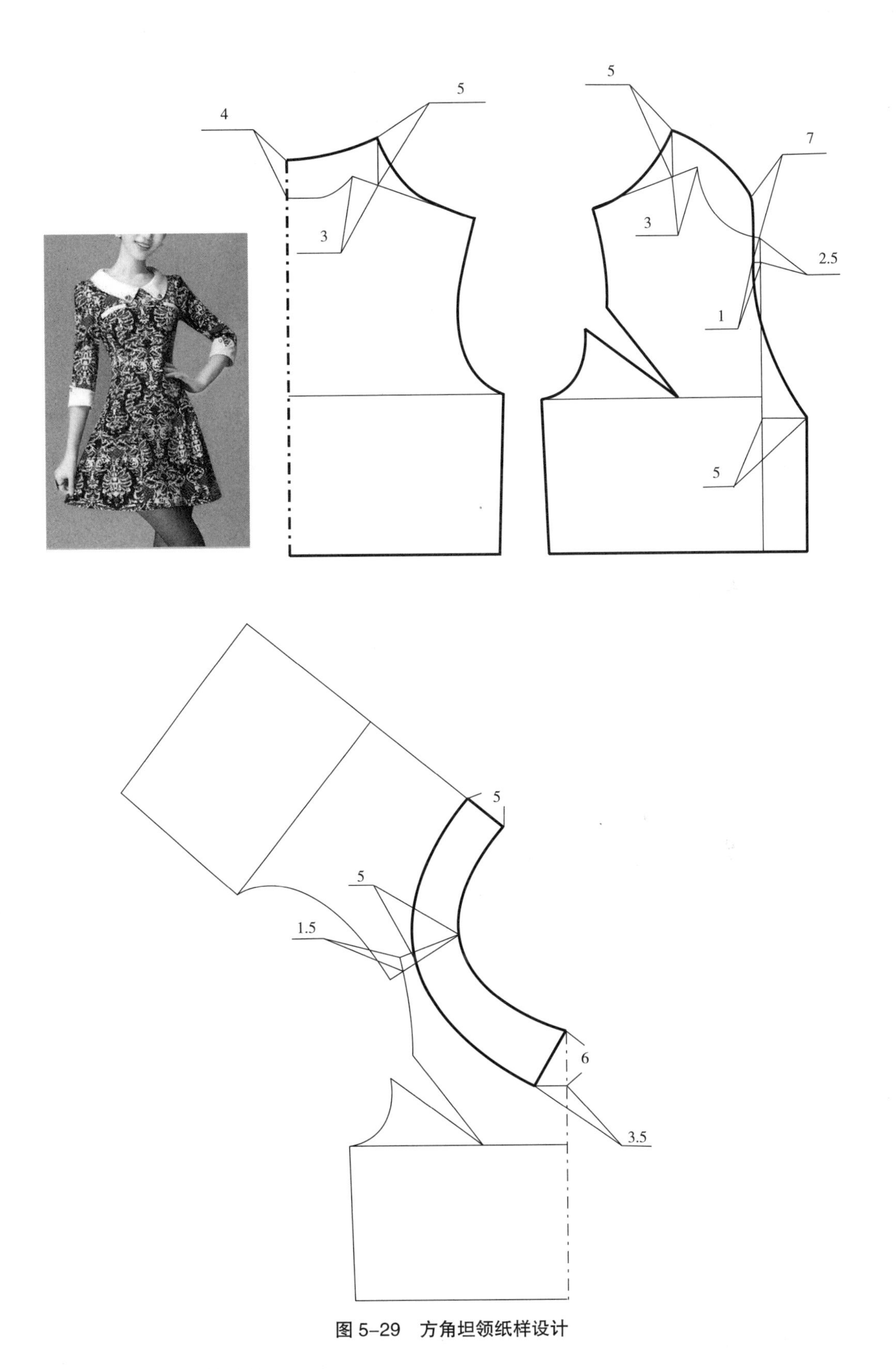

图 5-29　方角坦领纸样设计

3. 波褶坦领纸样设计

波褶坦领纸样设计如图 5-31 所示。

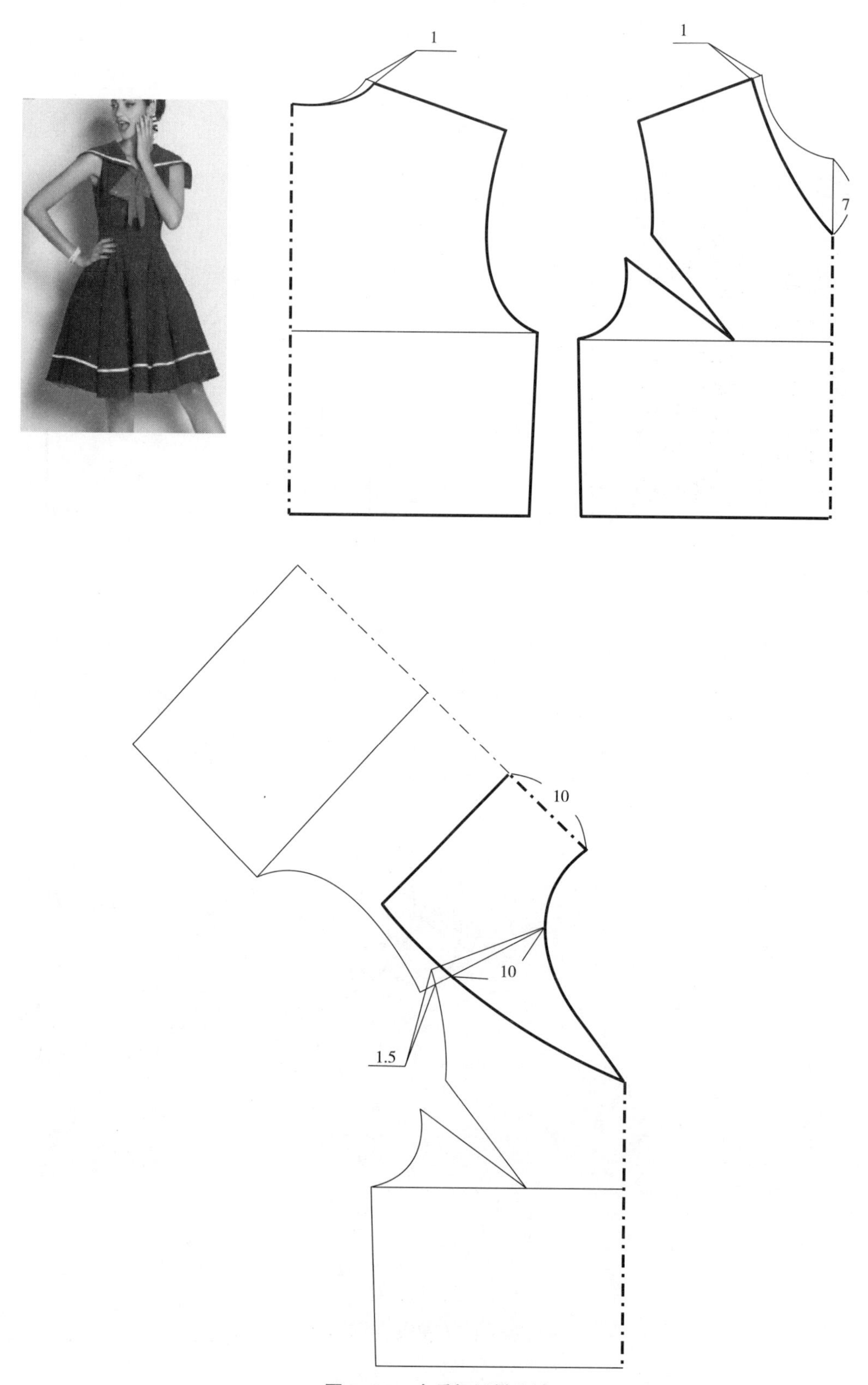

图 5–30　水兵领纸样设计

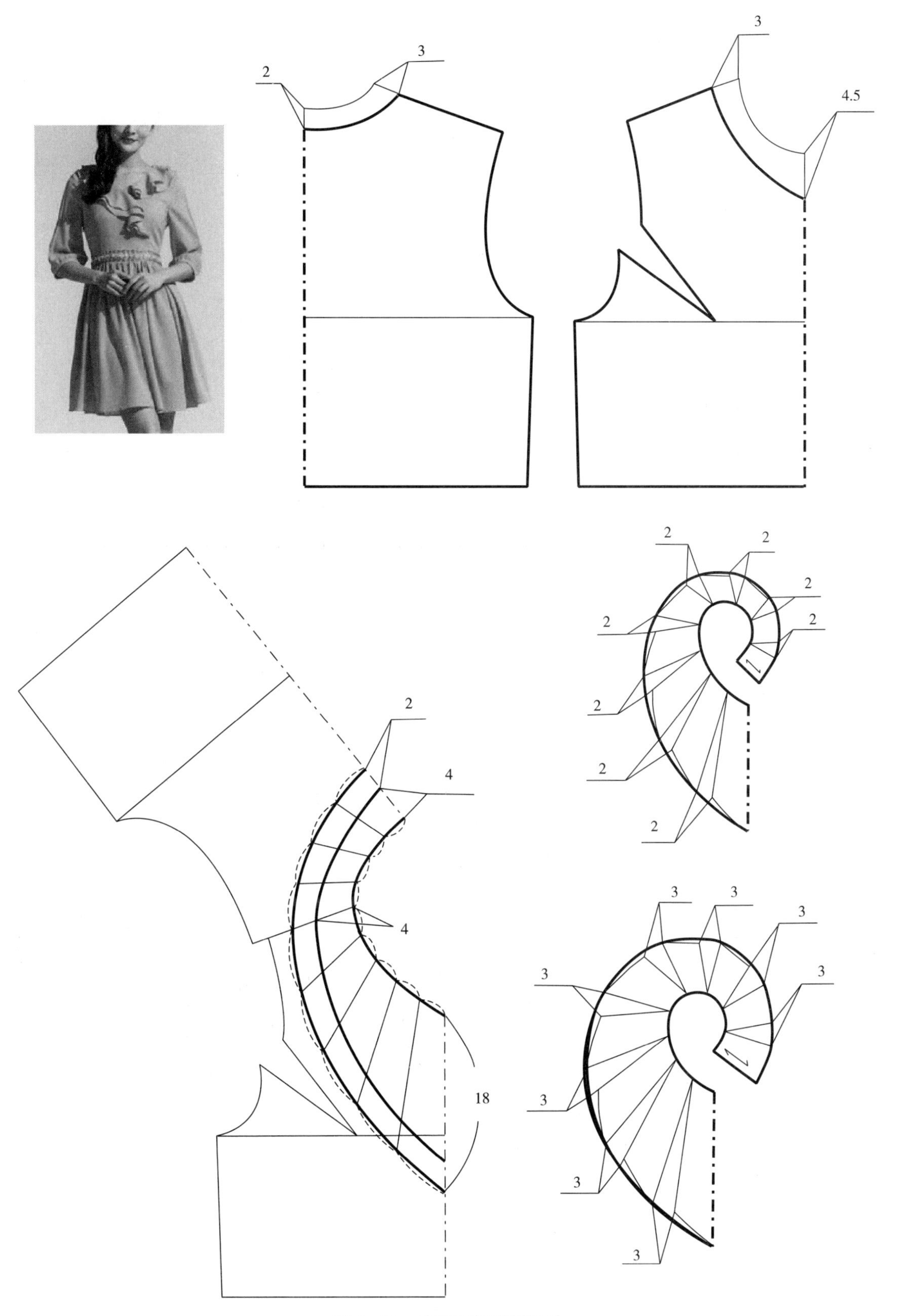

图 5-31　波褶坦领纸样设计

4. 缩褶坦领纸样设计

缩褶坦领纸样设计如图 5–32 所示。

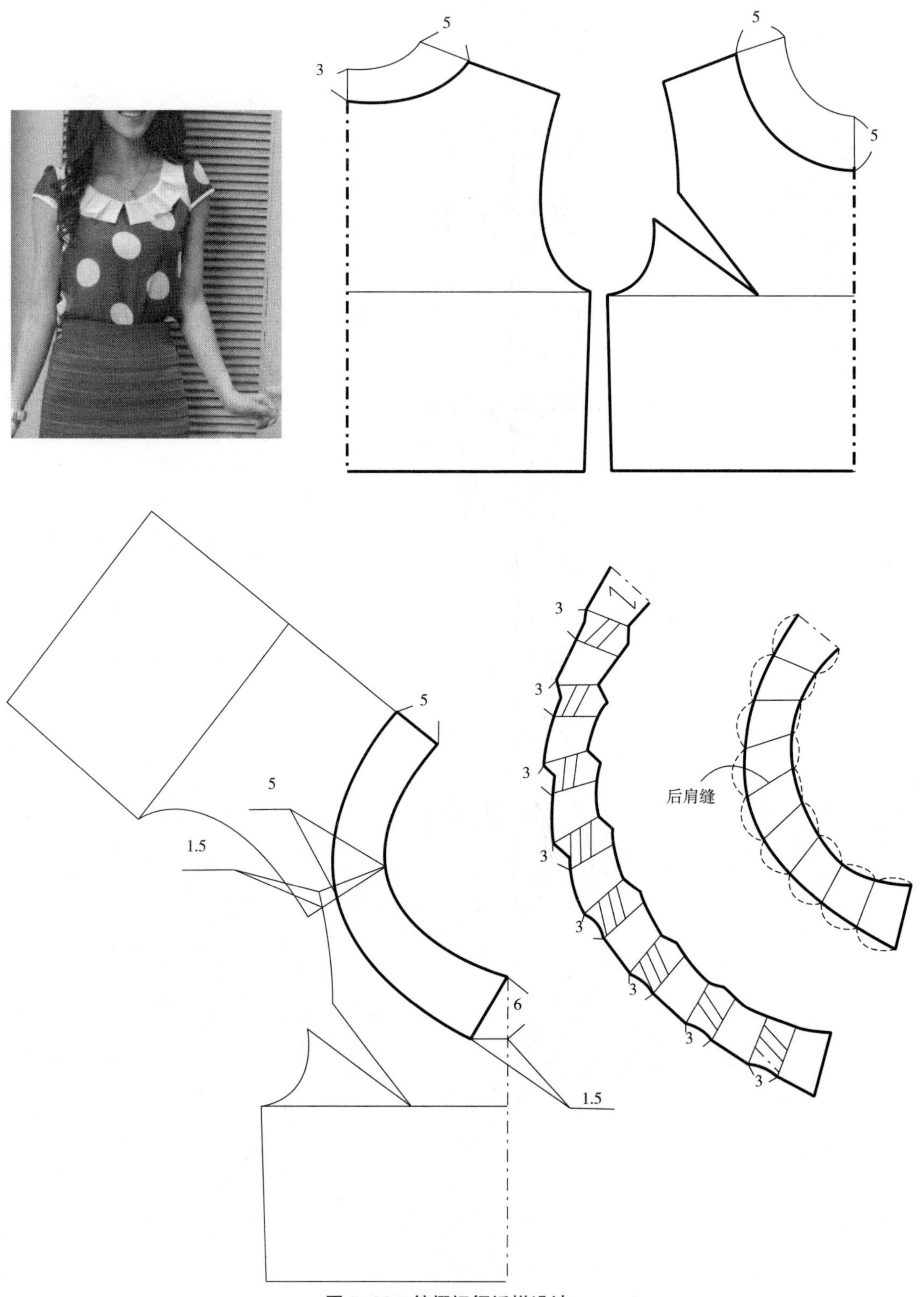

图 5–32　缩褶坦领纸样设计

第四节　翻折领纸样设计

翻折领是根据领子在人的颈部所呈现的状态而命名的，指穿在人体上的领子会自然向外翻出，是由领座和翻领组成。

一、翻折领分类

由立领作为领座，翻领作为领身构成的衣领称为翻立领，如衬衫领、中山装领等（图5-33）。为了简化工艺，将领座和翻领连为一体，形成具有柔和感的领型称为连翻领（图5-34）。

图5-33　翻立领

图5-34　连翻领

二、翻领松量影响因素

根据翻折领的造型要求，衣领翻折后翻领外口弧线的总长度必须与衣身上的对应位置复合线保持一致，否则领外口线的总长过大或过小，都会出现领外口过松，导致衣领与衣身起空；或领外口过紧，衣身起皱褶等弊病。现代女装翻领外口线的长短变化，对翻领松量有直接的影响，翻领松度过大，将导致翻领外口线长度过长；翻领松量过小，将导致翻领外口线长度过小。现代女装翻领松量主要与领座高和翻领宽、面料性能、人体体型、制作工艺四个因素有关。

1. 领座高和翻领宽

现代女装翻折领保持良好造型的关键是使领口合体，翻领翻折自然，设计的技巧在于控制翻领松度。当领座高一定时，翻领越宽，翻领松度越大，翻领宽与翻领松度成正比关系；

当翻领宽度一定时，领座高越大，翻领松度越小，领座高度与翻领松度成反比关系。

2. 面料性能

现代女装翻折领在领后中部存在一个外围与内围，外围与内围的差量与面料的厚薄有关，直接影响翻领外口线的尺寸。在进行现代女装翻折领纸样设计时，必须根据女装面料的厚薄，加放相应的松量，具体加放松量的数值可以通过测定女装面料的厚薄，再根据翻领领围尺寸大小来确定。

3. 人体体型

标准人体的肩斜度一般为 20° ~ 22°，小于 20° 称为平肩或端肩，大于 22° 称为溜肩。由于翻领主要平摊在人体前胸、肩和背部，因此，女性的肩部对翻领的平服性也有直接的影响作用。当领座高与翻领宽一定时，女性的肩斜度小于正常人体的肩斜度时，意味着翻领领外口线的长度将增大，松量应增大。肩部肌肉发达的体型，松量也应增大。

4. 制作工艺

现代女装在制作的过程中，为了增加女装的美观性和牢固度，在女装衣领的止口处需要缉装饰性明线，在缉装饰性明线的过程中，翻领往往会发生一定的伸缩现象，为使成品女装翻领的外口线符合规定尺寸，在进行女装翻领纸样设计时，必须根据制作工艺加入一定的松量。

三、翻立领纸样设计原理

翻立领的结构和人体的脖颈结构相符合，其特点是领座的下口线上翘，翻领翻贴在领座上，这就要求翻领和领座的结构恰恰相反，即领座上翘而翻领下弯，翻领的领外口线大于领座的领下口线而翻贴在领座上（图 5–35）。根据这种造型要求，领座上翘的量和翻领下弯的量应该呈正比，即领座的上翘弯曲度等于翻领的下弯度，这时领座和翻领的空隙度恰当，一般标准型的衣领都属于这种结构。如果要改变领座和翻领的空隙度，可以修正领座的领上口线和翻领的领下口线的弯曲度比例。根据立领原理，翻领下弯度小于领座上翘度，翻领较贴紧领座；反之，翻领翻折后空隙较大，翻折线不固定，领型便有自然随意之感，如风衣领。但在实际应用中，由于面料存在一定的厚度，翻领下弯度一般为领座上翘度的 1.5 倍（衬衫领）。

翻立领的纸样设计步骤如下：首先绘制出立领部分，测量后领窝弧线长度（●）、前领窝弧线长度（▲）和门襟宽度（★）的数值，确定前、后领宽，如图 5–36 画出领座，其中领座前端起翘量一般控制在 1.5~2.0cm 之间。测量“□”的数值和“■”的数值，“■”比“□”略大，通常取■ =（1.5~2）× □，“■”的数值与翻领的宽度有关。然后依照翻领的尺寸绘制领片，翻领的下口线要与领座的领上口线拼缝，它们的长度应相等，另外要注意使翻领的上下轮廓线与后中心线垂直。翻领的领角部分与设计效果有关，可以根据设计进行形状上的变化。

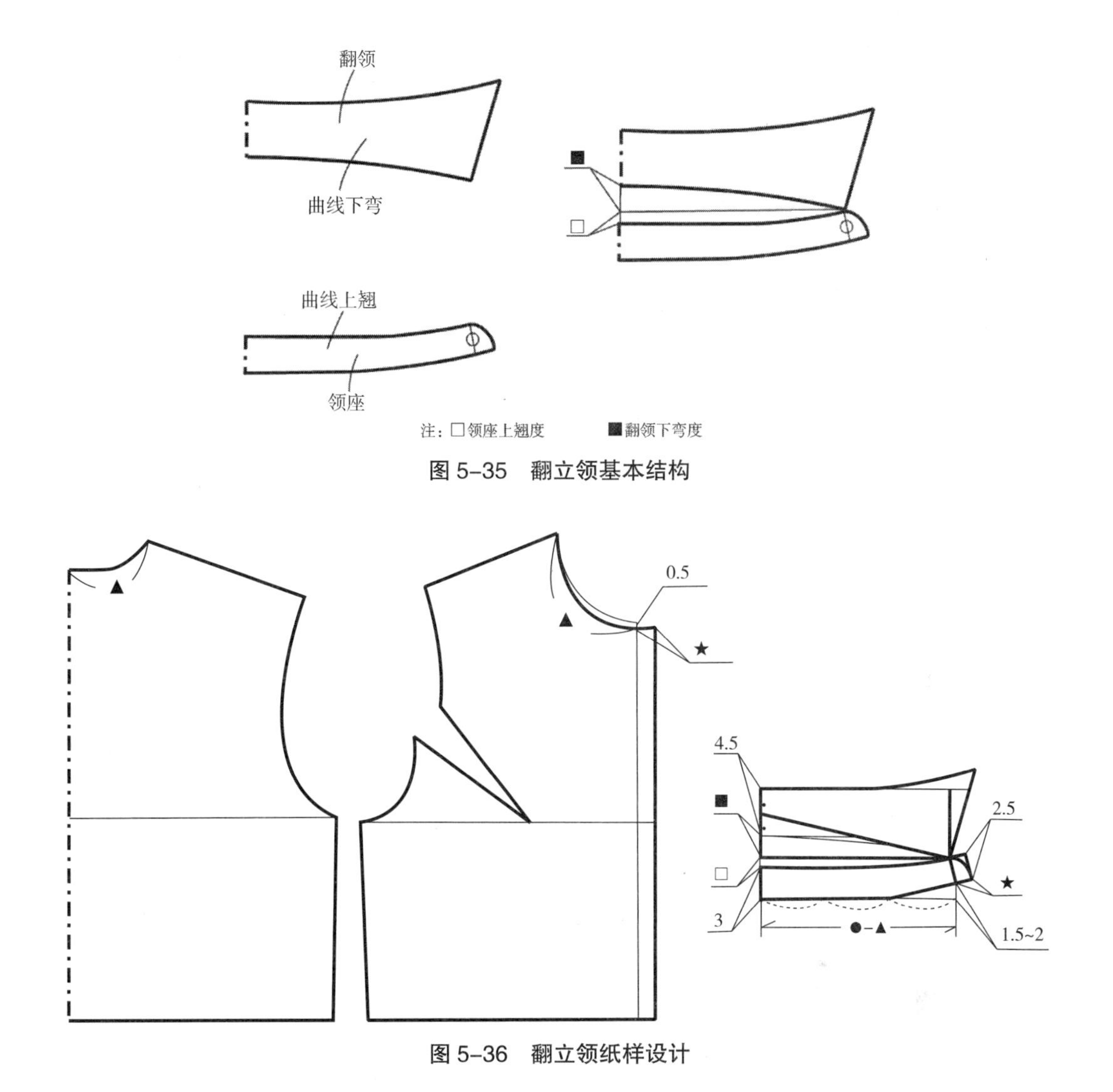

图 5–35　翻立领基本结构

图 5–36　翻立领纸样设计

翻立领的领座与翻领如图 5–37（a）所示，将翻领与领座重叠，翻领应比领座高出少许（◎），如此翻领与领座拼缝后，翻领的外口弧线 *AB* 可以保证有合适的松度。如果绘图时，“■”＝“□”，翻领与领座重叠后，“◎”的数值为零，翻领的外口弧线 *AB* 将没有足够的松度，如图 5–37（b）所示。如果翻领的宽度较大，绘图时“■”的取值应增大，而“◎”的数值也增大，翻领的外口弧线 *AB* 的松度增加，如图 5–37（c）所示。

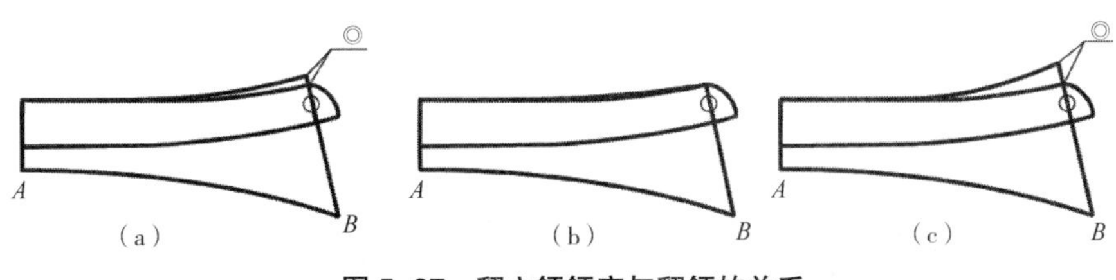

图 5–37　翻立领领座与翻领的关系

四、连翻领纸样设计原理

连翻领纸样设计是所有翻折领纸样设计的基础，因此充分理解其构成原理是非常重要的。连翻领的具体纸样设计步骤如图 5–38 所示。

1. 连翻领在后片上的外观造型绘制

（1）在后片基础领窝上，将后横开领沿肩斜线向下开大 0.5cm 处设为 *P* 点，以弧线连接 *P* 点至 *O* 点为后领口弧线，用“●”表示，如图 5–38（a）所示。

（2）由 *O* 点向上量取领座高 3cm（用“□”表示）为 *R* 点，从 *R* 点向下量取翻领宽 4.5cm（用“△”表示）处设为 *S* 点，从 *P* 点垂直向上量取侧领高“0.8□”处设为 *T* 点，由 *T* 点向左量取 0.5cm 为 *U* 点，以弧线连接 *R*~*U* 点为后领翻折线，由 *U* 点斜量“△+0.2□=★”距离为侧翻领宽，交于后小肩宽上为 *V* 点，以弧线连接 *S*~*V* 点为翻领外口线（用“▲”表示），如图 5–38（a）所示。

2. 连翻领在前片上的外观造型绘制

（1）在前片领窝上，将前领宽沿肩斜线开大 0.5cm 处设为 *I* 点，再由 *I* 点沿肩斜线向右量取“0.8□”距离确定为 *H* 点，将 *H* 点与 *B* 点直线连接作为领翻折线，如图 5–38（b）所示。

（2）由 *H* 点沿肩斜线向左量取“△+0.2□=★”距离确定为 *G* 点，在前片上按照图 5–37 画出连翻领的外观造型（翻领 *GAB*）。以 *HB* 为对称轴，将连翻领的造型在领翻折线的另一侧做对称制图，如图 5–38（b）所示。

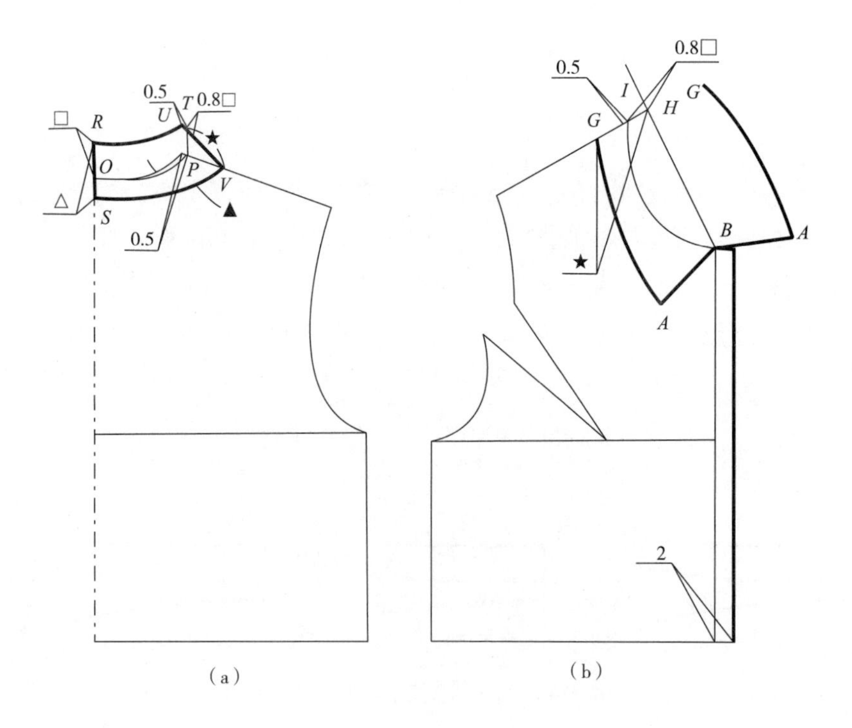

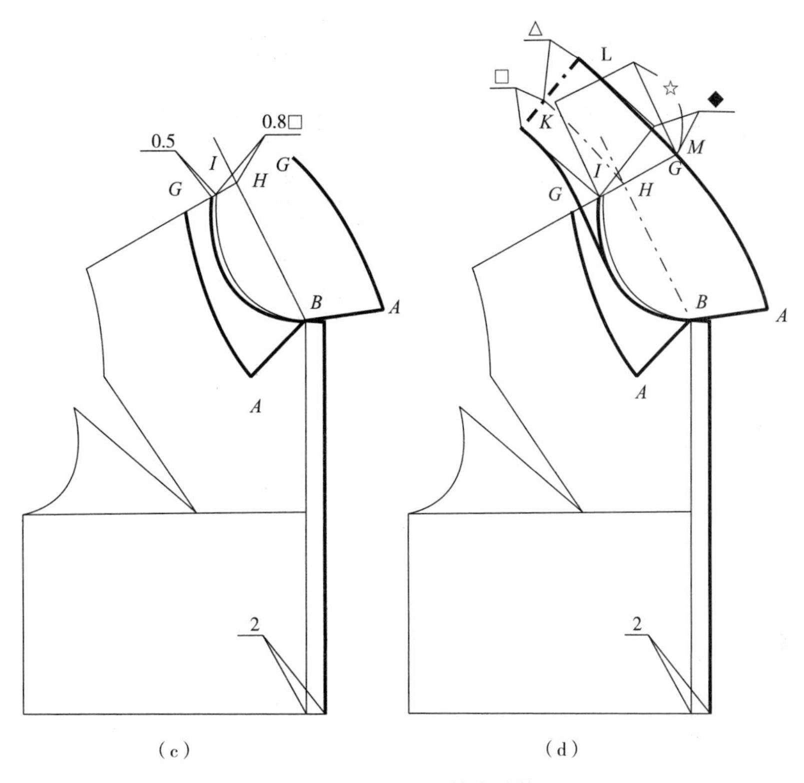

图 5–38　连翻领基本结构

（3）弧线连接 *I* 点与 *B* 点，画出前领口弧线，如图 5–38（c）所示。

3. 连翻领轮廓线绘制

（1）将 *I*、*G* 点做直线连接并延长，IM 之间的距离为“□ + △ = ☆”。以 *IM* 线为基础，作为宽度 = 领宽，长度等于后领口弧线长度的矩形 *IMLK*。将矩形 *IMLK* 以 *I* 为中心逆时针旋转，拉开距离等于“▲ – ● = ◆”。由于服装面料性能不同，弹性较大或薄软面料可适当减小拉开距离 0.3~0.5cm，如图 5–38（d）所示。

（2）画顺领下口线、领外口线及翻折线，如图 5–38（d）所示。

五、翻折领纸样设计

1. 翻立领纸样设计——衬衫领

衬衫领纸样设计如图 5–39 所示。

2. 连翻领纸样设计

连翻领纸样设计如图 5–40 所示。

3. 连翻领前端有底领纸样设计

连翻领前端有底领纸样设计如图 5–41 所示。

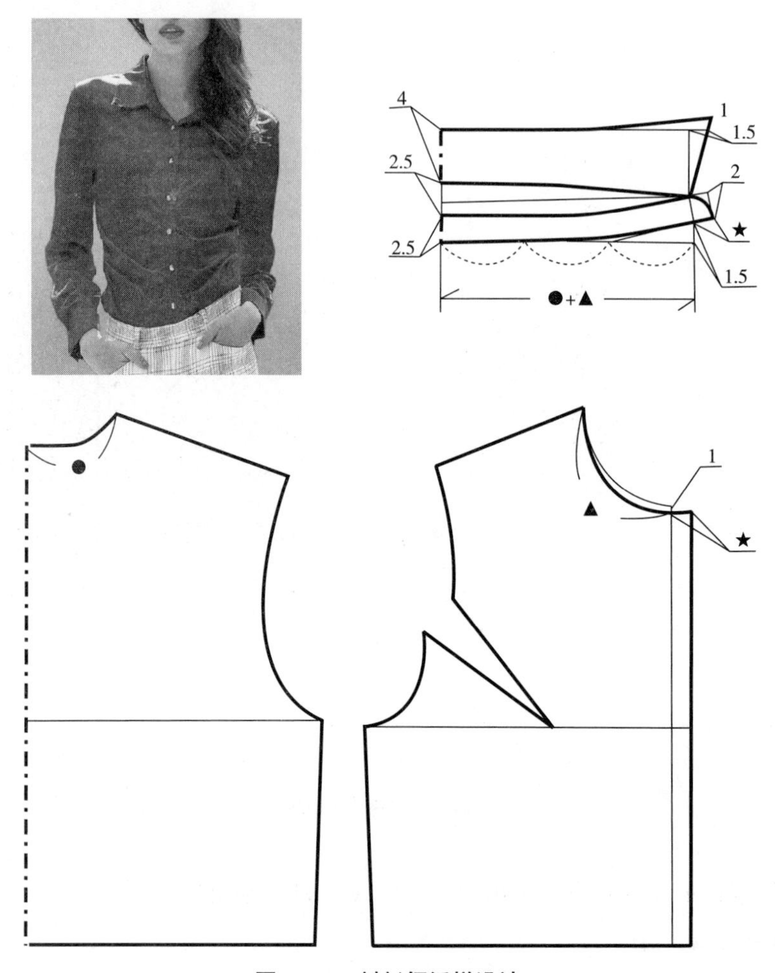

图 5–39　衬衫领纸样设计

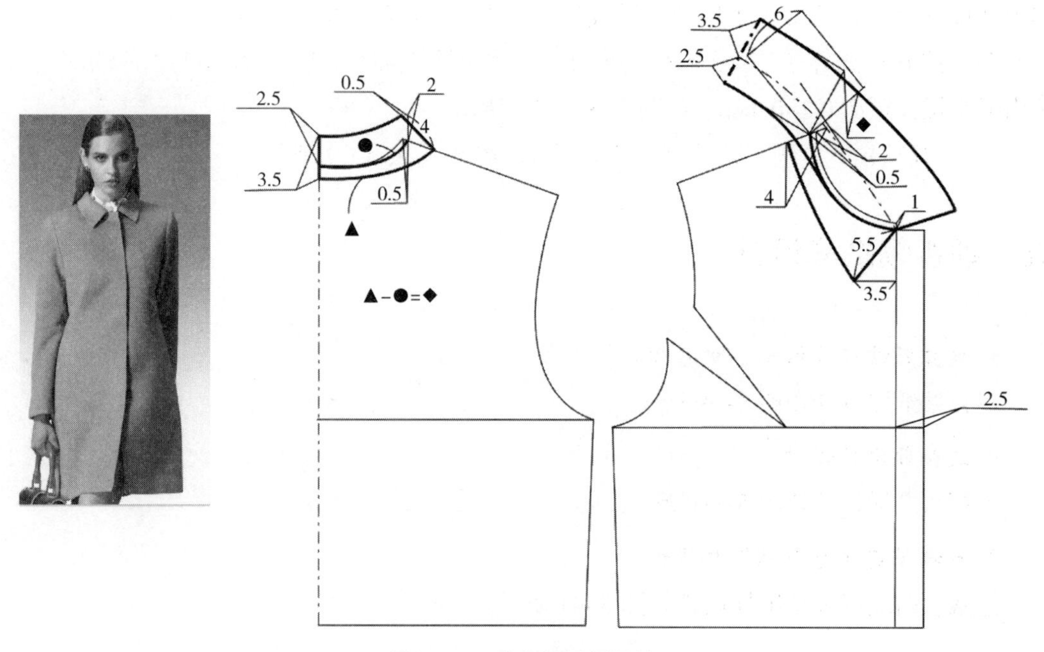

图 5–40　连翻领纸样设计

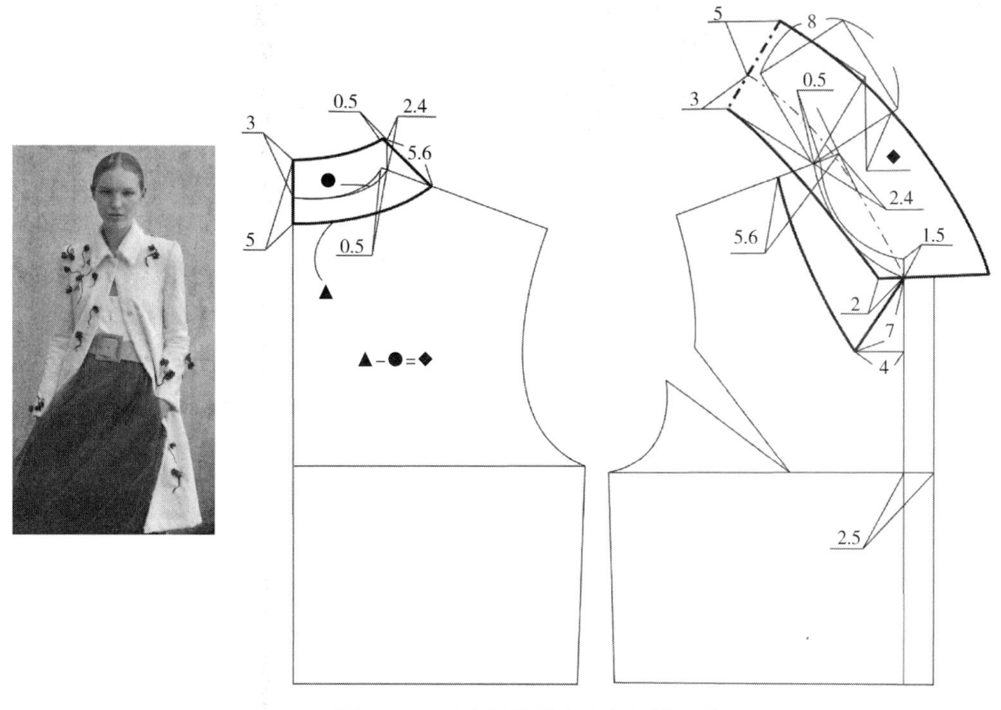

图 5-41　连翻领前端有底领纸样设计

第五节　翻驳领纸样设计

翻驳领是由翻领和驳领两部分组成的一类领型，翻领与衣片领口缝合，驳领由衣片的挂面翻出而形成。翻驳领的外观式样及内在结构变化多样，设计上不拘一格，是现代服装设计中运用很广的领型。翻驳领的造型特点是前面平服于人体胸部，后面领带有领座，形成前低后高的倾斜式领型。

一、翻驳领分类

1. 平驳领

平驳领的廓型特征是肩领领角与驳头领角之间形成缺嘴，呈八字形，肩领与驳头之间的串口线为下斜的直线（图 5-42）。平驳领是女西装领的代表领型，其结构特点是驳领翻折止点在腰围线附近；驳头宽适中，即驳头角顶点至驳口线的垂直距离为 7~8.5cm；肩领领嘴宽度小于或等于驳头缺嘴宽度，并且领

图 5-42　平驳领女装

嘴角小于或等于 90°；肩领下口线的倾斜量为 2.5~3.5cm。平驳领的驳领宽度与领角形状均可自由设计，还可开低领口，降低肩领，使领嘴位置下移，使平驳领的外观廓型产生较大的变化。

2. 戗驳领

戗驳领的廓型特征是驳领领角向上凸出呈锐角，驳领的缺嘴与翻领领嘴并齐，并使翻领与驳领在衔接处呈箭头形，故又称"箭领"（图 5–43）。戗驳领常与双排扣搭门组合，用于女风衣和外套。戗驳领纸样设计的特点是翻驳领止点位于腰围线以下，戗驳领的领角造型，应保持与串口线和驳口线所形成的夹角相似，或大于该角度，这种配比不仅在造型上美观，更重要的是控制尖领领角不宜过小，使翻领工艺变得简单，更容易使造型完美。尖领领角伸出的部分不宜超过肩领角的宽度，如肩领角的宽度为 3cm，翻驳尖领的宽度应在 6cm 以内，否则尖领容易翘起影响造型。

图 5–43　戗驳领女装

3. 连驳领

连驳领是领面与挂面相连的领型，如青果领、燕子领等，其特点是翻领领面与驳领领面间没有拼接缝，领子与挂面连为一体，领里则与衣片分开，有接缝状（图 5–44）。领里与衣片的接缝形状比较灵活，只要是在不影响外观造型的情况下，领里直开领的深与浅以及领口的形状方、圆、平、斜均可以根据制作工艺而加以选择。

图 5–44　连驳领女装

二、翻驳领的纸样设计原理

翻驳领的结构设计一般是直接在前衣身纸样上绘制衣领纸样（图 5–45）。由于翻驳领的服装通常里面要衬以硬领衬衫，所以应开大原型领线。根据面料的厚薄，侧颈点开大 0.5~1cm，后颈点下落 0.2~0.5cm，面料越厚，下落值越大，薄料可不下落，取原型领线。

1. 翻驳领在后片上的外观造型绘制

（1）在后片基础领窝上，将后横开领沿肩斜线向下开大 0.8cm 处设为 P 点，以弧线连接 P 点至 O 点为后领口弧线，用"●"表示，如图 5–45（a）所示。

（2）由 O 点向上量取领座高 3cm（用"□"表示）表示为 R 点，从 R 点向下量翻领宽 4.5cm（用"△"表示）为 S 点，P 点垂直向上量取侧领高"0.8□"处设为 T 点，由 T 点向左量取 0.5cm 为 U 点，以弧线连接 R~U 点为后领翻折线，由 U 点斜量"△+0.2□=★"距离为侧翻领宽，交于后小肩宽上为 V 点，以弧线连接 S~V 点为领外口线（用"▲"表示），如图 5–45（a）所示。

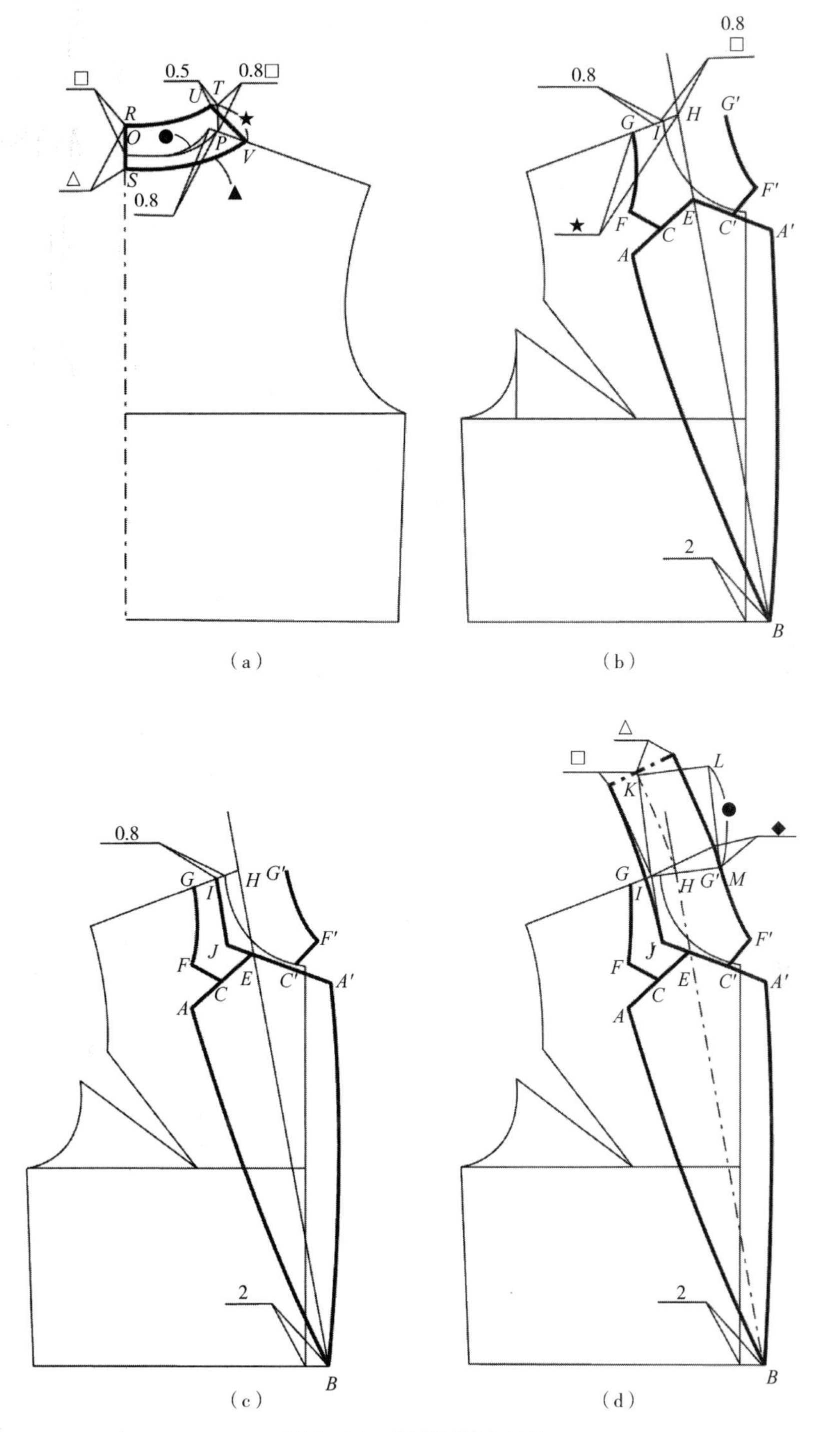

图 5–45　翻驳领基本结构

2. 翻驳领在前片上的外观造型绘制

（1）在前片领窝上，将前领宽沿肩斜线开大 0.8cm 处设为 I 点，再由 I 点沿肩斜线向右量取“0.8□”距离确定为 H 点，将 H 点与 B 点直线连接作为驳头翻折线，如图 5–45（b）所示。

（2）由 H 点沿肩斜线向左量取“△+0.2□=★”距离确定为 G 点，在前片上按照领型效果图画出翻驳领的外观造型（翻领 $HGFCE$、驳领 $ECAB$）。以 HB 线为对称轴，将翻驳领的造型在驳头翻折线的另一侧做对称制图，如图 5-45（b）所示。

（3）将 $A'E$ 线延长与过 I 点做驳头翻折线的平行线相交于 J 点，$IJECA$ 为前领口弧线，如图 5-45（c）所示。

3. 翻驳领轮廓线绘制

（1）将 I、G 点做直线连接并进行延长，IM 之间的距离为“□+△=☆”。以 IM 线为基础，作为宽度=领宽，长度等于后领口弧线长度的矩形 $IMLK$。将矩形 $IMLK$ 以 I 为中心逆时针旋转，拉开距离等于“▲-●=◆”。由于服装面料性能不同，弹性较大或薄软面料可适当减小拉开距离 0.3~0.5cm，如图 5-45（d）所示。

（2）画顺领下口线、领外口线及驳头翻折线，如图 5-45（d）所示。

三、翻驳领倒伏量设计

倒伏量是翻驳领的特有结构，要使翻驳领造型优美，翻领与肩、胸服帖的关键在于确定合适的倒伏量。倒伏量过大，意味着翻领的领面外围容量增大，可能产生翻折后的翻领与肩、胸不服帖。如果倒伏量为零或小于正常的用量，使翻领外围容量不足，可能使肩、胸部挤出褶皱，同时领嘴拉大而不平整。因此，在纸样设计时，倒伏量的确定至关重要。倒伏量不仅与翻领宽、领座高有关，还与面料、领嘴结构、制作工艺、肩的倾斜度、肌肉发达程度有关，以下介绍翻驳领倒伏量的影响因素。

1. 领宽松量

一般翻驳领翻领宽为 4cm，领座高为 3cm，翻领宽比领座高要大 1cm，其主要作用是盖住绱领线，这时翻驳领的倒伏量一般为 2.5cm，这是传统女西装领的尺寸。现在，随着服装款式的变化，有时翻领宽需要加宽，如冬季服装，但这种选择并不意味着领座高同时增加，也就是说，翻领增加的部分应向肩部外围延伸，而不是增加领座高，这就使得翻领外口线增大，必须通过增加倒伏量使设计的翻驳领外口线与实际想要的领外口线相等。

2. 面料松量

不同的面料，由于采用不同的原料、纱线、织物组织、织造方法，其质地性能也不一样：有的柔软轻薄，如丝绸；有的硬挺厚重，如华达呢、制服呢等。材料的塑形性能也不同，如华达呢、制服呢等，比较容易熨烫、归拔，因此对塑形性能比较好的面料，可以在正常倒伏量的基础上，进行 0.5cm 的微调。翻驳领是由领面、领里经过一定的工艺手段缝合，按照翻折线进行熨烫定型，因此，翻驳领在领后中部存在一个外围与内围，外围与内围的差量与面料的厚薄有关，直接影响翻领外口线的尺寸。在进行倒伏量的设计过程中，必须考虑面料的厚薄因素，由于不同面料所需的倒伏量不同，可按以下规定计算倒伏量：薄面料的倒伏量一般取 1cm，如夏季服装；中厚面料的倒伏量一般取 1.5cm，如春秋季服装；

厚面料的倒伏量一般取 2cm，如冬季大衣。

3. 工艺松量

翻驳领的翻领是将翻领面与翻领里两部分进行缝合，在缝合的过程中，会产生一定的缝缩。有些款式的翻驳领，为了美化衣领的外观效果，增加衣领的牢固度，在翻领的上口缉明线。对于这些款式，在纸样设计之前，需要测试缩缝率，以确定由于不同的制作工艺所需的倒伏量。

4. 体型松量

当领座高与翻领宽一定时，肩的倾斜度的减小意味着翻领止口线的长度将增大，倒伏量也相应增大。肩部肌肉发达的体型，倒伏量也应增大。

值得注意的是，领宽松量、面料松量、工艺松量、体型松量等因素对翻领外口线尺寸的影响往往同时出现，因此，在设计翻驳领倒伏量时，需要综合考虑以上因素来确定倒伏量。

四、翻驳领纸样设计

1. 平驳领纸样设计

平驳领纸样设计如图 5-46 所示。

2. 戗驳领纸样设计

戗驳领纸样设计如图 5-47 所示。

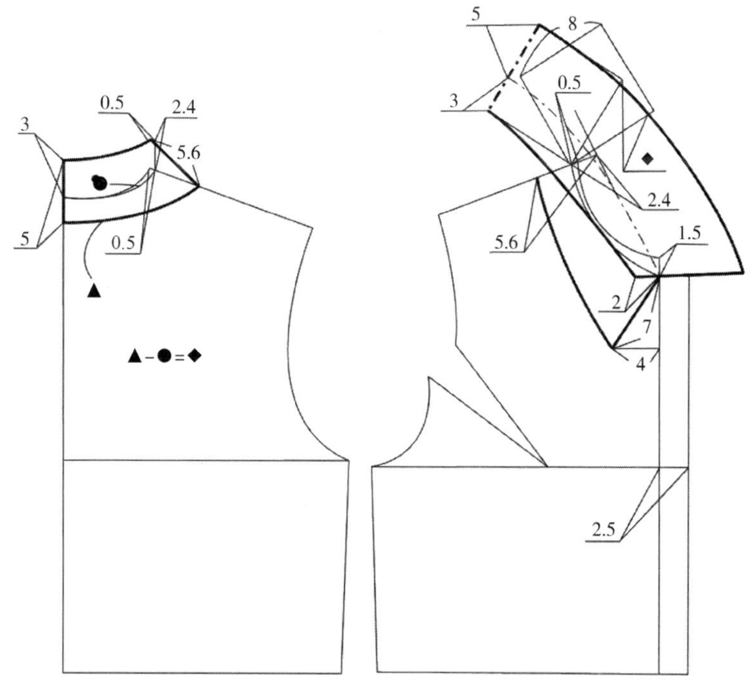

图 5-46　平驳领纸样设计

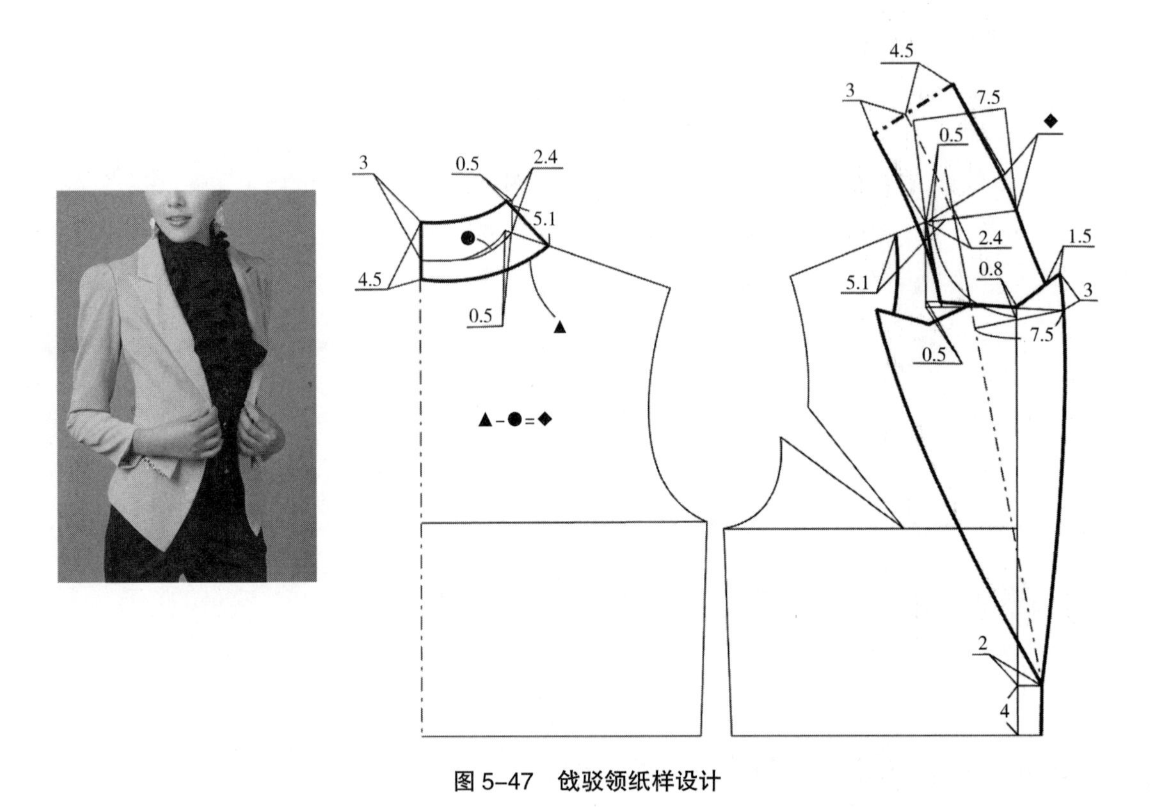

图 5-47　戗驳领纸样设计

3. 青果领纸样设计

青果领纸样设计如图 5-48 所示。

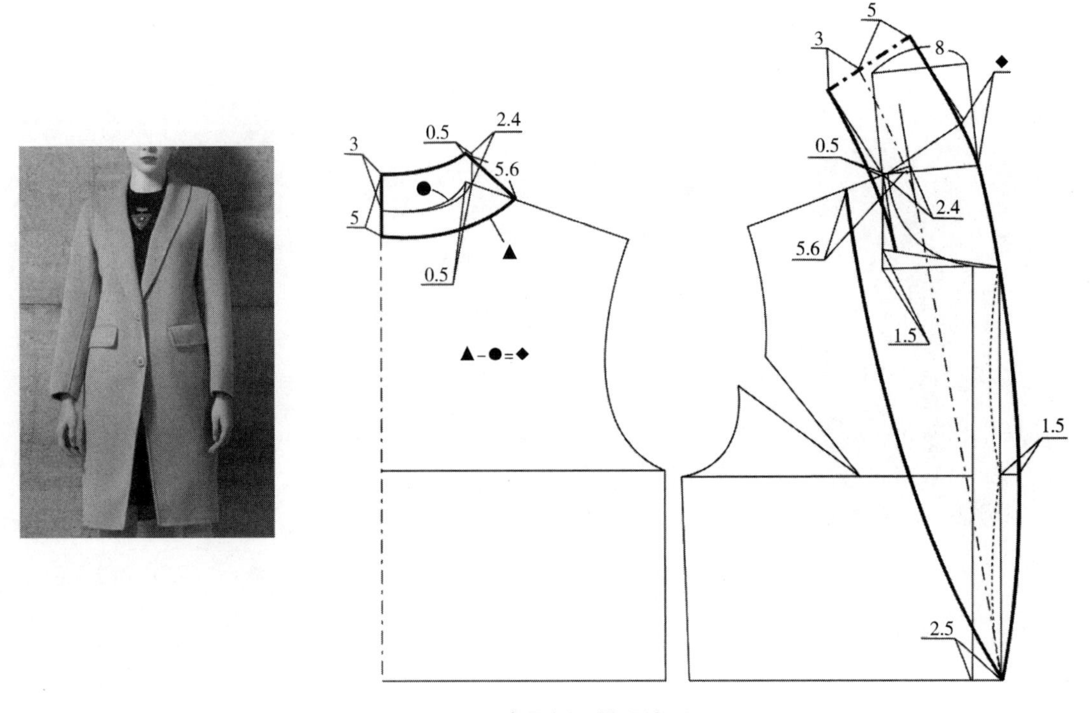

5-48　青果领纸样设计

4. 燕子领纸样设计

燕子领纸样设计如图 5-49 所示。

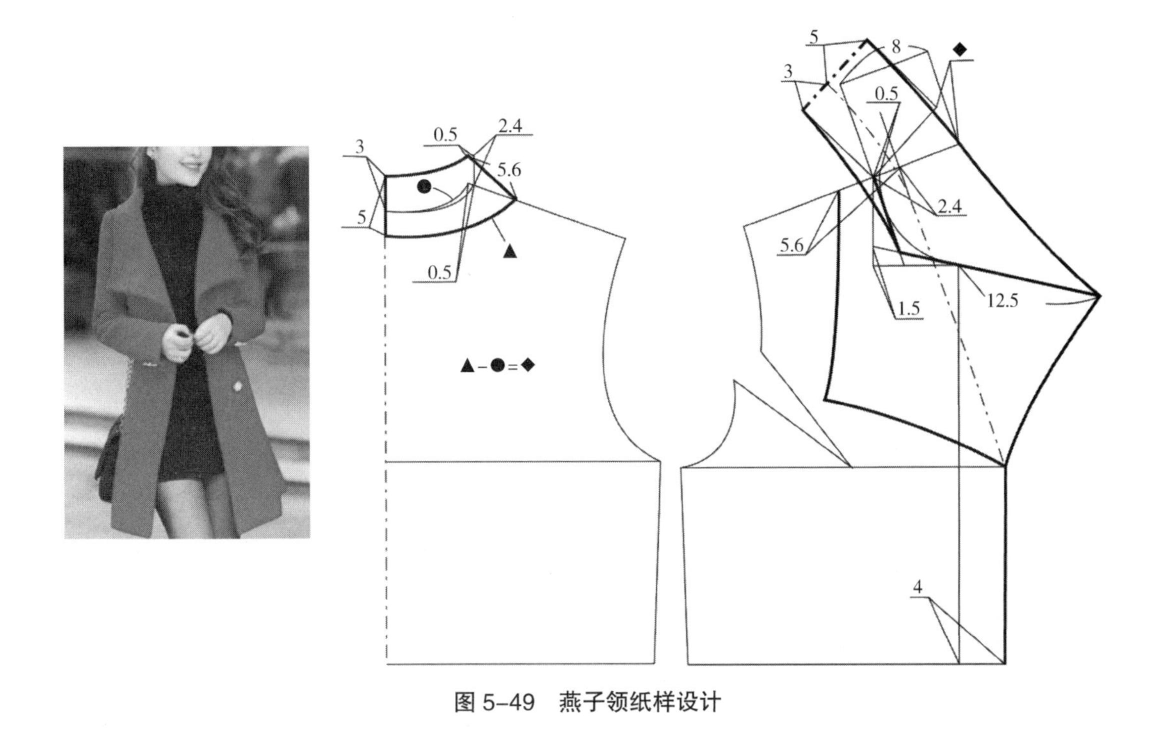

图 5-49　燕子领纸样设计

第六节　结带领纸样设计

结带领是在领子前端引出两条带子而系结出各种不同形状的领子。结带领是由两部分组成，即领子部分和带子部分，领子部分直接与衣片的领口线连接，绱领止点要考虑打结的厚度，故要偏离前领口中心 3~4cm。带子部分由领子直接延伸出来，用于系结。带子的长短、宽窄和形状以及系结方式的不同，都可以形成不同的领型，如蝴蝶结领、围巾领、飘带领等。结带领宜选用丝绸、乔其纱、双绉等悬垂性好的织物来制作，结带领往往采用中性松度的设计，多用于夏季女装。

一、结带领分类

结带领按照其结构的不同可以分为分离结带领和连体结带领两种类型。分离结带领是由加装的衣领和饰带组合而成；连体结带领是将衣领的某一部位增加一段饰带长度而成。

二、结带领纸样设计

1. 蝴蝶结领纸样设计

蝴蝶结领纸样设计如图 5–50 所示。

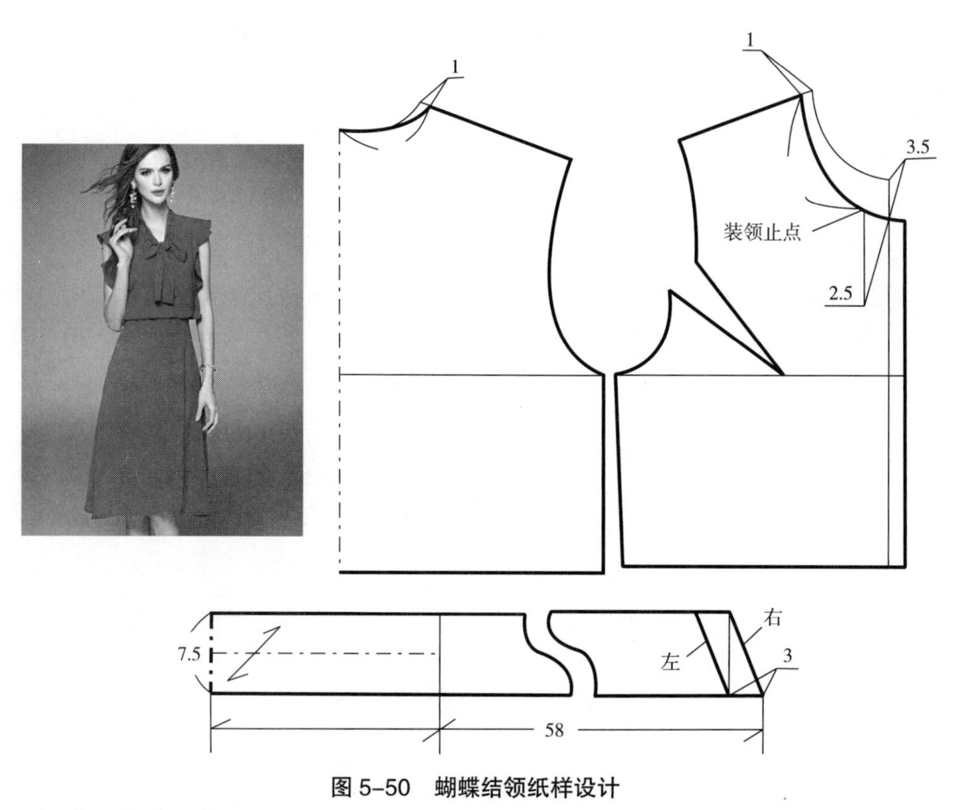

图 5–50 蝴蝶结领纸样设计

2. 飘带褶裥领纸样设计

飘带褶裥领纸样设计如图 5–51 所示。

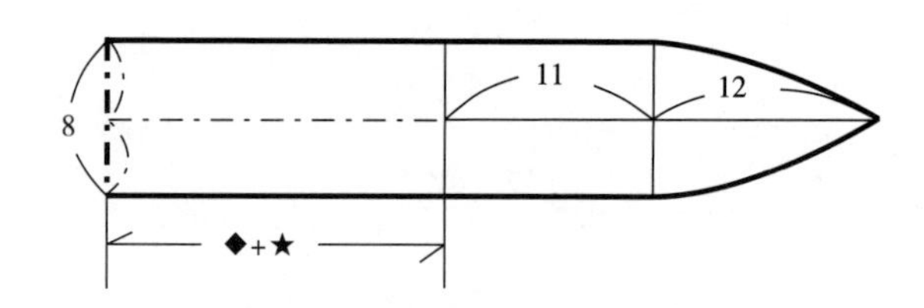

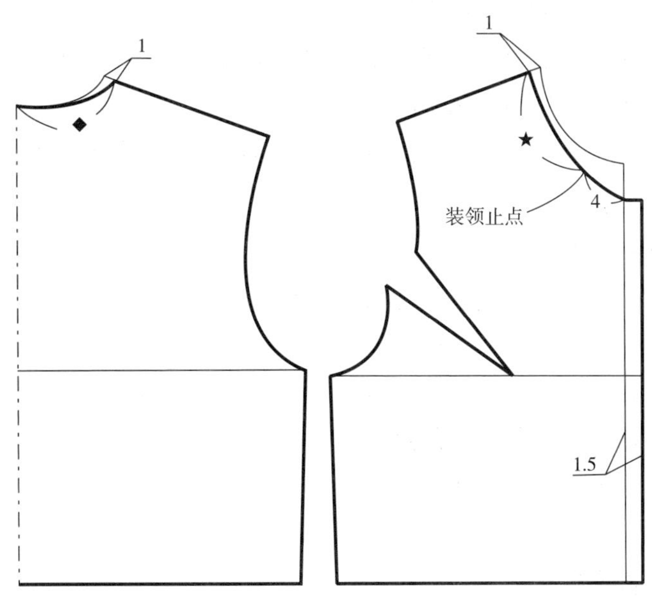

图 5-51　飘带褶裥领纸样设计

第七节　帽领纸样设计

作为人类特有的劳动成果，帽子可用于防寒避暑、礼仪装饰等。帽子是一种常见的服饰配件，也是现代女装中不可或缺的重要组成部分，在现代女装中占有很重要的地位，帽子的有无可使相同的现代女装产生不同的视觉效果，新颖有特色的帽子更能使现代女装增辉。帽领纸样设计的好坏，直接影响着现代女装的美观合体性、着装舒适性和外观质量。帽领由于具备挡风御寒的功能，多用于休闲装、风衣及冬季外套，深受各年龄层女性穿着者的喜爱。

一、帽领分类

1. 按帽领与衣身结合方式分类

现代女装帽领按照帽子与衣片领口线的缝合方式的不同，可以分为两种形式，即连帽领和分体帽领。

（1）连帽领：是现代女装中常见的一种领型，该领型的主要特点是帽领下口线与衣片领口线缝合在一起。对于套头式的连帽领，在纸样设计的时候必须要考虑头部的最大围度尺寸，从而保证在穿着的过程中头部能够顺利通过；对于开襟式连帽领，帽子的尺寸可以根据现代女装的款式要求进行设计。

（2）分体帽领：是现代女装中运用比较广泛的一种领型，该领型的主要特点是帽领下口线与衣片领口线局部通过拉链或纽扣结合在一起，在穿着的过程中根据需要，可以将帽子与衣身分开。对于分体帽领，从美观性角度考虑，在纸样设计的时候帽领下口线弧度不宜太大。

2. 按帽子裁片片数分类

现代女装帽领按照裁片片数可以分为多种类型，比较常见的有两片帽和三片帽两种类型。两片帽是由两片完全相同的帽片组成，在纸样设计时要注意帽片后中线的弧度一定要与人体头部后脑勺相吻合。三片帽是在两片帽的基础上，在后中线处进行分割，在工艺组合的过程中，缉上装饰性明线，从而增强现代女装的美观性，由于三片帽后片上口往往大于下口，所以在工艺组合的过程中，一定要注意帽后中片的上口和下口，以免把帽后片在缝制的过程中上下颠倒。

二、帽领测量部位

帽领可以看作是由翻领上部延伸而形成的帽子结构，是现代女装设计中应用极其广泛的一种领型。现代女装帽领结构设计的要素有四个，四要素的数值设置如下：

第一个要素是帽子前长，帽子前长是人体自头顶点经耳侧至前颈窝的距离，在进行女装帽领纸样设计时，帽子的前长需要在此数值基础上加放 3~5cm，其中 3cm 是最小放松量，可脱卸的帽子要加上 5cm，帽子前长一般取 33cm。

第二个要素是帽子后长，帽子后长是在头部倾斜的状态下，量出头顶至后颈点的距离，此数值包括纵向最低活动量。

第三个要素是经头部眉间点、头后突点围量一周的头围长，由于现代女装帽领不必包覆人体脸部，但考虑到现代女装帽领后部应该有松量，故帽宽基本可取头围的 1/2，帽子头围一般取 28cm（人体头围约为 56cm）。

第四个要素是帽领翻下后形成的帽座量，帽座应视款式造型而定，一般现代女装的帽座量控制在 0~3cm 之间。

三、帽领结构设计影响因素

1. 帽口线形状

现代女装的帽口线可以为直线和弧线，但要注意使帽口线与帽顶线的夹角为 90°，以便帽口在顶缝拼接后止口平齐。冬季女装帽领还可以与搭门连在一起绘制，在前中加上立领高度。

2. 帽底线倾斜量

现代女装帽领的松度取决于帽底线的倾斜量，即帽底线的下弯程度与绘图时所确定的帽底水平线的位置密切相关（图 5-52）。在帽宽与帽高一定的情况下，如果水平辅助线高于侧颈点，如线 *a* 所示位置，帽底线的弯度增大，帽子后部高度减小，帽子与头顶之间的间隙就会变小，当头部活动时，容易造成帽子向后部滑落。摘掉帽子后，帽子能自然摊倒在肩背部。如果水平辅助线低于侧颈点，如线 *b* 所示的位置，帽底线的弯度变小，但帽子后部高度增大，为头部活动留有充分的空间，但头部活动时，帽子不易向后滑落，反会使帽口前倾。摘掉帽子后，帽子会围堆在颈部。

四、帽领纸样设计

1. 戴帽纸样设计

戴帽纸样设计如图 5-53 所示。

2. 风帽纸样设计

风帽纸样设计如图 5-54 所示。

3. 披肩帽纸样设计

披肩帽纸样设计如图 5-55 所示。

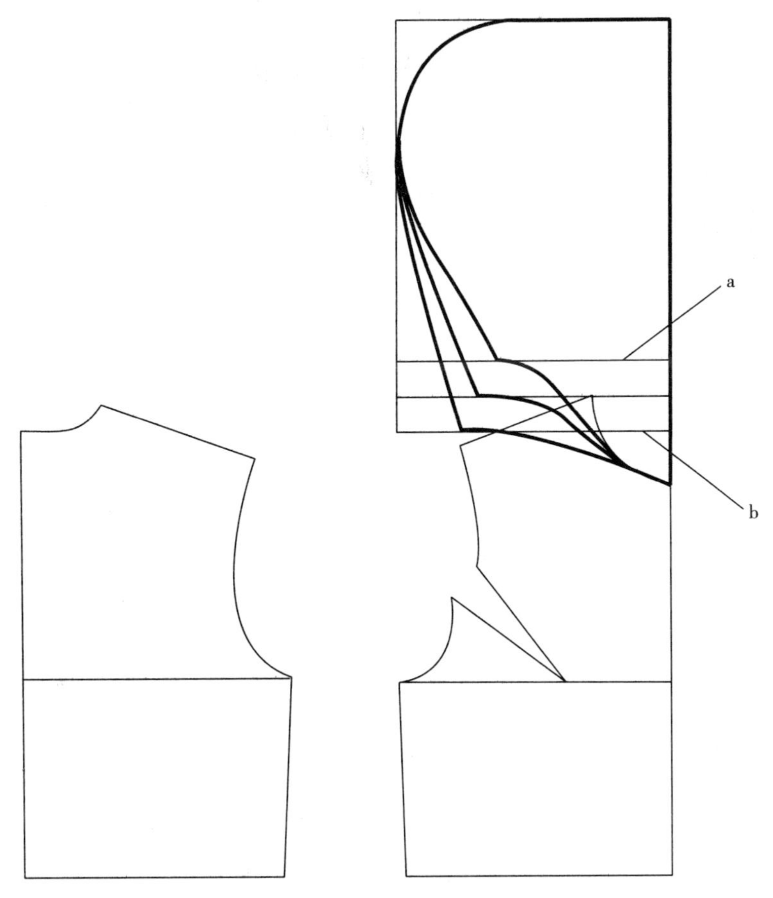

图 5-52　帽底线倾斜量对服装帽领的影响

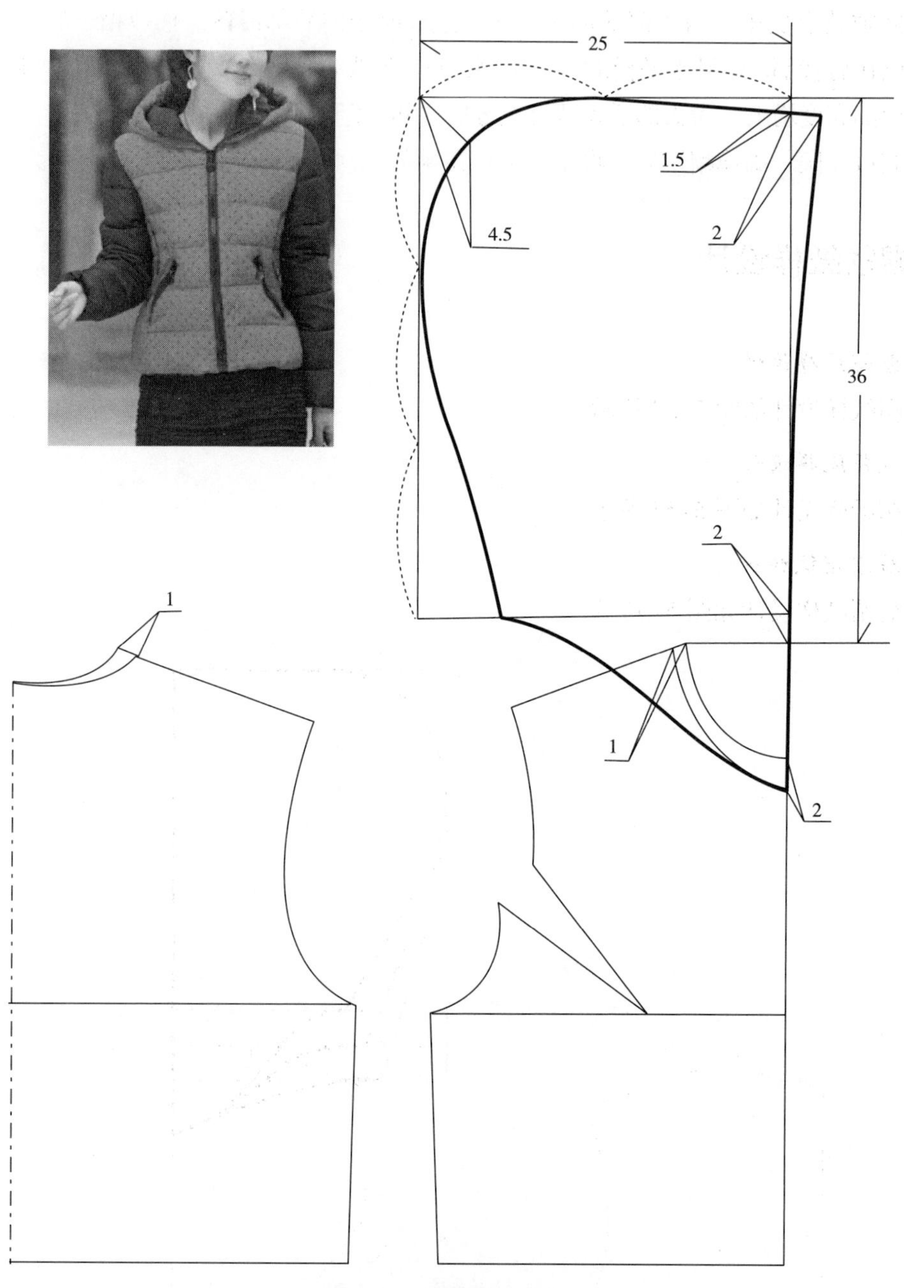

图 5-53　戴帽纸样设计

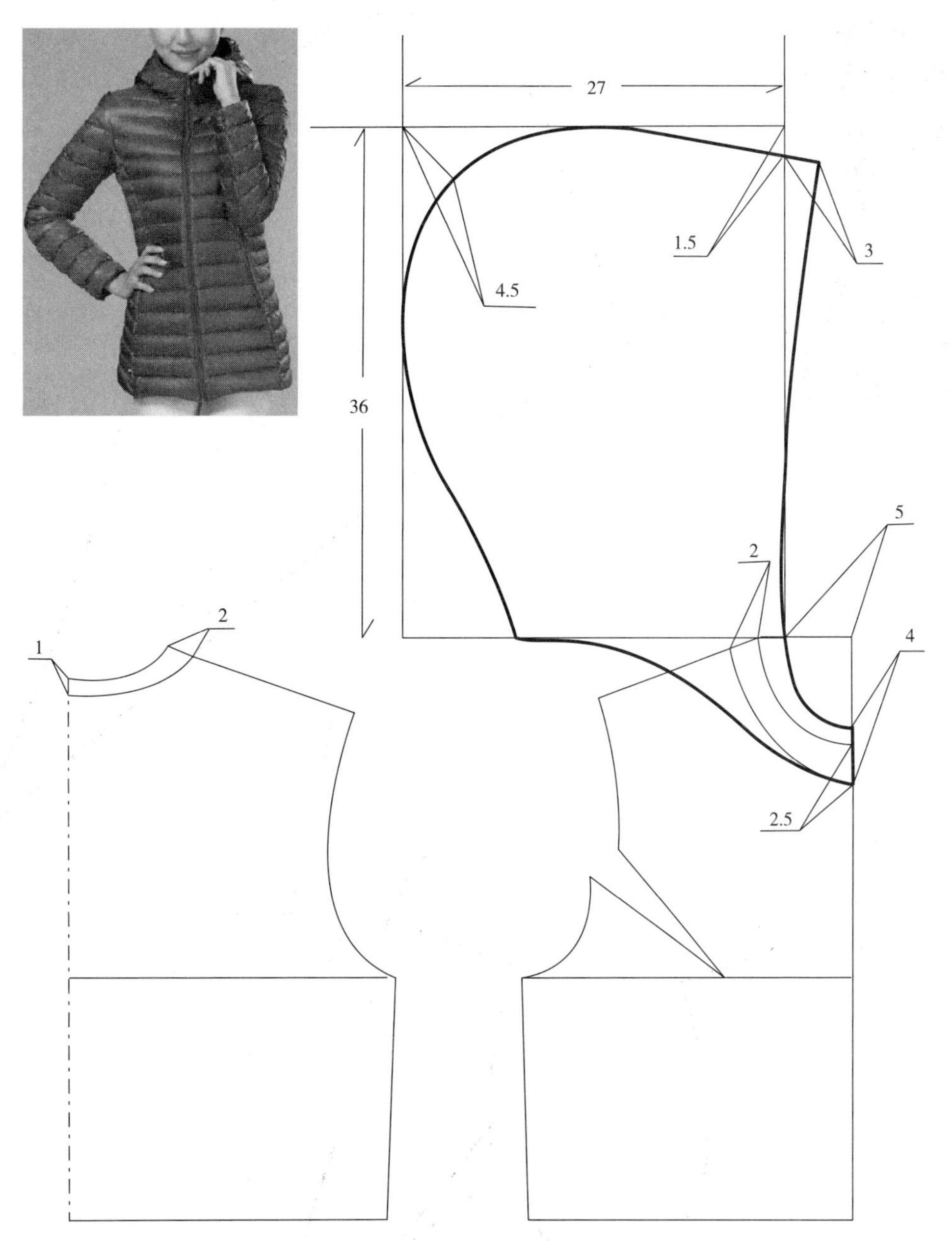

图 5-54　风帽纸样设计

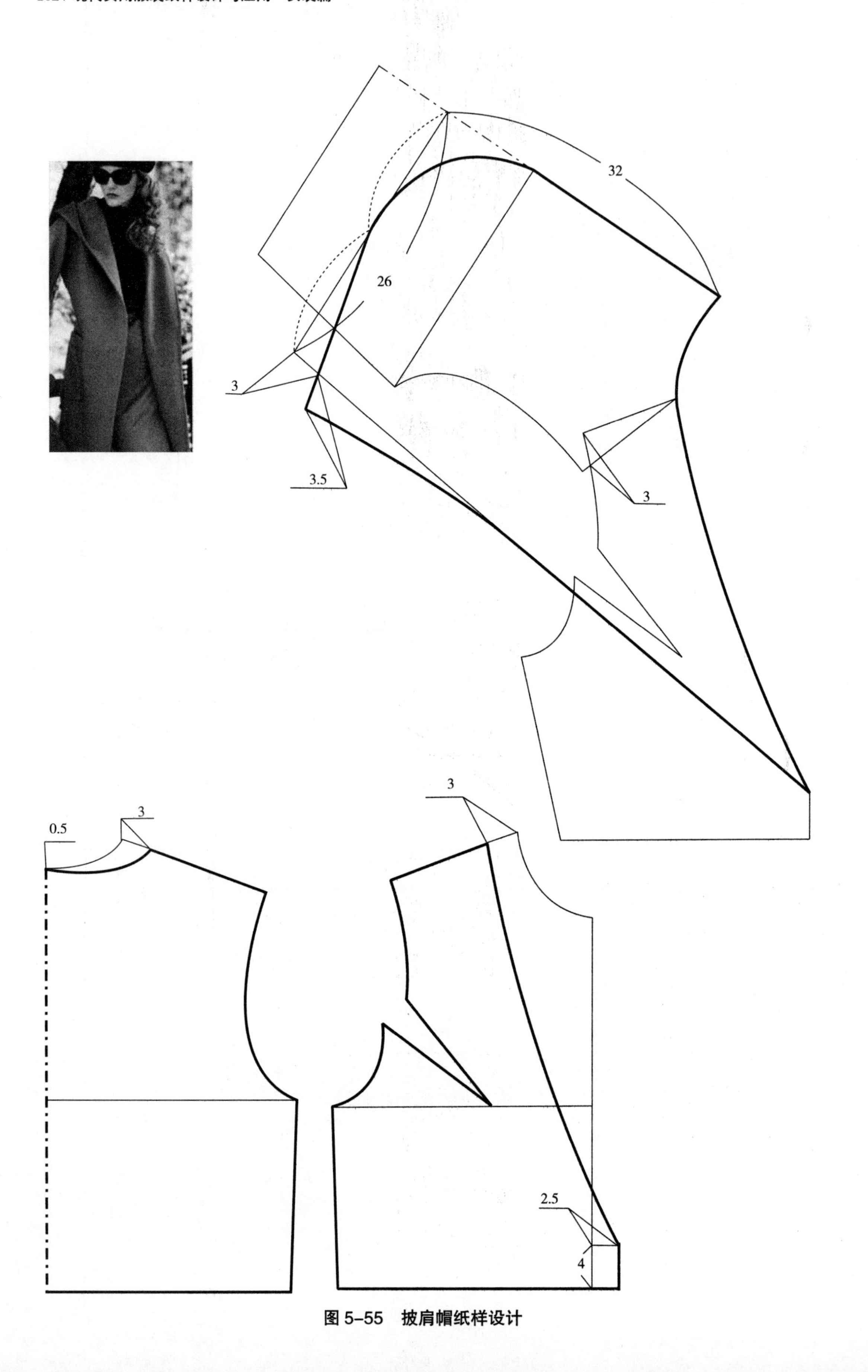

图 5-55　披肩帽纸样设计

第六章　衣袖纸样设计

衣袖是女装的一个重要组成部分，在女装的整体造型中起着十分重要的作用。从外观上看，衣袖的包裹性和覆盖性较强；从设计角度看，衣袖是通过袖窿与袖山的合理组合而形成的，它既要符合人体结构和活动的功能需要，同时还要考虑到女装的造型与审美需要，不能脱离女装整体穿着的需求而单独存在。袖类按衣身与衣袖的绱袖方式可以分为圆装袖、插肩袖和连身袖。

第一节　圆装袖纸样设计

圆装袖是以人体的臂根围线为基础展开而形成的袖型，是衣袖的基本形式，所以掌握圆装袖的结构设计原理与方法至关重要。圆装袖分基本结构与变化结构，圆装袖的变化结构是在圆装袖基本结构的基础上进行抽褶、波浪、垂褶、褶裥、省道等造型变化，形成新的结构。

一、圆装袖分类

1. 按衣袖的长度分类

按衣袖长短可以将圆装袖分为短袖、半袖、中袖、长袖等（图 6–1）。短袖，指袖长在人体臂肘以上的袖型。半袖，指袖长接近人体肘关节的袖型。中袖，俗称七分袖，其长度约在手臂的四分之三处。长袖，指袖长至人体手腕的袖型。

2. 按袖山高低分类

根据袖山的高低，圆装袖可分为合体圆装袖和宽松圆装袖（图 6–2）。

合体圆装袖的袖子绱好后，袖山与袖窿的造型圆润饱满。一般袖山弧线大于袖窿弧长，如西装袖的袖山弧线长大于袖窿弧长 3~4cm，袖山边缘通过“归”的工艺处理实现肩袖部位的造型。

宽松圆装袖的袖山弧长与袖窿弧长相等，袖山比合体圆装袖低，袖肥比合体圆装袖宽，常常肩点下落。宽松圆装袖多采用一片袖，穿着舒适、宽松，适用于外套、风衣、夹克等简洁、休闲的女装。

短袖

半袖

中袖

长袖

图 6–1 按衣袖的长度分类

3. 按衣袖造型分类

按衣袖的外观形态可以将圆装袖分为泡泡袖、灯笼袖、喇叭袖、花瓣袖、蝙蝠袖、羊腿袖等。

4. 按衣袖片数分类

按衣袖的片数可以将圆装袖分为一片袖、两片袖和多片袖等。

合体圆装袖

宽松圆装袖

图 6–2 按袖山高低分类

二、基本圆装袖纸样设计

1. 肘省合体一片袖纸样设计

该袖型的袖山为合体型，袖身为符合人体手臂而自然向前弯曲，即袖肘线以下向前弯曲的弯身袖。因为是合体的一片袖，所以肘部需要收省，可用于女时装和长袖旗袍。图 6–3 所示为肘省合体一片袖纸样设计。肘省合体一片袖纸样设计的具体步骤如下：

（1）绘制原型袖：在原型袖的基础上将袖山高增加 1~2cm，绘制合体袖袖山弧线。

（2）袖口前偏量：肘线至袖口的袖中线，向前偏斜 2cm。

（3）前、后袖口：袖口宽 =12cm，取前袖口 = 袖口宽 –1cm，后袖口 = 袖口宽 +1cm，并连接袖肥画出袖底缝辅助线。

（4）袖底缝：前袖底缝凹进 1.5cm，后袖底缝凸出 1.5cm。

（5）肘省：肘省 = 后袖底缝长 – 前袖底缝长。

2. 袖口省合体一片袖纸样设计

在肘省合体一片袖的基础上，将后肘线中点与后袖口中点连线为后袖口省位线，将肘省合并转为后袖口省即可。图 6–4 所示为袖口省合体一片袖纸样设计。

3. 合体两片袖纸样设计

（1）绘制原型袖。

（2）经过前袖肥两等分点作袖中线的垂直线与前袖山弧线和前袖口线相交，经过后袖肥两等分点作袖中线的垂直线与后袖山弧线和后袖口线相交。

（3）确定袖口宽，一般袖口宽为 12.5cm。

（4）确定大袖、小袖的前袖缝偏量，一般前袖缝偏量为 2.5~3.5cm，画大袖、小袖的前袖缝线。

（5）确定大袖、小袖的后袖缝偏量，后袖缝偏量一般从上面的 1.5cm 逐渐过渡到袖衩处消失，画大袖、小袖的后袖缝线。

图 6–5 所示为合体两片袖纸样设计。

图 6–3　肘省合体一片袖纸样设计

三、圆装袖结构设计要点

1. 袖窿

袖型结构设计是以袖窿为依据的，而袖窿又源于人体腋窝。袖窿基本结构的来源和袖窿开度变化是以人体的臂根围与腋窝深作为依据的。袖窿的开度不能超过侧颈点，而开深的幅度一般没有限制。圆装袖的袖窿结构按照其外观形状，可以分为圆袖窿和窄长袖窿两种形式。

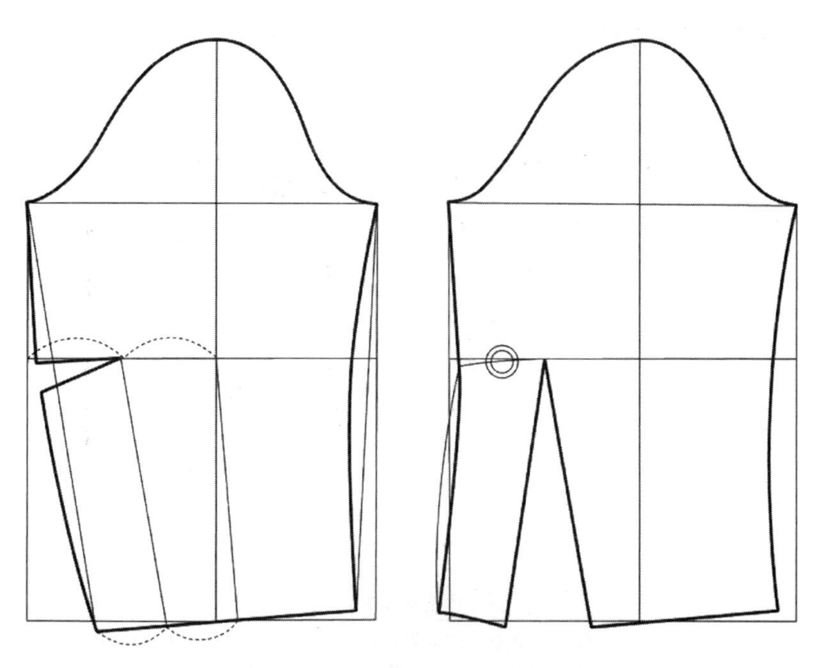

图 6–4　袖口省合体一片袖纸样设计

圆袖窿是根据人体的臂膀和腋窝的形态而设计的，是在原型袖窿的基础上，考虑到穿着舒适性和内层衣服厚度的要求仅做些微调，是合体女装的袖窿，如图 6–6 所示。它给人一种庄重的感觉。因此，在正式场合穿着的女装，如西服，大多采用这种袖窿。

窄长袖窿是根据女装款式造型，在圆袖窿的基础上向下开深，成为尖形，是宽松女装的袖窿，如图 6–7 所示。由于袖窿的开深而使袖山高降低，袖肥增大，一般运动服多采用这种袖窿。它不仅穿脱方便，而且给人一种宽松、舒适的感觉。

袖山是指圆装袖的顶部，其形状为拱圆，呈山顶状，故称袖山。袖山的形态按照其

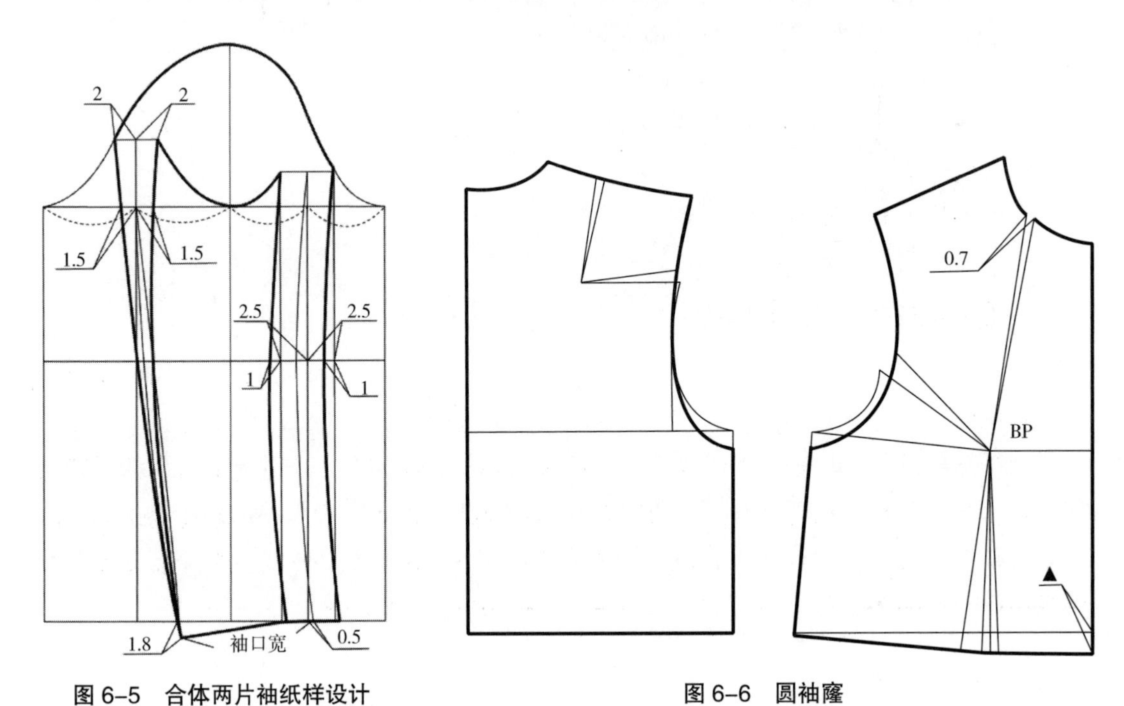

图 6–5　合体两片袖纸样设计

图 6–6　圆袖窿

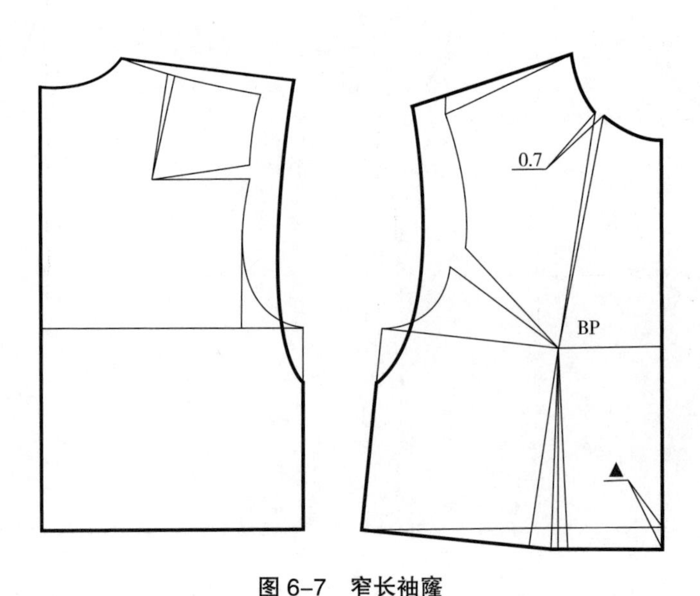

图 6–7　窄长袖窿

外观形状，分为两种：一种是与原型袖山形状类似的圆袖山，其结构符合人体的臂部造型，立体感强（图 6–8）；另一种是与原型袖山形状差别较大的扁形袖山，这种袖宽松、平面感强（图 6–9）。一般来说，圆袖窿与圆袖山相配，窄长袖窿与扁形袖山相配，否则在结构的合理性上就会出现很大问题。

2. 袖肥

袖肥需要在上臂最大围度的基础上再追加一定的松量，松量的确定应考虑衣身放松量的大小，使两者协调合理，因此袖肥规格应以胸围规格为基数构成（即袖肥 =B/5 ± 变量，其中 B 为成品尺寸），不同的胸围放松量确定不同的袖肥规格。袖肥大小的参考数值如下：合体型胸围放松量 =0~8cm，袖肥 =B/5–（1.5~2）cm；较合体型胸围放松量 =10~14cm，袖肥 =B/5–（1~1.5）cm；较宽松型胸围放松量 =16~20cm，袖肥 = B /5–（–1~0.5）cm；宽松型胸围放松量大于 20cm，袖肥 = B /5+（1~4）cm。

3. 袖山高

袖山高指袖山顶点到袖山深线的距离。袖山高是由袖窿深（腋窝位置的上下设定）、绱袖角度、装袖位置（肩部的绱袖位置）、垫肩厚度、装缝袖型以及面料特性（衣料厚薄）等多个因素综合决定的。

（1）袖窿深与袖山高的关系：袖窿深指从衣片落肩线至胸围线之间的距离。袖长根据袖山深线分为袖山高和袖下长两个部分。袖窿深的取值同服装的宽松程度有关，服装越宽松肥大，袖窿深越深；反之，则越浅。当袖窿深变化时，若形成的袖窿为圆袖窿，则袖山高与袖窿深的变化成正比，变化量可以稍小；若袖窿变化后形成的袖窿为窄长袖窿，则袖山高与袖窿深成反比变化，袖窿越窄长，袖山越扁平，如图 6–10 所示。

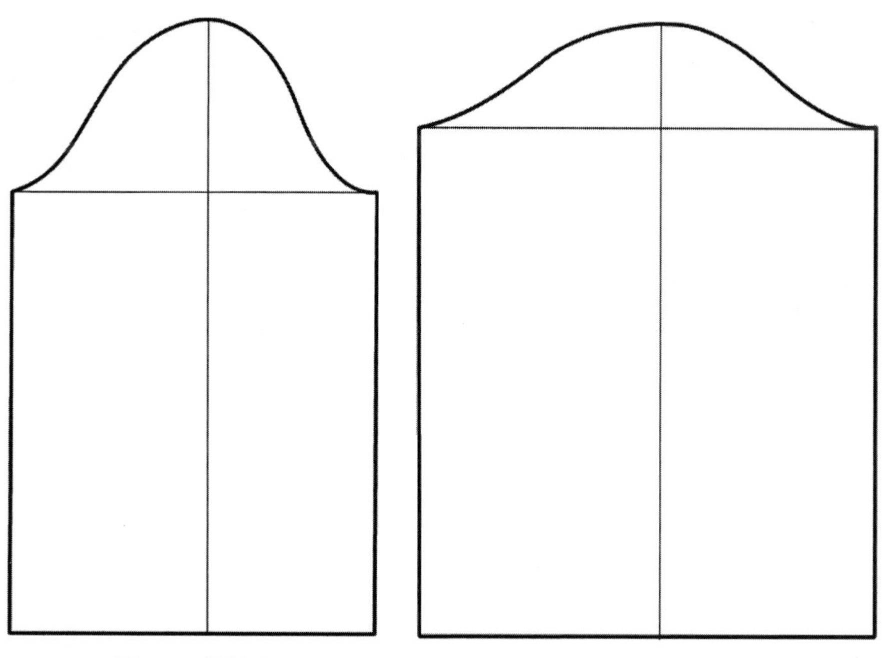

图 6–8　圆袖山　　　　图 6–9　扁形袖山

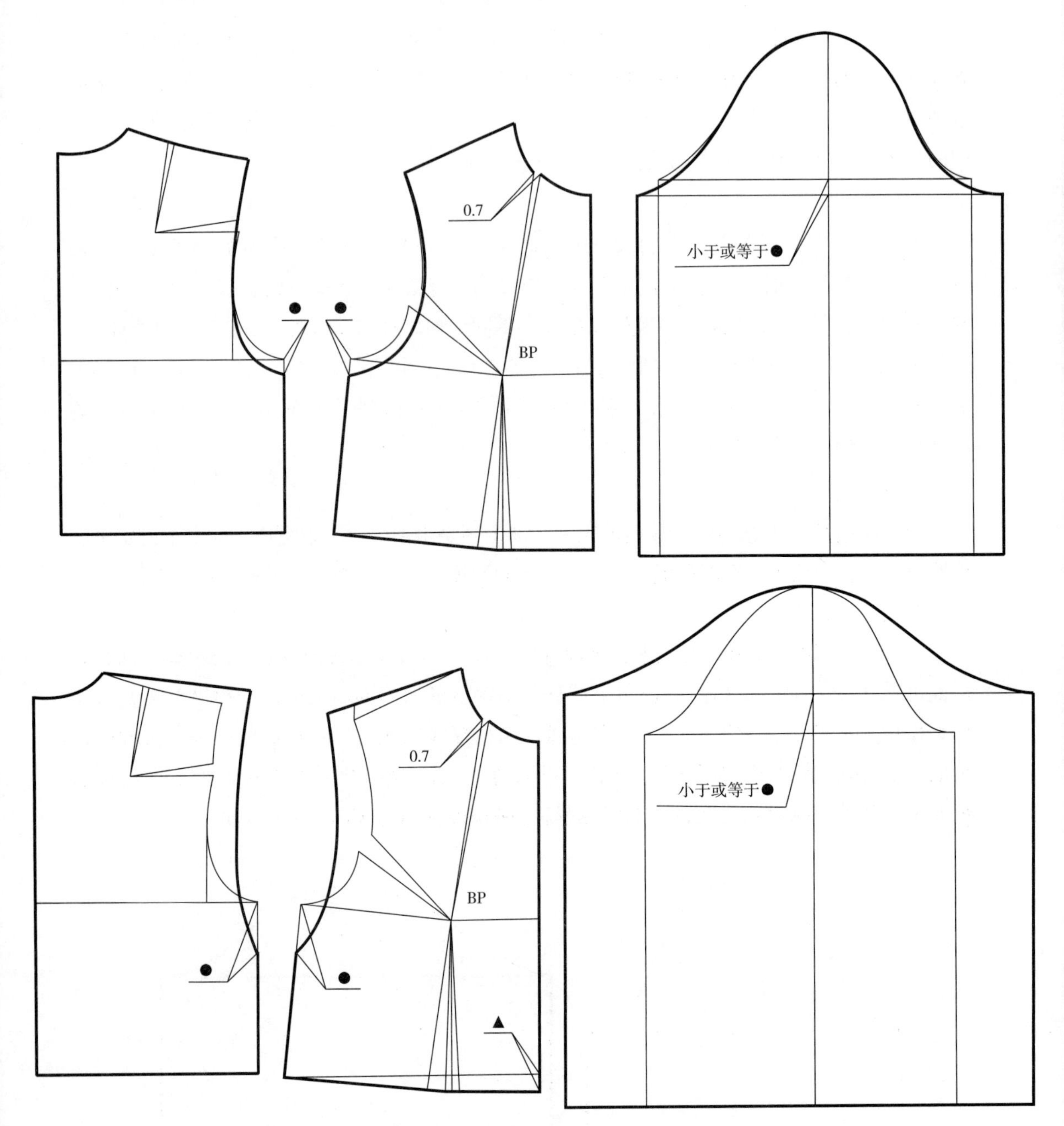

图 6-10　袖窿形状与袖山高的关系

（2）绱袖角度与袖山高的关系：绱袖角度是针对袖子造型和装袖设计的，当手臂抬起到一定程度时袖子呈现出完美状态——袖子上没有褶皱，腰线和袖口没有牵扯量的角度。袖子造型要求的倾斜角度不同，绱袖角度就不同，袖山高也随之变化，可以用袖中线与袖山斜线的夹角——袖斜线倾斜角来描述这一变化。从图 6-11 中可以看出，在袖窿弧长一定的情况下，随着袖子 A、B、C、D 的倾斜角度的增大，袖山高不断变小，袖肥越来越大，袖子越来越宽松，袖山与袖窿之间的空隙逐步减少，也就是对手臂运动的影响减少，袖子的活动性与机能性也就越来越好。当袖山高为零时，空隙减少到最低限度，所以运动舒适性随着袖山高的减少而增加。

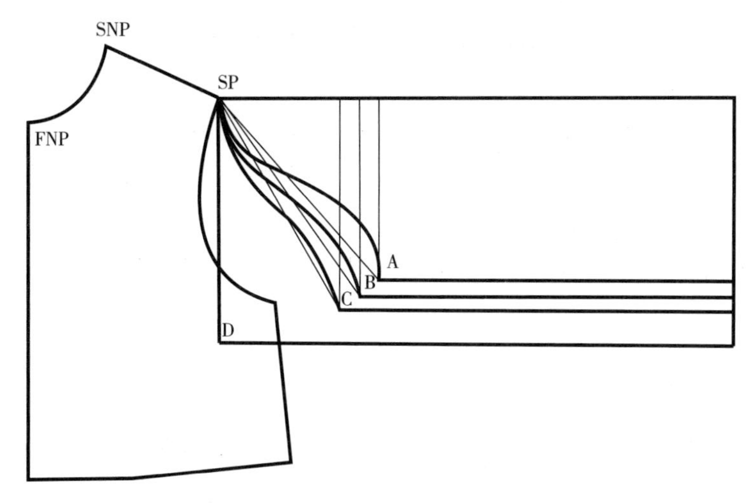

图 6–11　袖斜线倾斜角与袖山高的关系

水平线与袖中线的夹角与袖肥和运动舒适性成反比，与袖山高和造型性成正比。根据经验，按袖型的适体性将圆装袖分为贴体、合体、宽松三种情况，则水平线与袖中线的夹角的选择一般为：宽松型 0° ~ 21°，适宜于女式夹克、宽松衫等宽松女装的袖子；合体型 22° ~ 40°，适宜于女衬衫、女风衣等合体女装的袖子；贴体型 41° ~ 60°，适宜于女西装、女大衣等贴体女装的袖子。

从图 6–12 中可以看出，随着袖子 A、B、C、D 与水平线夹角的减小，袖山高逐渐减小，袖身逐渐远离人体手臂。手臂下垂时，腋下部余褶较多，成型后的造型美观性越差。所以圆装袖的造型美观性随袖山高的增高而增强。

（3）绱袖位置与袖山高的关系：由于各种袖子的造型设计不同，绱袖位置并不一定与臂根围线重合，普通装袖的绱袖位置一般设定在从肩缝外侧端点稍微向内一些的地方，

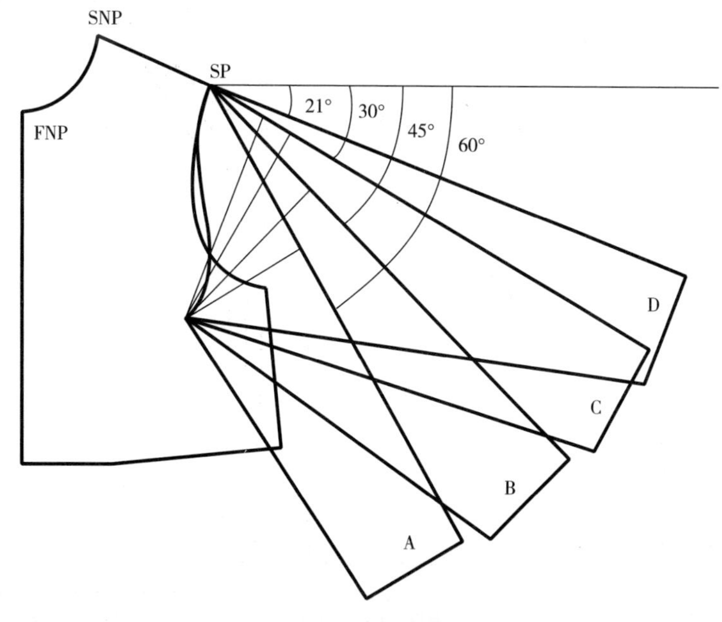

图 6–12　水平线与袖中线的夹角与袖山高的关系

袖山比原型袖袖山高；原型袖的绱袖位置设定在肩缝外侧端点附近，与臂根围线重合；落肩袖的绱袖位置设定在肩缝外侧端点向外一些的地方，袖山比原型袖袖山低，如图 6-13 所示。当采用垫肩时，绱袖点的位置被提高了，袖山需相应增加。

（4）袖肥与袖山高的关系：袖窿弧长（AH）是配袖的主要依据，袖肥与衣身又有密切的协调关系，因此当袖窿弧长（AH）长度不变，袖肥窄时，袖山则高；反之，袖肥宽时，袖山则低（图 6-14）。袖山高、袖肥窄，则袖型修长、合体；袖山低、袖肥大，则

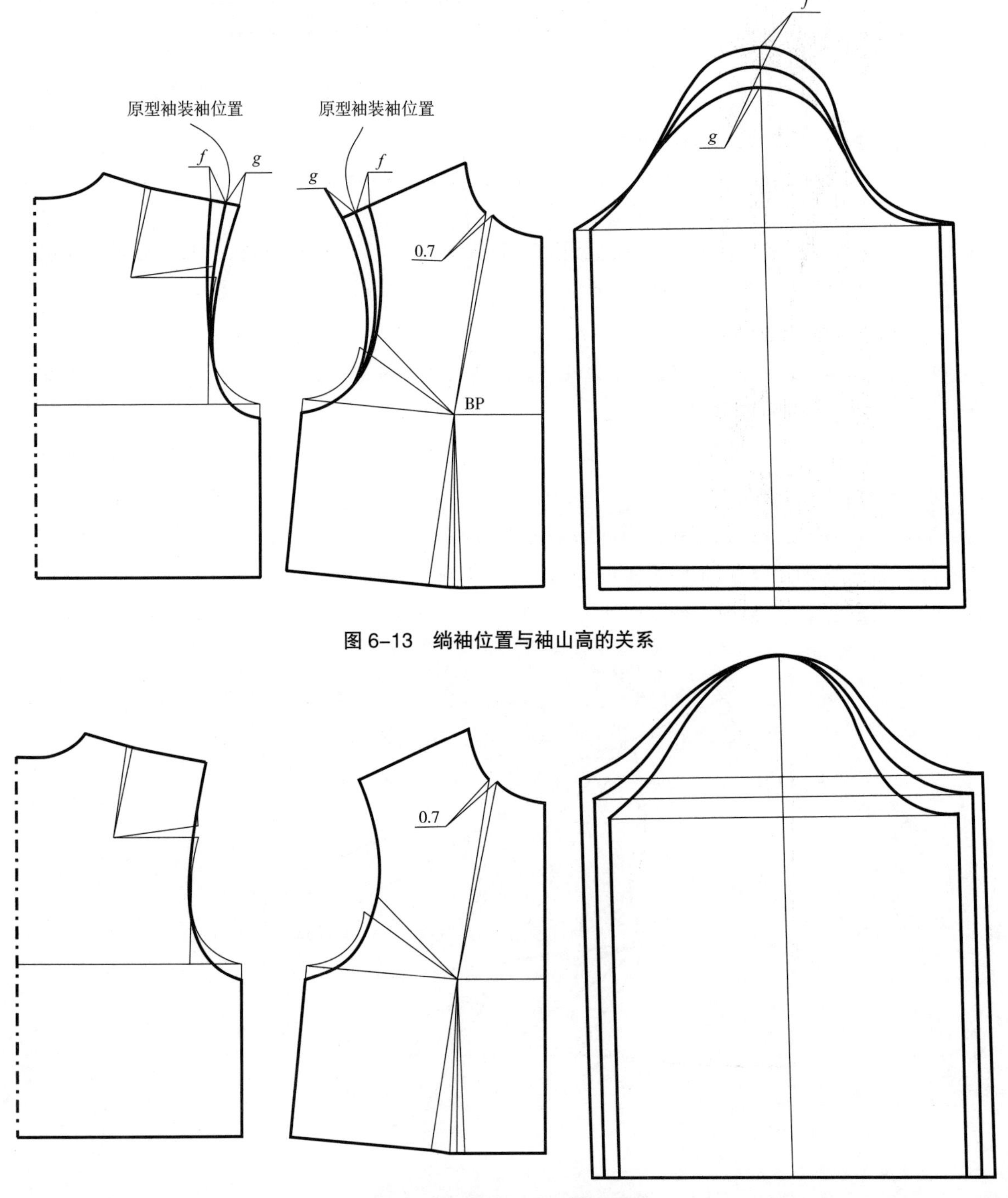

图 6-13　绱袖位置与袖山高的关系

图 6-14　袖肥与袖山高的关系

袖型宽松，便于运动。有时因造型需要，不能在结构上过于增加袖肥，可以采用腋下插角，用以补充袖子的松量。

4. 吃势量

（1）吃势量的形成：袖山弧线与袖窿弧线长度应相等或近似相等，其相差的量称为“吃势量”，吃势量的主要目的是使袖山头饱满又圆顺。

吃势量一般由两部分组成，一部分形成袖山头的复曲面，复曲面曲率越大则吃势量应越大；否则相反。合体袖的袖山顶部曲率较大，吃势量也应定得大些；平面宽松的袖，则正好相反。这一部分吃势量表现在袖肥的增加上，纸样设计时将袖山斜线加长的量即为吃势量，袖山弧线比袖山斜线长出的量也是吃势量。

吃势量的另一部分是袖山缝份覆盖量，当缝份倒向袖一侧时，由于面料有一定的厚度，因此处于最外层的袖山弧线应加长，使其能不绷紧地覆盖缝份。这一部分吃势量表现在袖山高的增加上，其增加的量与面料的厚薄有关。

根据经验，吃势量可由面料和袖山风格因素决定。表 6–1 所示为面料厚度和袖山风格系数，则吃势量 x=（面料厚度系数 + 袖山风格系数）× AH%。

表 6–1　面料厚度和袖山风格系数

面　　料	面料厚度系数	袖山风格	袖山风格系数
薄型面料（丝绸类）	0~1	宽松风格	1
较薄型面料（薄型面料、化纤类）	1.1~2		
较厚型面料（全毛精纺毛料类）	2.1~3	较宽松风格	2
厚型面料（法兰绒类）	3.1~4	较贴体风格	3
特厚型面料（大衣呢类）	4.1~5	贴体风格	4

例如，薄型面料宽松型衣袖的缝缩量 =（1+1）× AH%=2AH%，若 AH=55cm，则缝缩量 =1.1cm。由此得出经验，薄型面料宽松型风格袖山的缝缩量 x=0~1.4cm；较薄型面料较宽松型风格袖山的缝缩量 x=1.4~2.8cm；较厚型面料较贴体型风格袖山的缝缩量 x=2.8~4.2cm；厚型面料贴体型风格袖山的缝缩量 x=4.2cm。

（2）吃势量的分配：为保证袖山在缝缩一定量后能与袖窿形状很好地吻合，有必要对袖山的缝缩量进行合理分配，在袖山与袖窿对应的重要部位上设置相关的对位点。图 6–15 所示为合体两片袖袖山与袖窿对位点示意图。对位点的设置方法如下：

①袖山弧线上 A'点与袖窿弧线上 A 点为第一对位点，A'点为前袖缝点。

②相距胸围线 BL 为 8~9cm 的袖窿弧线上 B 点与袖山弧线上 B'点为第二对位点，$A'B'=AB$。

③袖山弧线上 SP'点与袖窿弧线上 SP 点为第三对位点，则 B'点、SP'点两点弧长与 B 点、SP 点两点弧长的差值为 47%~48% 的吃势量。

④袖山弧线上 C'点与袖窿弧线上 C 点为第四对位点，则 SP'点、C'点两点弧长与 SP 点、C 点两点弧长的差值为 52%~53% 的吃势量。

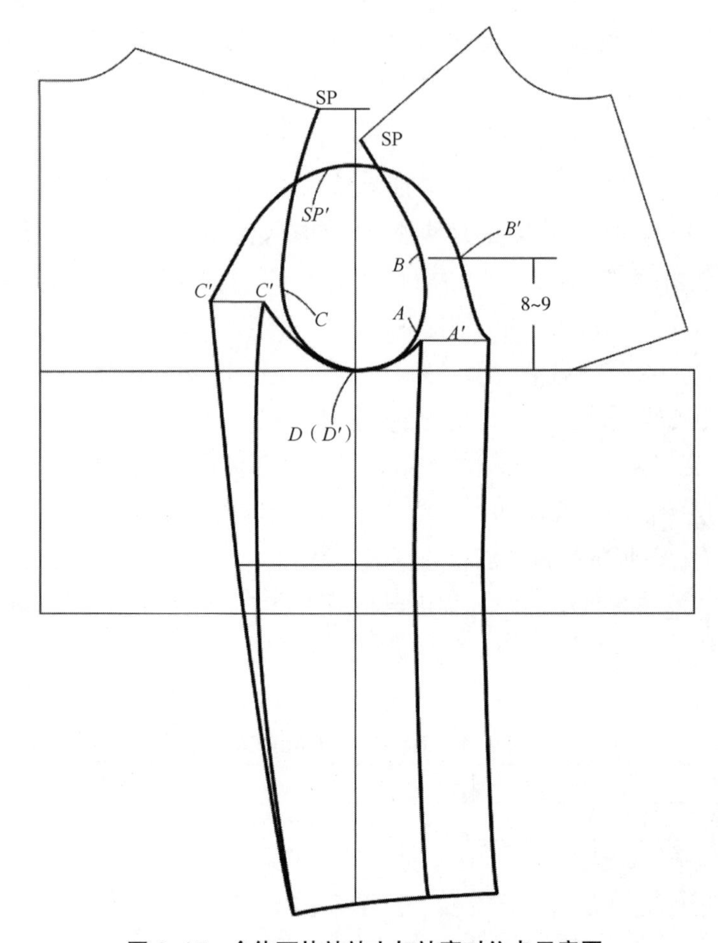

图 6-15　合体两片袖袖山与袖窿对位点示意图

⑤设袖山弧线最低点 D' 与袖窿最低点 D 为第五对位点。

四、圆装袖纸样设计

1. 松紧袖口蓬松长袖纸样设计

松紧袖口蓬松长袖纸样设计如图 6-16 所示。

2. 喇叭短袖纸样设计

喇叭短袖纸样设计如图 6-17 所示。

3. 袖山合体缩褶泡泡短袖纸样设计

袖山合体缩褶泡泡短袖纸样设计如图 6-18 所示。

4. 袖山宽松缩褶泡泡短袖纸样设计

袖山宽松缩褶泡泡短袖纸样设计如图 6-19 所示。

5. 两层分割喇叭袖口长袖纸样设计

两层分割喇叭袖口长袖纸样设计如图 6-20 所示。

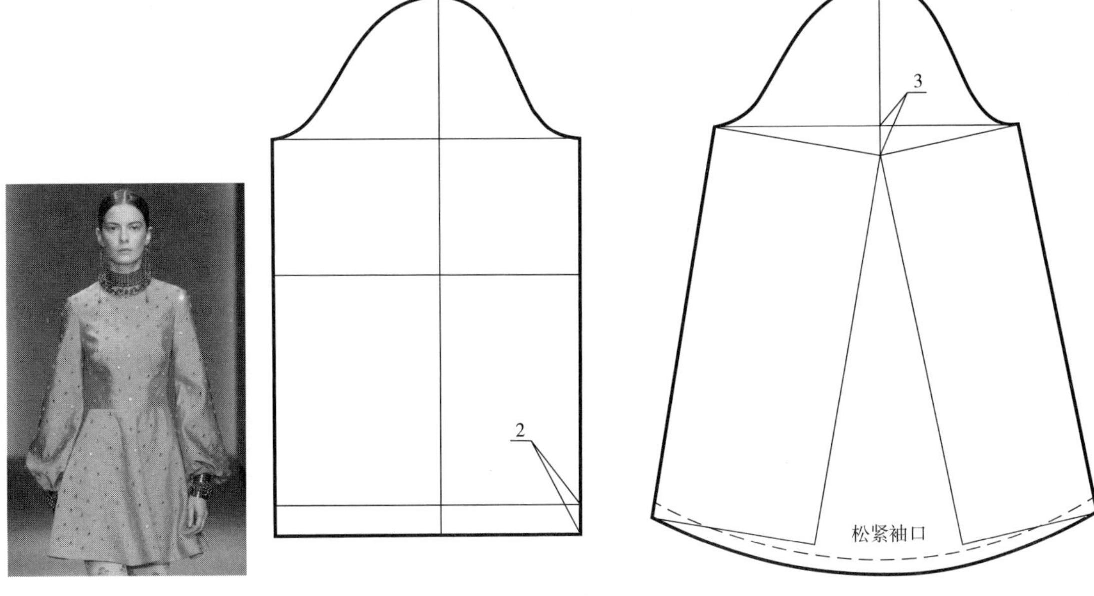

图 6–16　松紧袖口蓬松长袖纸样设计

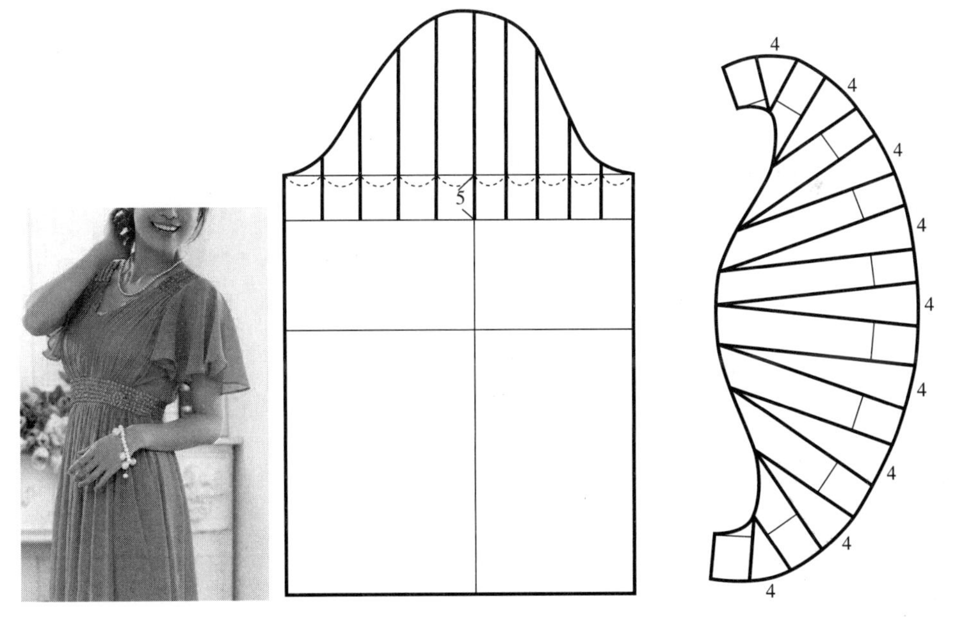

图 6–17　喇叭短袖纸样设计

6. 不规则分割波浪袖口长袖纸样设计

不规则分割波浪袖口长袖纸样设计如图 6–21 所示。

7. 褶裥散袖长袖纸样设计

褶裥散袖口长袖纸样设计如图 6–22 所示。

8. 褶裥袖口泡泡短袖纸样设计

为褶裥袖口泡泡短袖纸样设计如图 6–23 所示。

9. 缩褶泡泡短袖纸样设计

缩褶泡泡短袖纸样设计如图 6–24 所示。

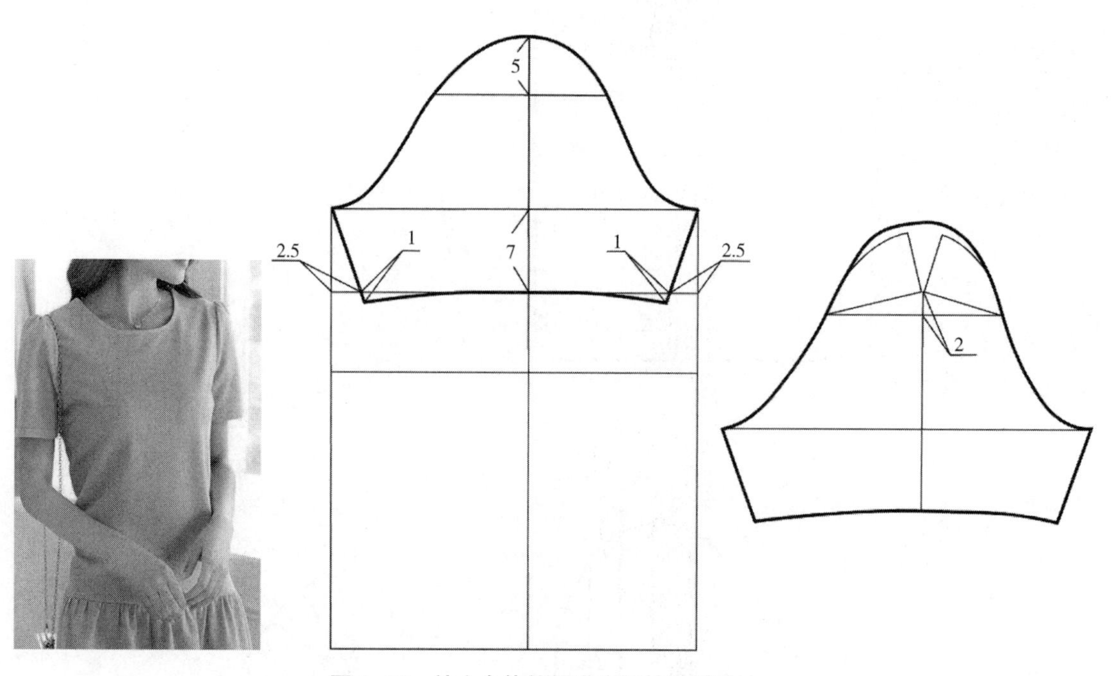

图 6–18　袖山合体缩褶泡泡短袖纸样设计

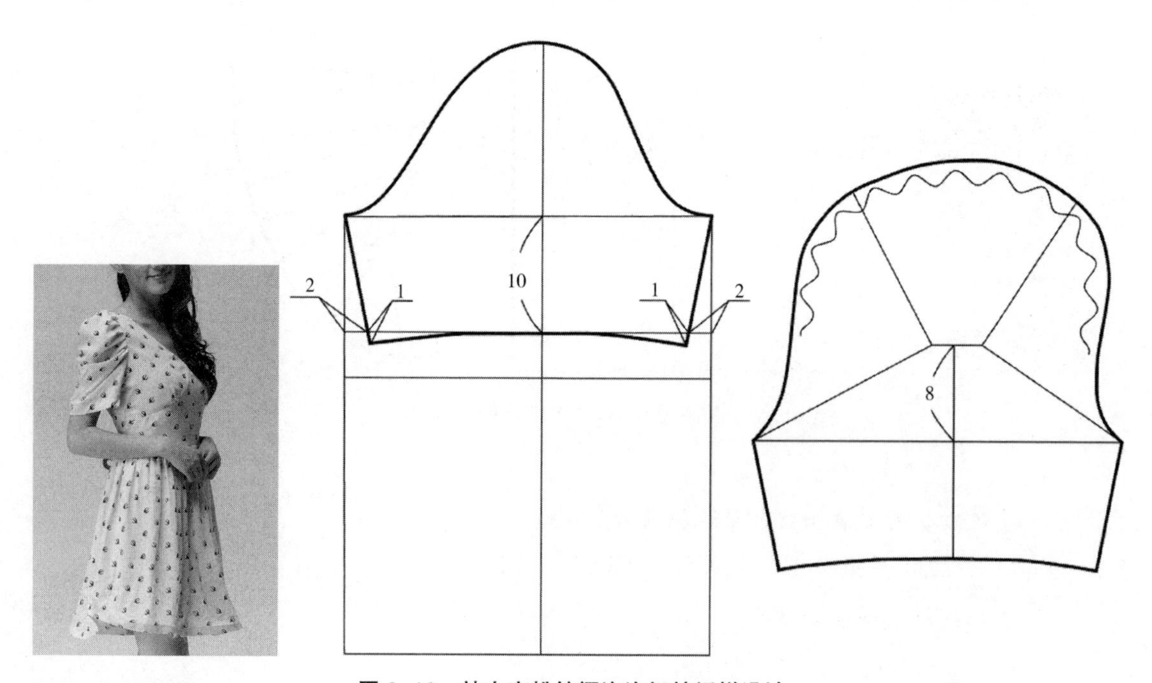

图 6–19　袖山宽松缩褶泡泡短袖纸样设计

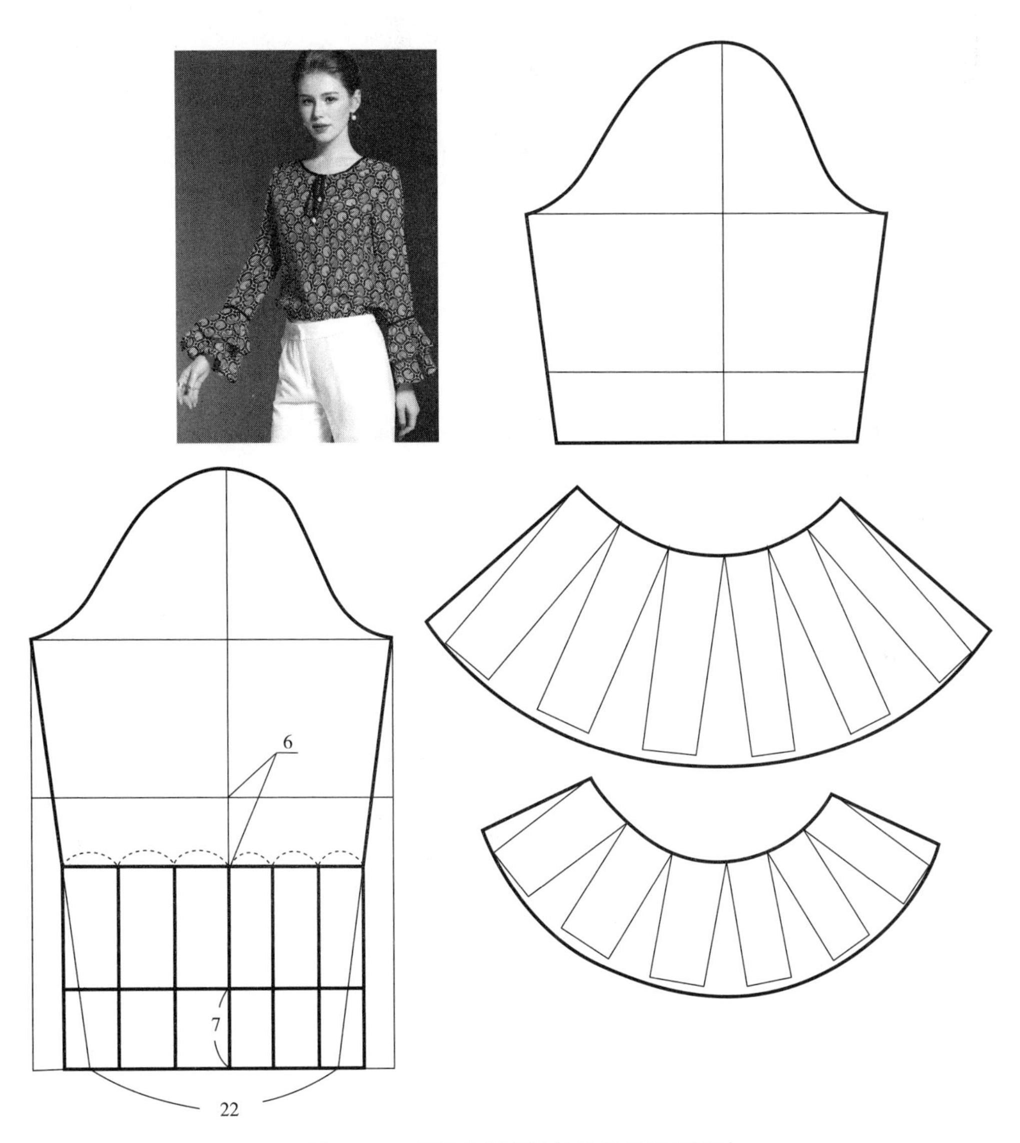

图 6–20　两层分割喇叭袖口长袖纸样设计

10. 垂褶短袖纸样设计

垂褶短袖纸样设计如图 6–25 所示。

11. 螺旋花边分割袖纸样设计

螺旋花边分割袖纸样设计如图 6–26 所示。

12. 盖袖纸样设计

盖袖纸样设计如图 6–27 所示。

13. 袖山褶裥紧袖口分割袖纸样设计

袖山褶裥紧袖口分割袖纸样设计如图 6–28 所示。

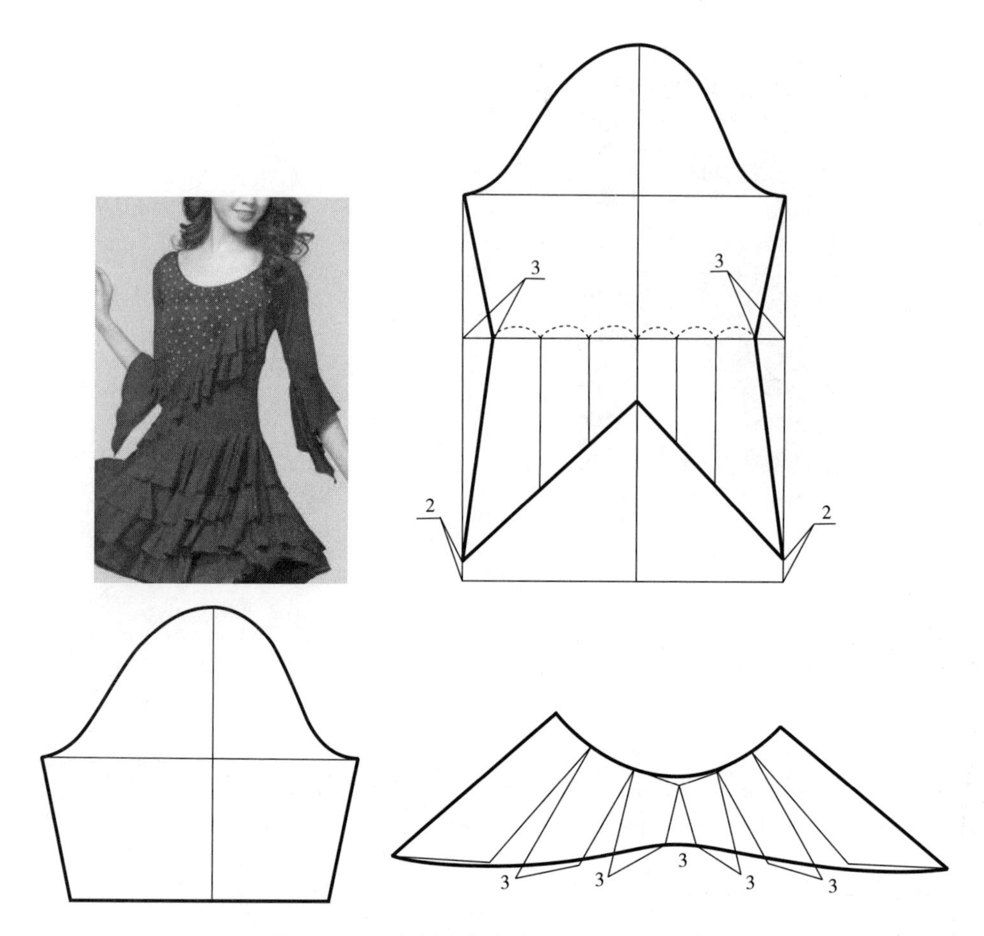

图 6-21　不规则分割波浪袖口长袖纸样设计

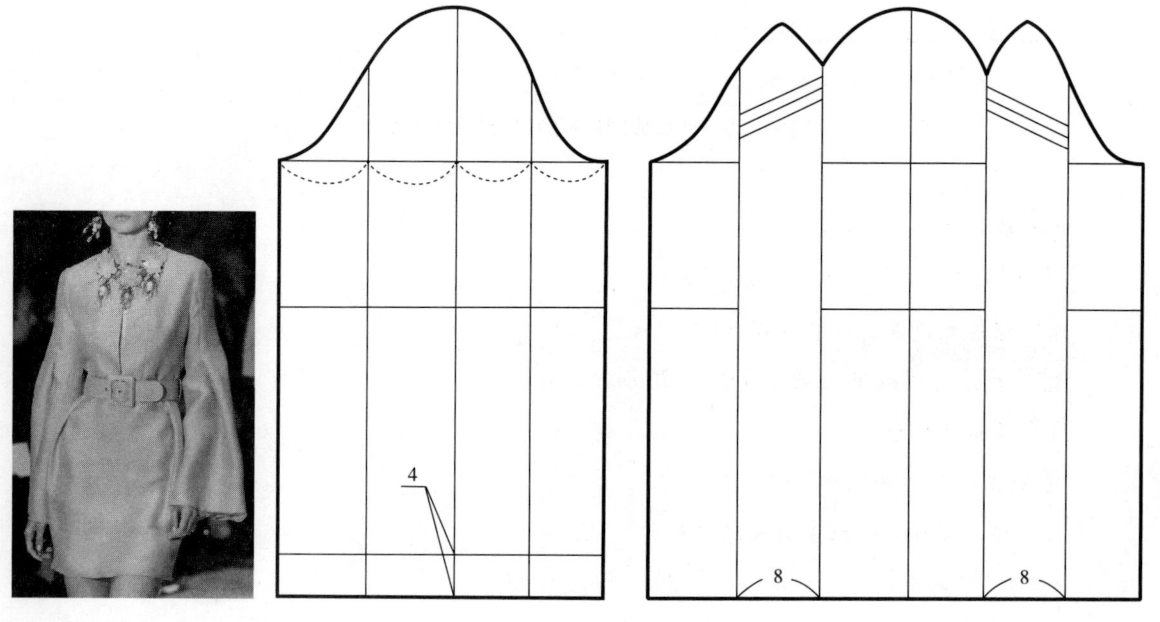

图 6-22　褶裥散袖口长袖纸样设计

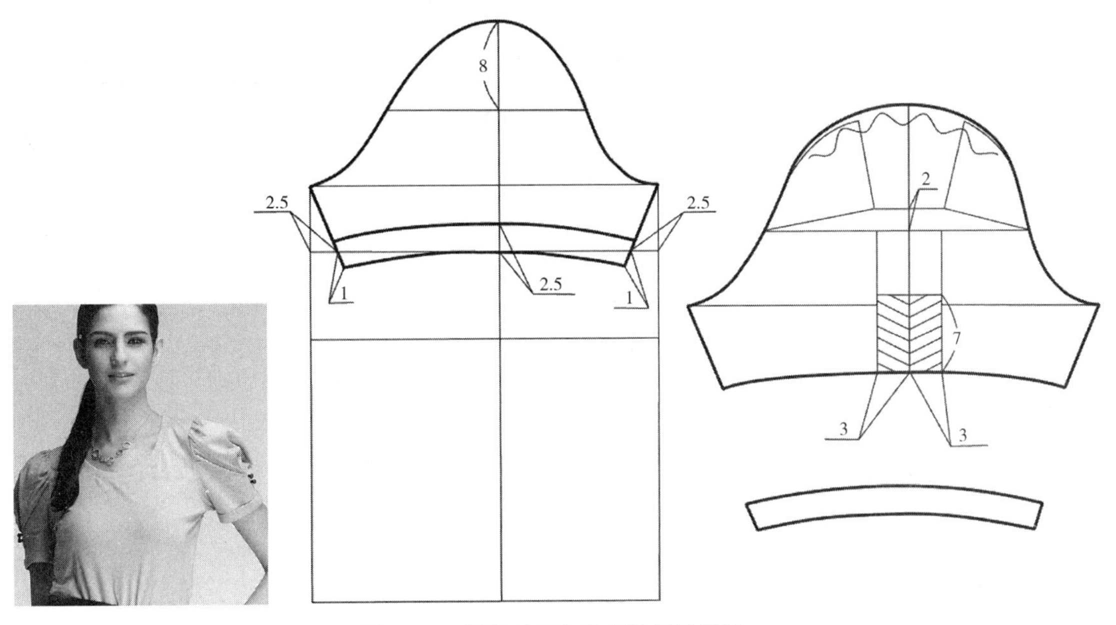

图 6-23　褶裥袖口泡泡短袖纸样设计

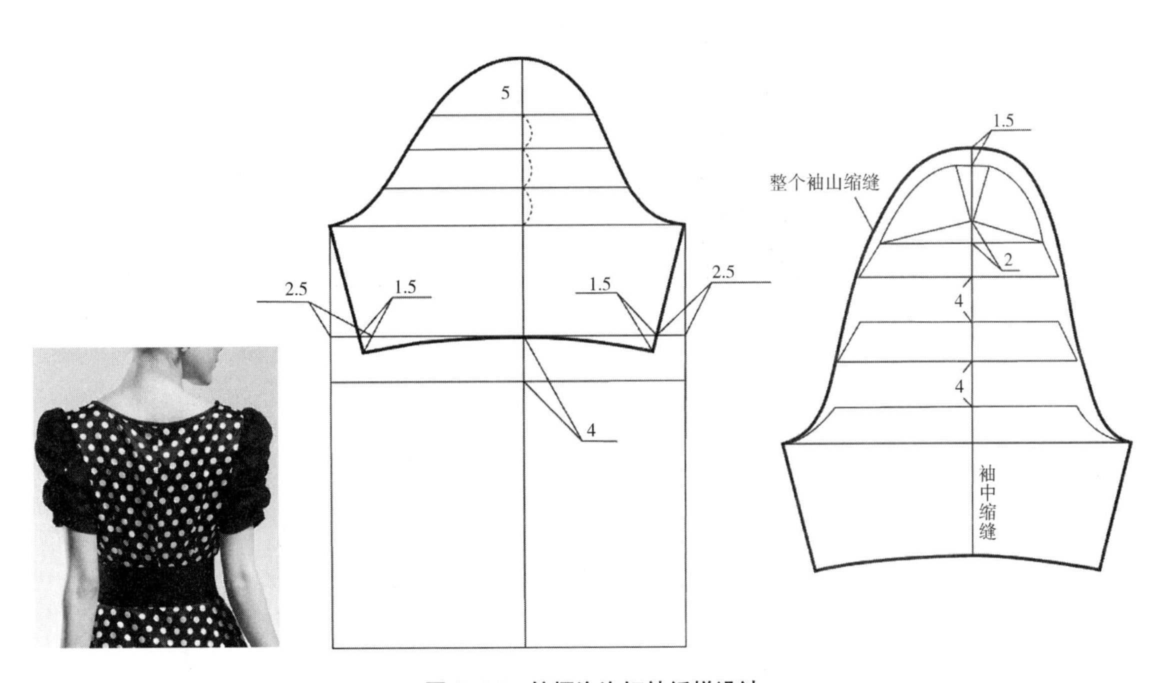

图 6-24　缩褶泡泡短袖纸样设计

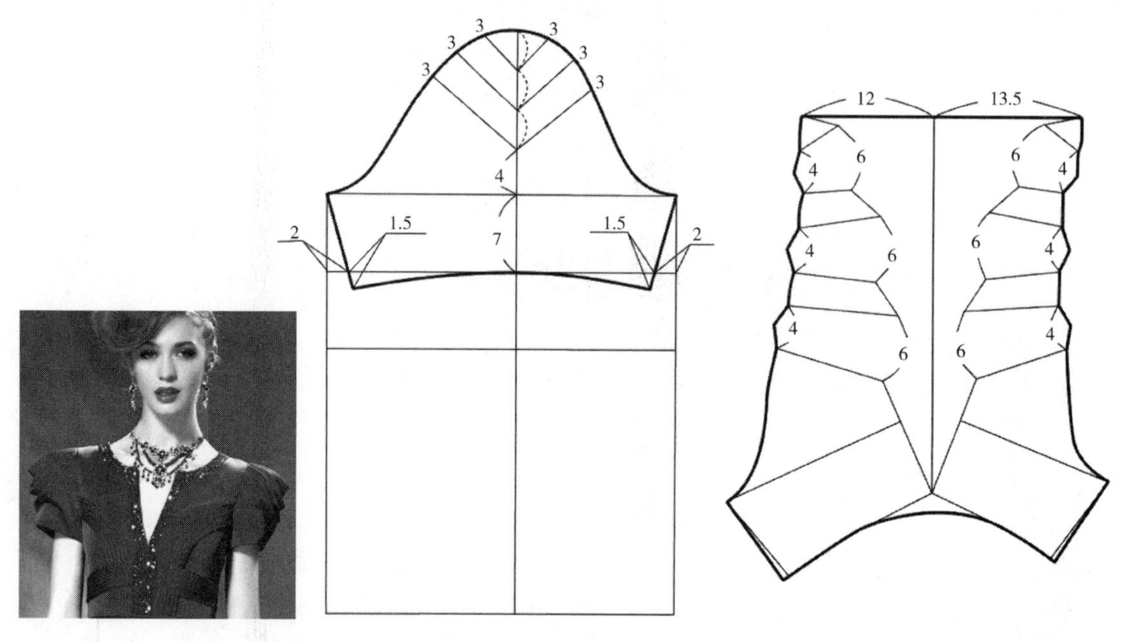

图 6-25 垂褶短袖纸样设计

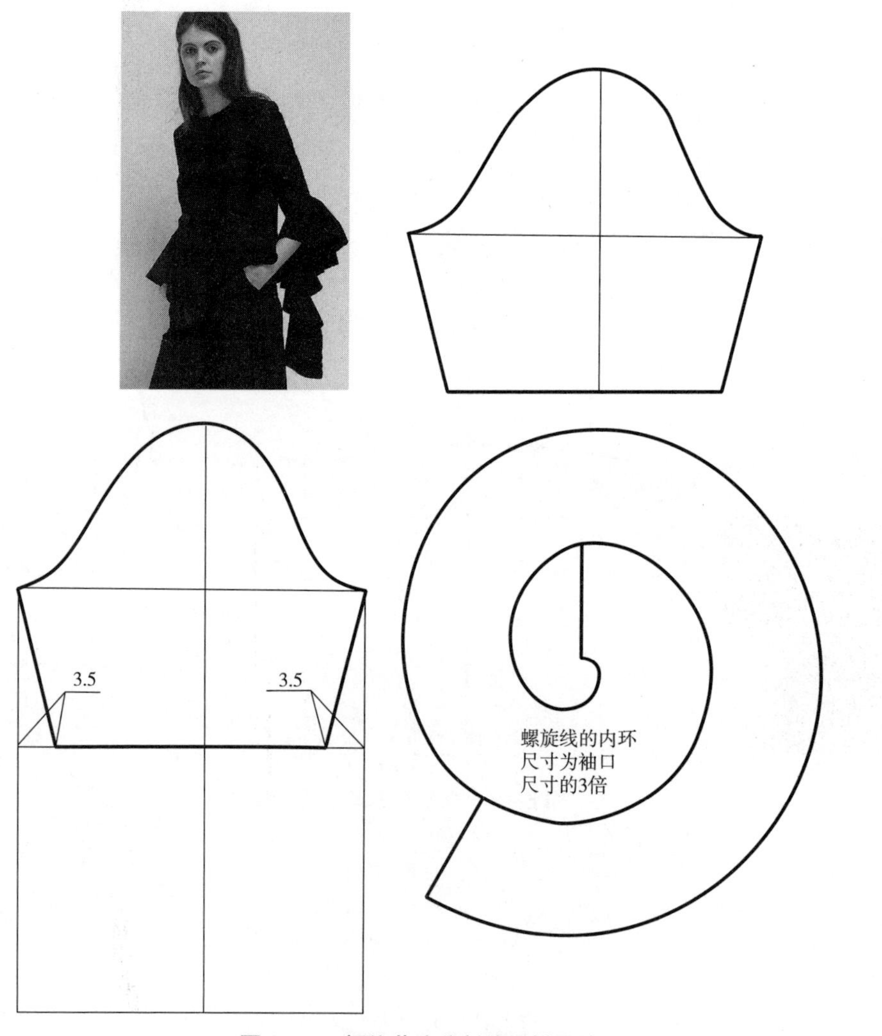

图 6-26 螺旋花边分割袖纸样设计

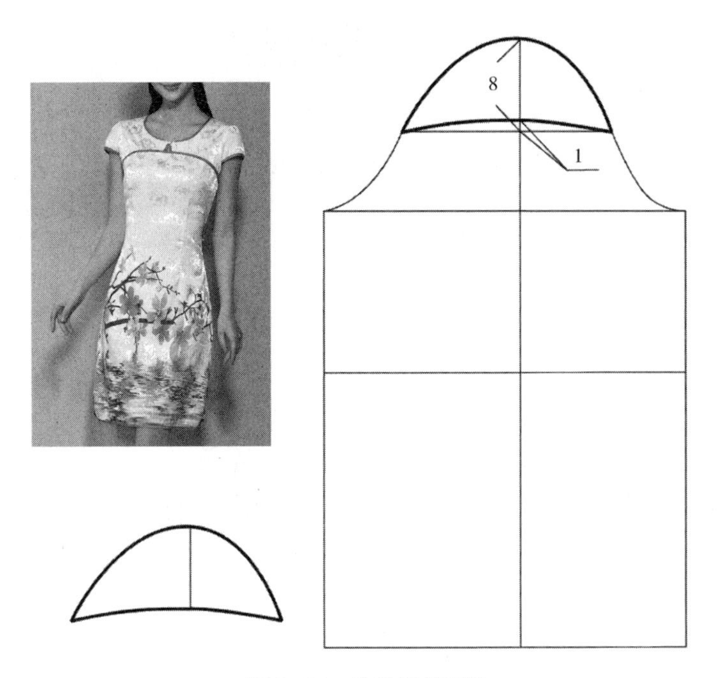

图 6–27　盖袖纸样设计

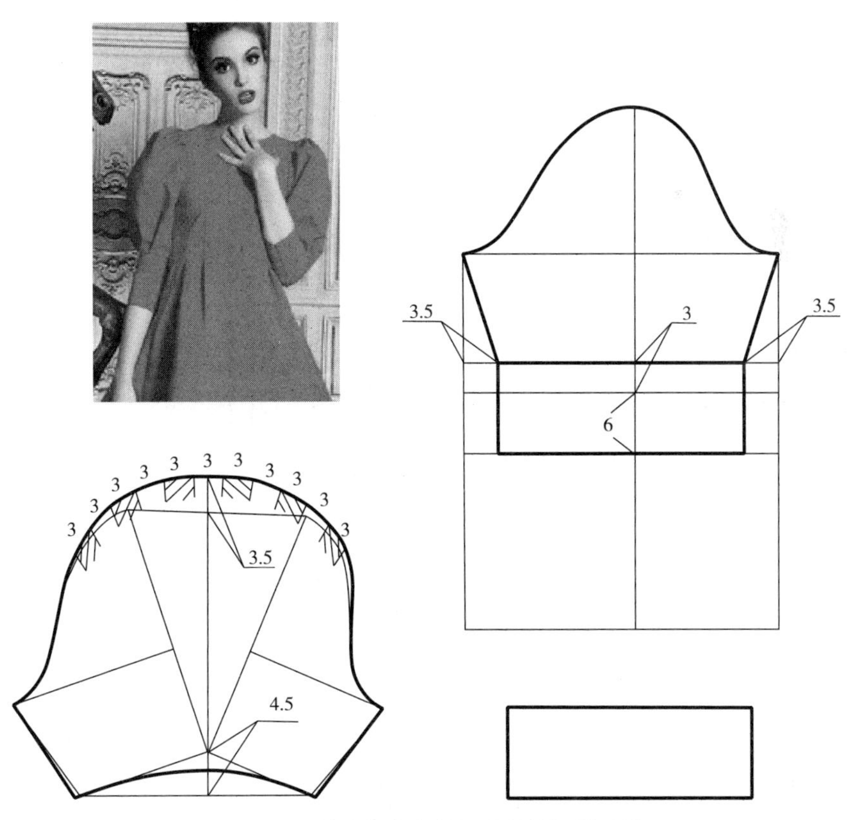

图 6–28　袖山褶裥紧袖口分割袖纸样设计

第二节　插肩袖纸样设计

一、插肩袖

插肩袖是将部分衣身与衣袖连成一体的衣袖种类，因为它的袖片形状好似以前劳动人民所穿的套裤形状，因此也有人称它为套裤袖，国际上都称它为拉格伦袖，这是以英国拉格伦将军命名的（图 6–29）。由于插肩袖是将部分衣身与衣袖连成一体，穿着此类上衣，使手臂显得修长。所以，运动服大多采用此类衣袖结构，而且往往还在袖中线位置贴上两条颜色对比强烈的条子，以产生一种错觉，使手臂显得更长，更矫健，更有力。插肩袖因袖形流畅、宽松、舒展，穿着舒服、抬手方便，大多应用于女式大衣、风衣、运动衣、工作服等。另外，由于此类衣袖外观大多是弧线、曲线，使着装后肩部造型柔和，在女士时装中应用很多。

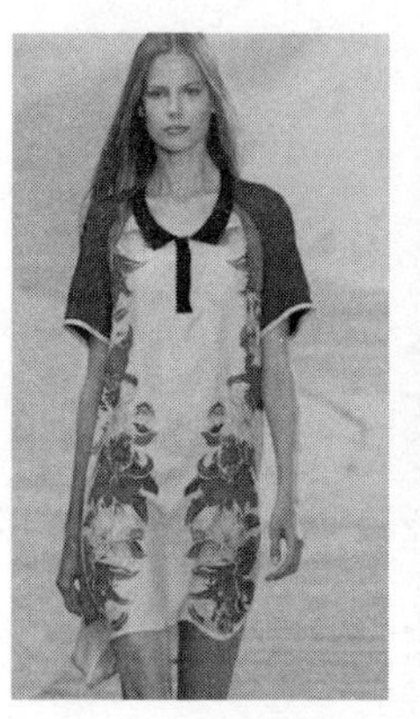

图 6–29　插肩袖

二、插肩袖分类

1. 按袖身宽松程度分类

（1）宽松型：前袖中线与水平线夹角 $\alpha=0\sim20°$，后袖为 $\alpha-2°$，此类袖下垂后袖身有大量皱褶，形态呈宽松风格。

（2）较宽松型：前袖中线与水平线夹角 $\alpha=21°\sim30°$，后袖为 $\alpha-2°$，此类袖下垂后袖身有较多皱褶，形态呈较宽松风格。

（3）较贴体型：前袖中线与水平线夹角 $\alpha=31°\sim45°$，后袖为 $\alpha-2°$，此类袖下垂后袖身有少量皱褶，形态呈较贴体风格。

（4）贴体型：前袖中线与水平线夹角 $\alpha=46°\sim65°$，后袖为 $\alpha-2°$，此类袖下垂后袖身没有皱褶，形态呈贴体风格。

2. 按分割线形式分类

（1）标准插肩袖：分割线将衣身的肩、胸部分割，与袖山合并。

（2）半插肩袖：分割线将衣身的一部分肩、胸部分割，与袖山并合。

（3）落肩袖：分割线将袖山的一部分分割，与衣身并合。

（4）覆肩袖：分割线将衣身的胸部分割，与袖山并合。

3. 按袖身造型分类

（1）直身袖：袖中线形状为直线形，故前、后袖可合并成一片袖或只在袖山上作省的一片袖结构。

（2）弯身袖：前、后袖中线都为弧线状，前袖中线一般前偏量≤ 3cm，后袖中线偏量为前袖中线偏量减 1cm。

三、基本插肩袖的纸样设计

1. 基本插肩袖的原型省道处理

基本插肩袖的原型省道处理如图 6-30 所示。

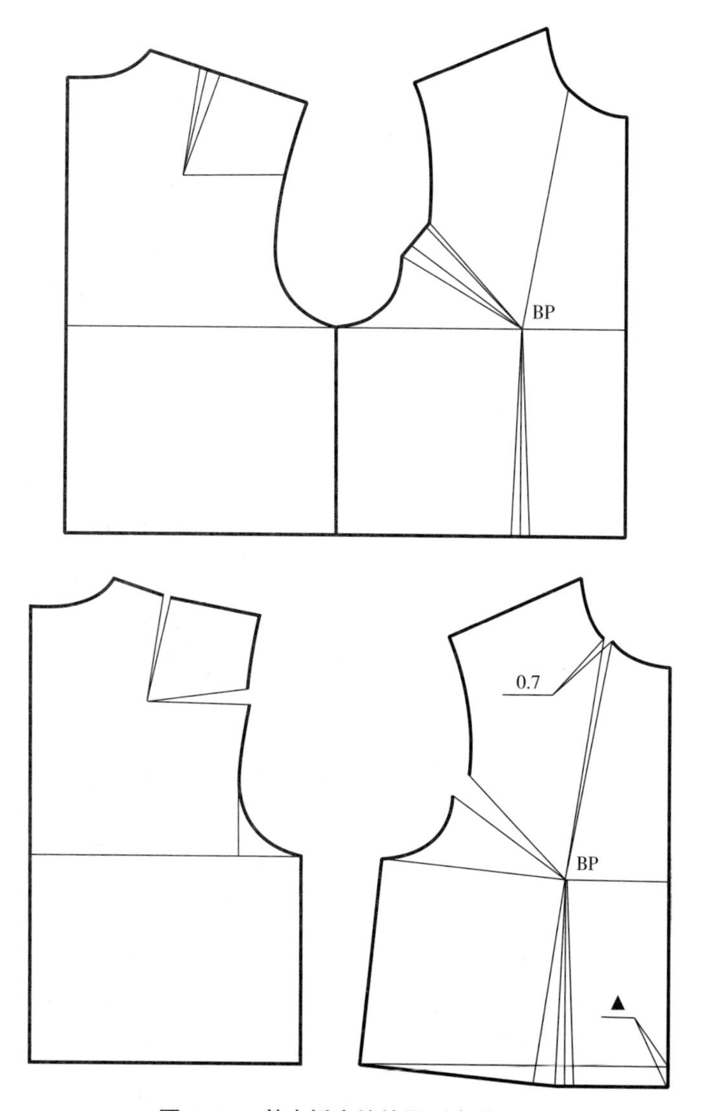

图 6-30 基本插肩袖的原型省道处理

后片肩省的 2/3 省量转移到袖窿为松量，剩余的 1/3 省量作为肩部吃势处理。前片胸省的 1/3 转移到腰省，出现前衣身浮余量▲（即前衣长比后衣长下落量），前衣片胸省的一部分省量转移到前领口，在领口处的省量为 0.7cm（撇胸量），剩余的省量留在前袖窿处为松量。

2. 基本插肩袖前片纸样设计

基本插肩袖前片纸样设计如图 6–31 所示。

（1）将前片经过省道处理的原型纸样的袖窿深开大 3cm，胸围向外加放 1.5cm，修顺袖窿弧线。

（2）将原型衣片的肩端点抬高 1cm，与侧颈点相连，并延长 1.5cm，以补足肩部容量。

（3）完成 45° 夹角，得到袖山线，在袖山线上取袖山高 15.5cm（袖山高由原型纸样的肩端点开始测量）。

（4）在衣身上设计出插肩袖弧线的形状，此线可根据款式变化任意设计。

（5）设计出插肩袖的袖宽，使 *A~B* 两点之间的弧长与 *A~C* 两点之间的弧长相等。

（6）由原型纸样的肩端点测量出袖长，并设计出前袖口宽 = 袖口宽 –0.5cm，完成基本插肩袖前片的纸样设计。

3. 基本插肩袖后片纸样设计

基本插肩袖后片纸样设计如图 6–32 所示。

（1）将后片经过省道处理的原型纸样的袖窿深开大 3cm，胸围向外加放 3.5cm，修顺袖窿弧线。

（2）将原型衣片的肩端点抬高 1cm，与侧颈点相连，并延长 1.5cm，以补足肩部容量。

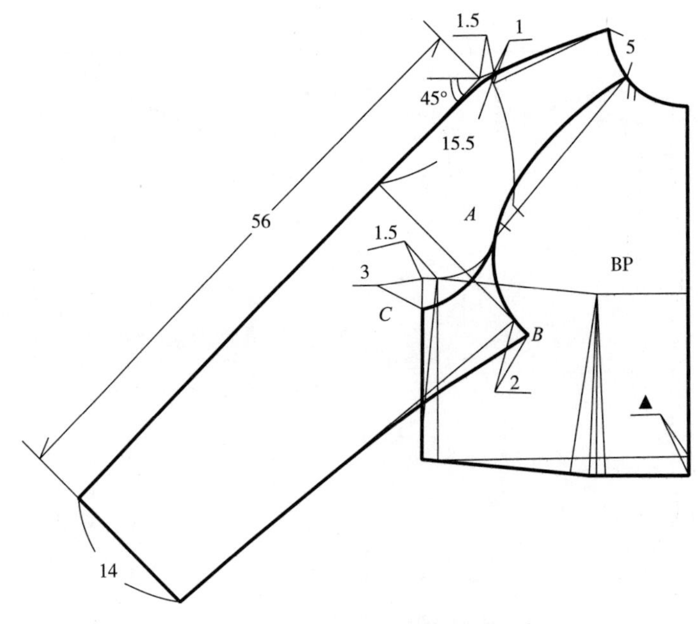

图 6–31　基本插肩袖前片纸样设计

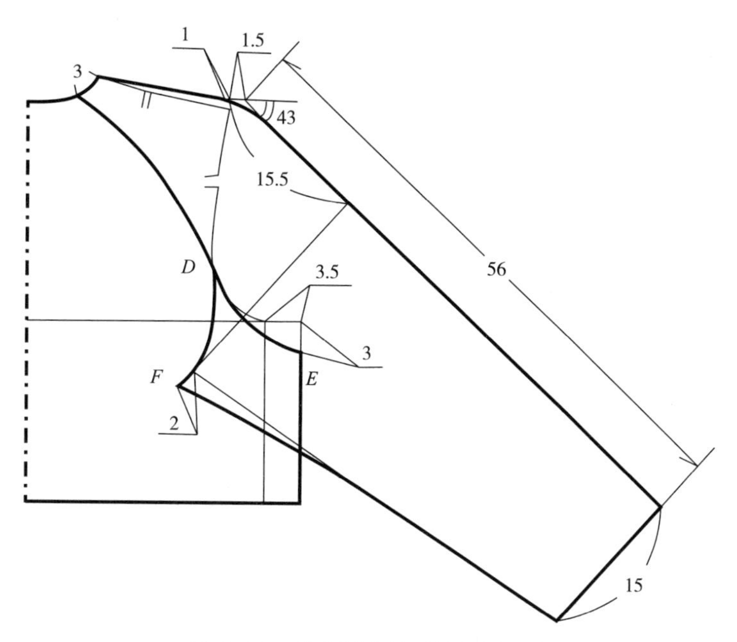

图 6-32　基本插肩袖后片纸样设计

（3）完成 43° 夹角，得到袖山线，在袖山线上取袖山高 15.5cm（袖山高由原型纸样的肩端点开始测量）。

（4）在衣身上设计出插肩袖弧线的形状，此线可根据款式变化任意设计。

（5）设计出插肩袖的袖宽，使 D~E 两点之间的弧长与 D~F 两点之间的弧长相等。

（6）由原型纸样的肩端点测量出袖长，并设计出后袖口宽 = 袖口宽 +0.5cm，完成基本插肩袖后片的纸样设计。

四、插肩袖结构设计要点

1. 插肩袖前、后袖片倾斜角度的确定

通常插肩袖的前、后袖片的倾斜角度大小不同，前袖片倾角比后袖片倾角大 2°，这样设计的目的是为了使袖子的袖中线向前倾斜，与手臂的形态相吻合（图 6-33）。袖片的倾斜角度同时与衣袖的活动舒适性有关。倾斜度越小，衣袖越平，手臂向上抬起时受到的牵制力越小，活动越舒适，但在手臂自然下垂时腋窝处的皱褶越明显；反之，受到袖片的牵制力越大，活动舒适性越差，但静态效果越好。

可以按袖身宽松程度来确定前袖片倾斜角度（前袖中线与水平线夹角）和后袖片倾斜角度（后袖中线与水平线夹角），如宽松型插肩袖的前袖片倾斜角度 $\alpha = 0$~$20°$，后袖为 $\alpha-2°$；较宽松型插肩袖的前袖片倾斜角度 $\alpha = 21°$ ~ $30°$，后袖为 $\alpha-2°$；较贴体型插肩袖的前袖片倾斜角度 $\alpha = 31°$ ~ $45°$，后袖为 $\alpha-2°$；贴体型插肩袖的前袖片倾斜角度 $\alpha = 46°$ ~ $65°$，后袖为 $\alpha-2°$。

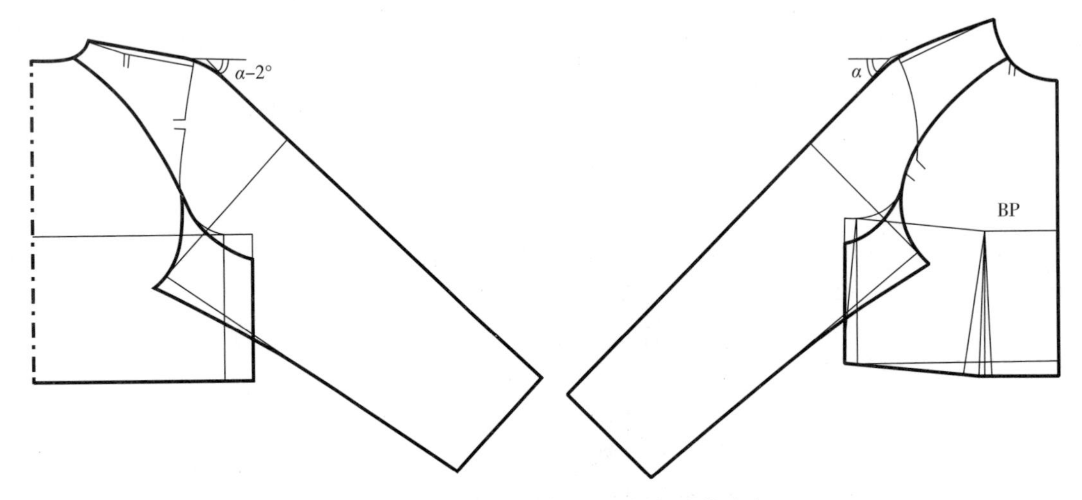

图 6–33　插肩袖前、后袖片倾斜角度的确定

2. 插肩袖前、后肩斜线向外延长量的确定

根据人体的实际形态，肩端部不是由两条直线相交构成的形状，而是稍带有弧线的浑圆形状。插肩袖制图时，须从肩部向袖山外延续一段距离 a，a 就是给予肩部的宽松量，由肩缝弧线构成立体感，与人体体型相符。a 的取值与肩端点处袖片的弧度有关，注重美观效果的女装插肩袖袖片倾斜度较大，肩头处的弧度也较大，a 的取值为 1.5~3.0cm；以活动性为主的女装插肩袖袖片的倾斜度较小，肩头处的弧度也较小，a 的取值为 0~1.5cm，如图 6–34 所示。

3. 插肩袖袖山高的确定

如何使插肩袖和衣身相连的部分形成有机的整体，而且在造型和功能上达到合理的统一，这是把握插肩袖结构的关键所在。一般来说，不论什么袖子，在袖山弧长是定数

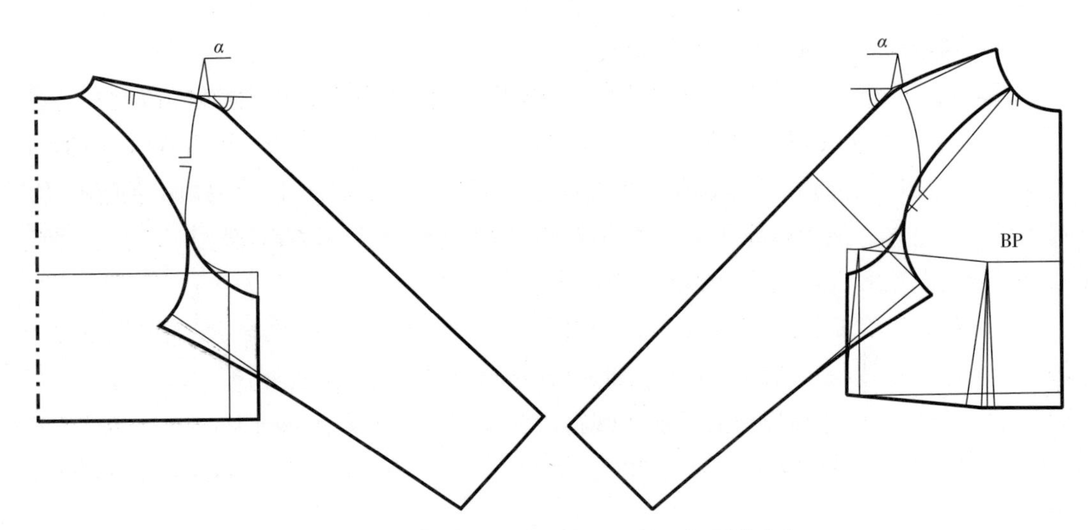

图 6–34　插肩袖前、后肩斜线向外延长量的确定

的前提下，袖山高与袖肥总是成反比的。也就是说，袖山愈高，袖肥则愈小，穿着之后静态造型比较美观，但是活动起来不舒服，抬手不便。而袖山愈低，袖肥则愈大，穿着之后静态美感稍欠缺，但动态效果较好，抬手较方便。从图 6–35 中可以看出，袖山高与袖肥的变化关系在转折点至袖窿深点之间进行调节。如以 C 线制图，袖山高比较高，袖子比较瘦，当手臂下垂时，袖子看起来比较美观，但因袖底缝较短，手臂活动量小；如以 A 线制图，袖山高比较低，袖子比较肥，当手臂下垂时，会有一些褶纹出现，看起来不那么平整美观，但手臂活动量大。

插肩袖袖山高的确定应综合考虑动态的功能性及静态的美观性，衬衫袖山高取值范围为 13~14cm；外套袖山高取值范围为 14~16cm；大衣袖山高取值范围为 15~18cm。需要强调的是，袖山高的确定需根据现代女装的类别、造型、着装要求等作相应调整。

4. 插肩袖袖窿深的确定

插肩袖由于是一种较宽松或宽松式的结构，因此，其袖窿深的变化范围很大。当采用原型进行纸样设计时，袖窿深要在原型袖窿的基础上，再开大 3~15cm。由于插肩袖的袖子部分是在衣身袖窿的基础上设计的，所以袖窿设计的随意性很大，袖窿甚至可以设计到腰节线位置。但袖窿过大时，为避免形成袖肥过大，所以选择的袖山高也要相应增大。

五、插肩袖纸样设计

1. 一片式插肩袖纸样设计

一片式插肩袖的原型省道处理，前、后袖片纸样设计，如图 6–36、图 6–37 所示。

2. 覆肩袖纸样设计

覆肩袖的原型省道处理，前、后袖片纸样设计，如图 6–38、图 6–39 所示。

3. 落肩袖纸样设计

落肩袖的原型省道处理，前、后袖片纸样设计，如图 6–40、图 6–41 所示。

4. 两片式插肩袖纸样设计

两片式插肩袖的原型省道处理，前、后袖片纸样设计，如图 6–42、图 6–43 所示。

5. 半插肩袖纸样设计

半插肩袖的原型省道处理，前、后袖片纸样设计，如图 6–44、图 6–45 所示。

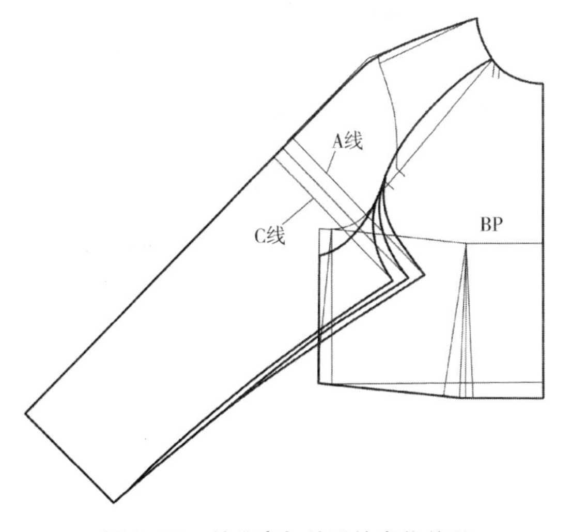

图 6–35 袖山高与袖肥的变化关系

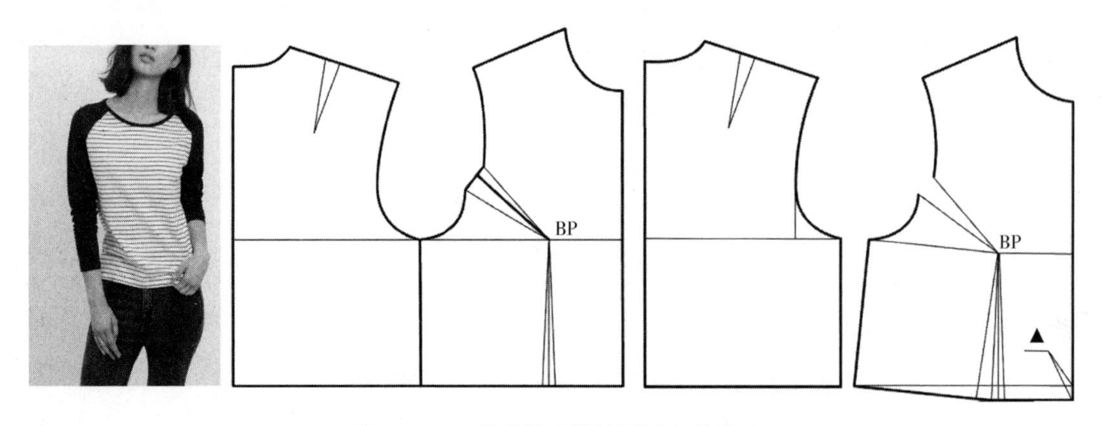

图 6-36　一片式插肩袖的原型省道处理

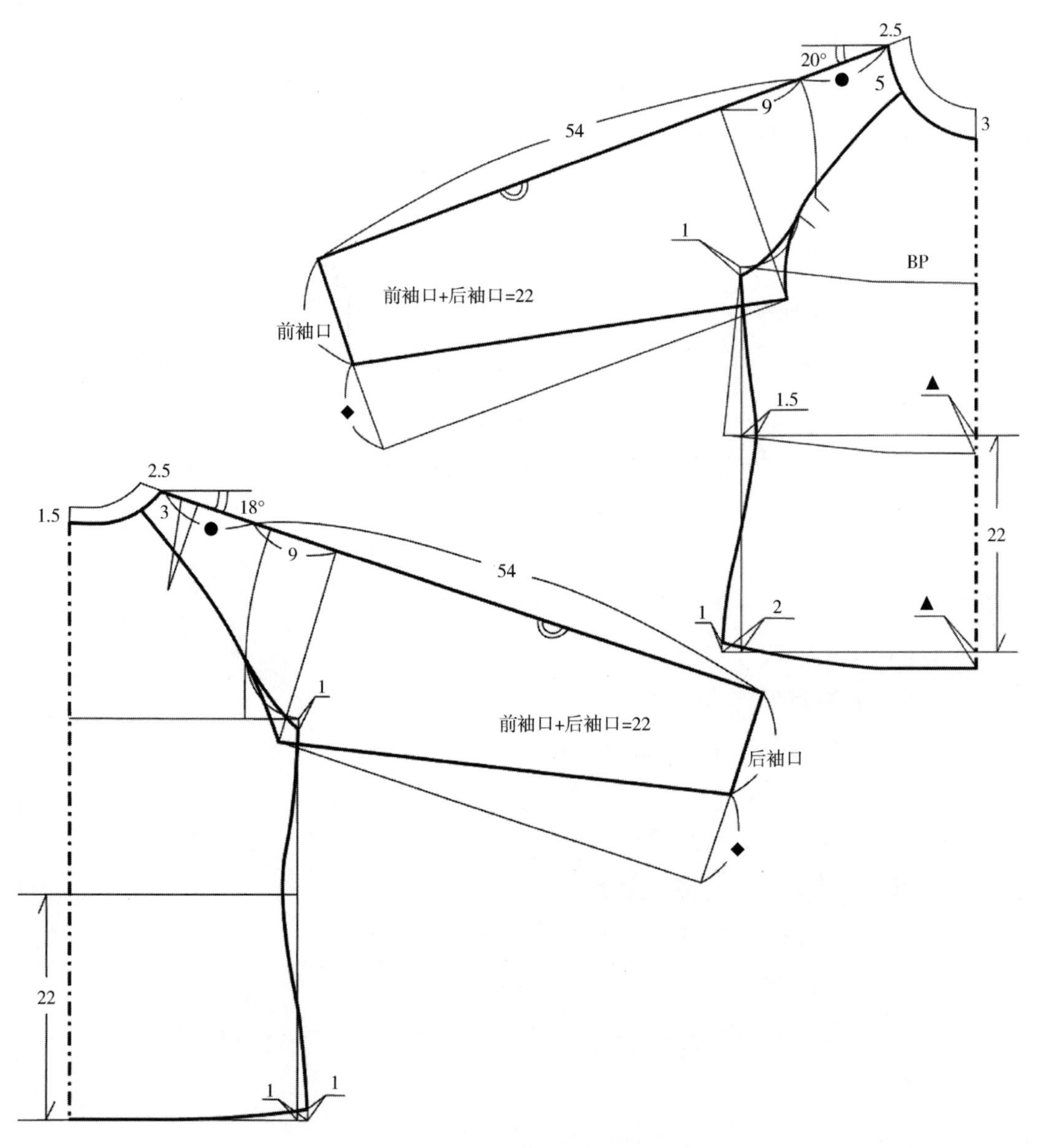

图 6-37　一片式插肩袖前、后袖片纸样设计

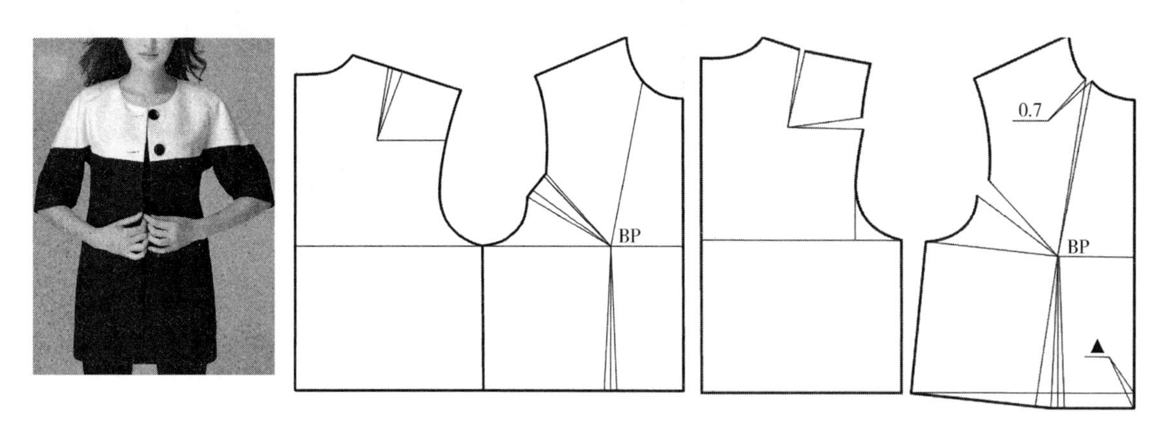

图 6-38　覆肩袖的原型省道处理

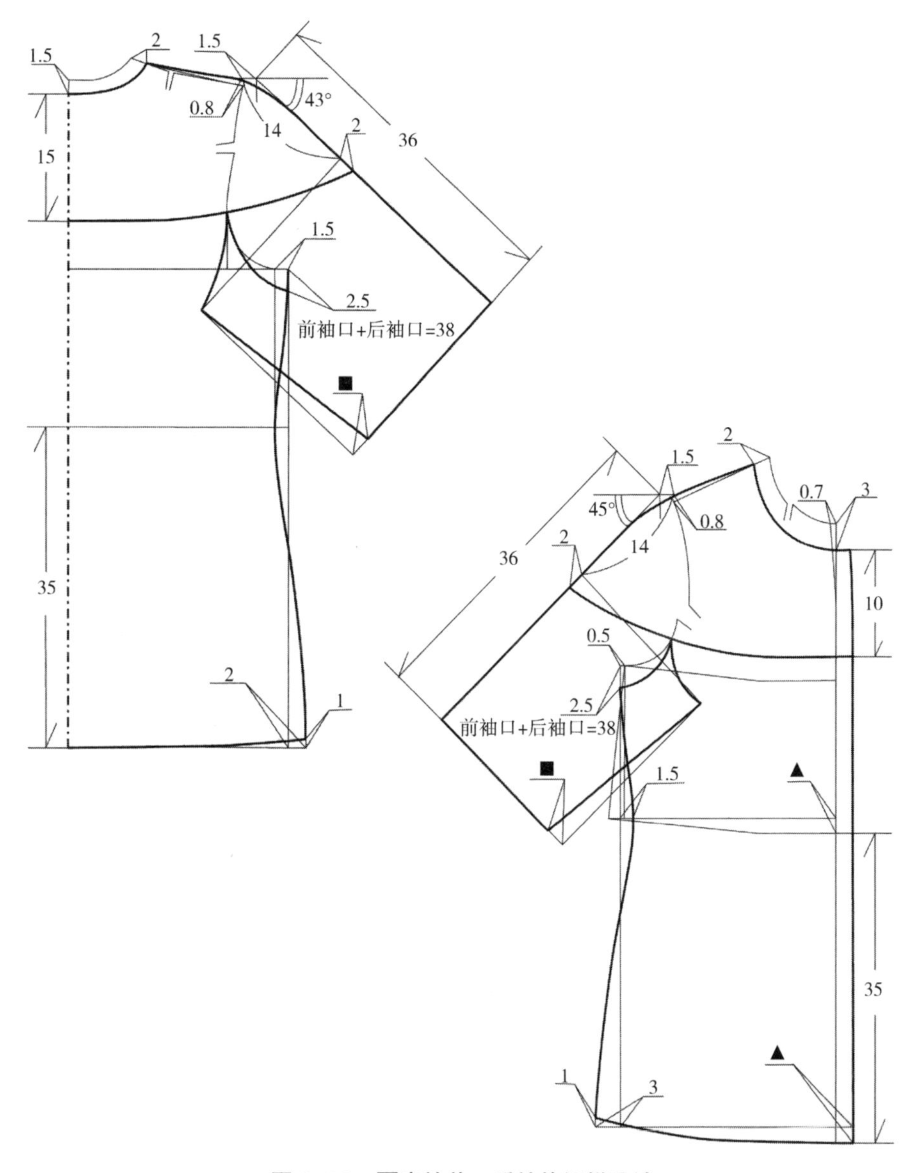

图 6-39　覆肩袖前、后袖片纸样设计

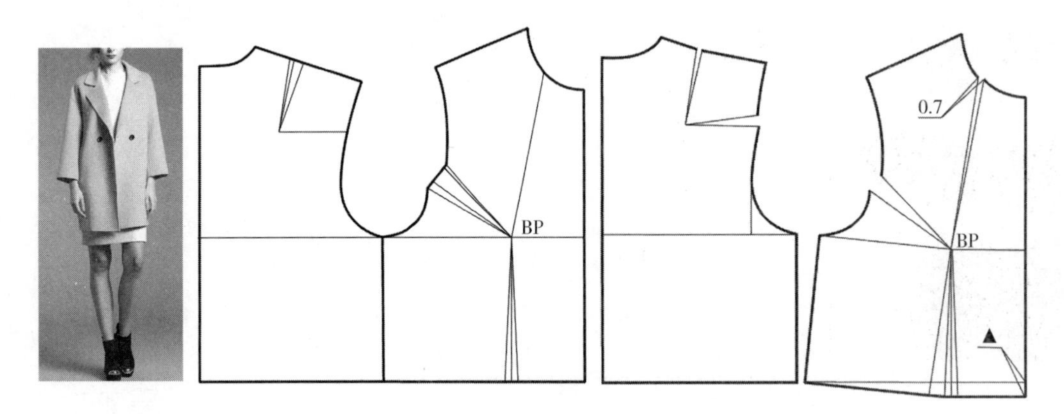

图 6-40 落肩袖的原型省道处理

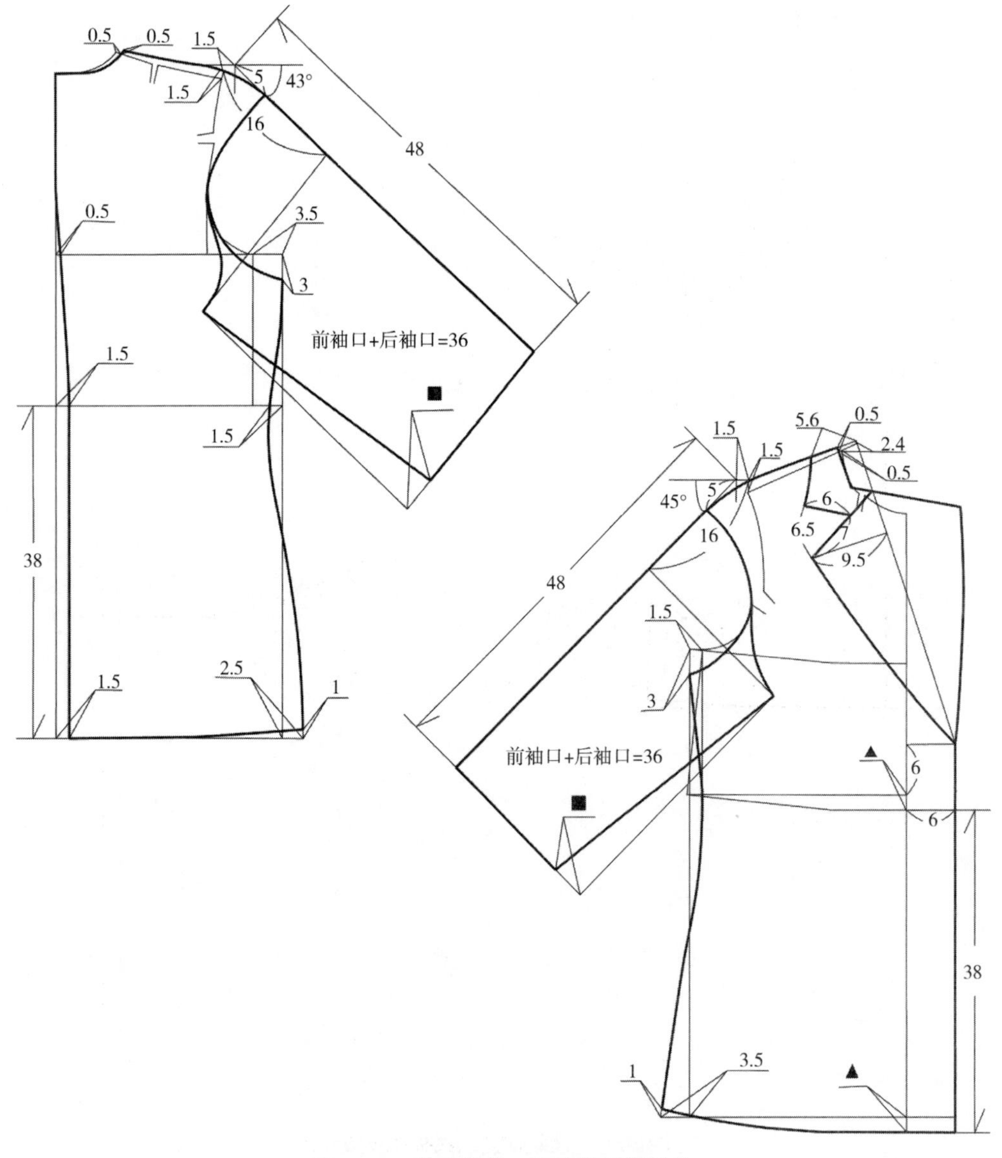

图 6-41 落肩袖前、后袖片纸样设计

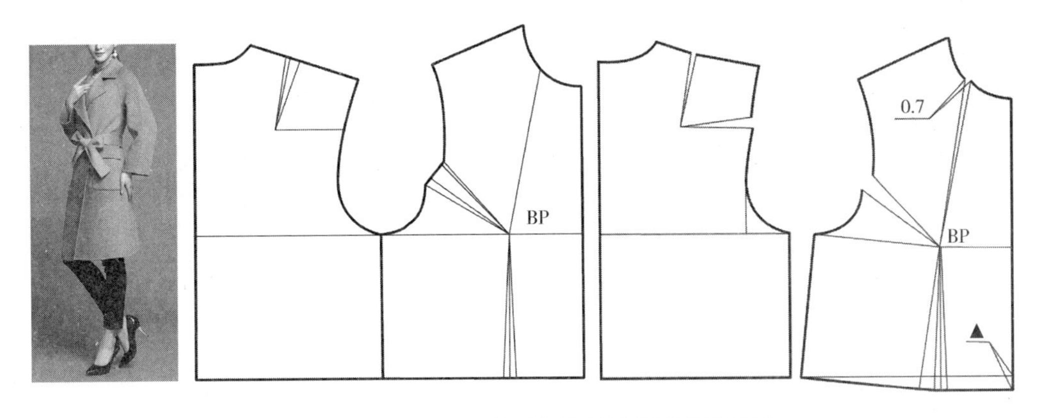

图 6-42　两片式插肩袖的原型省道处理

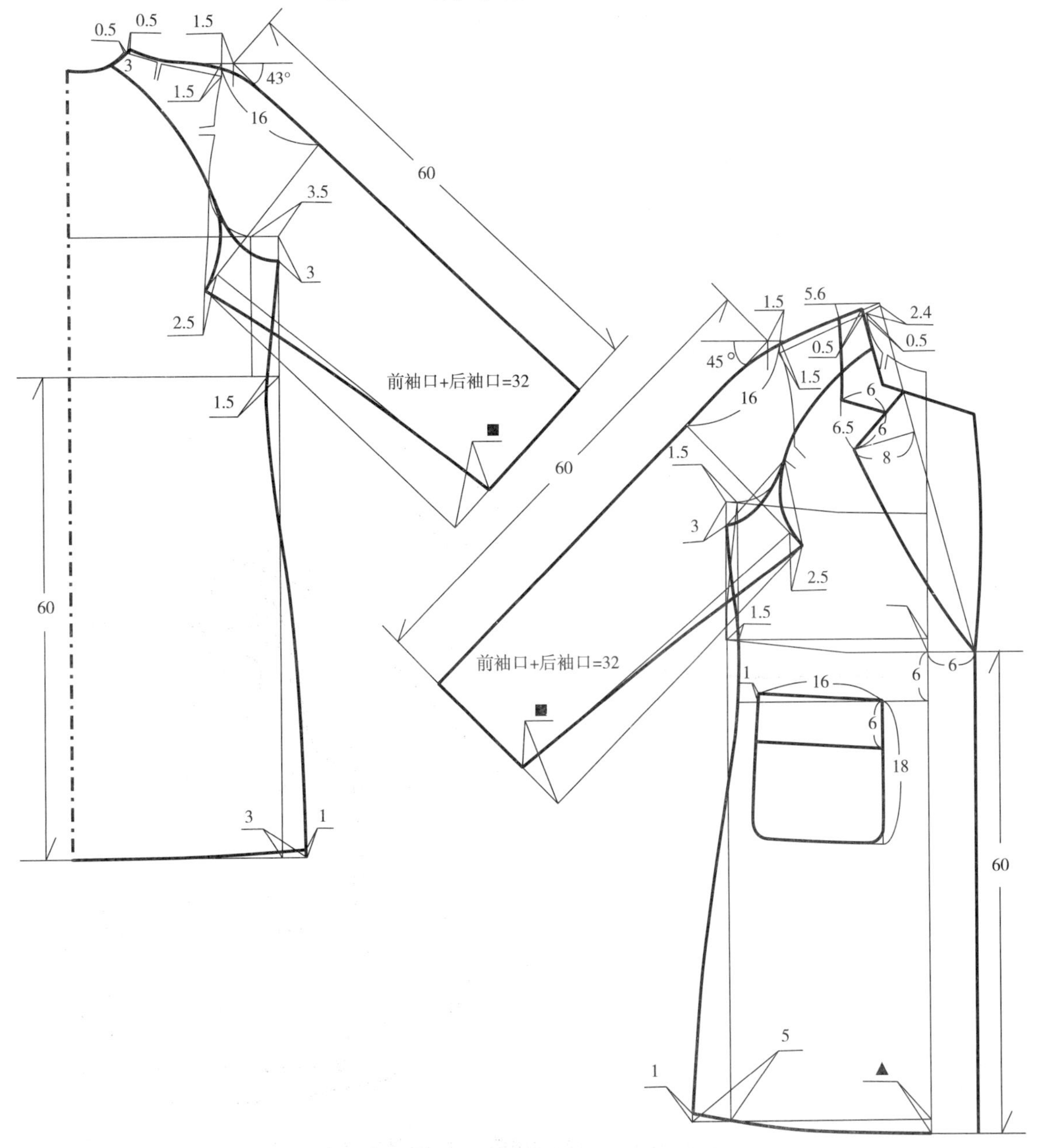

图 6-43　两片式插肩袖前、后袖片纸样设计

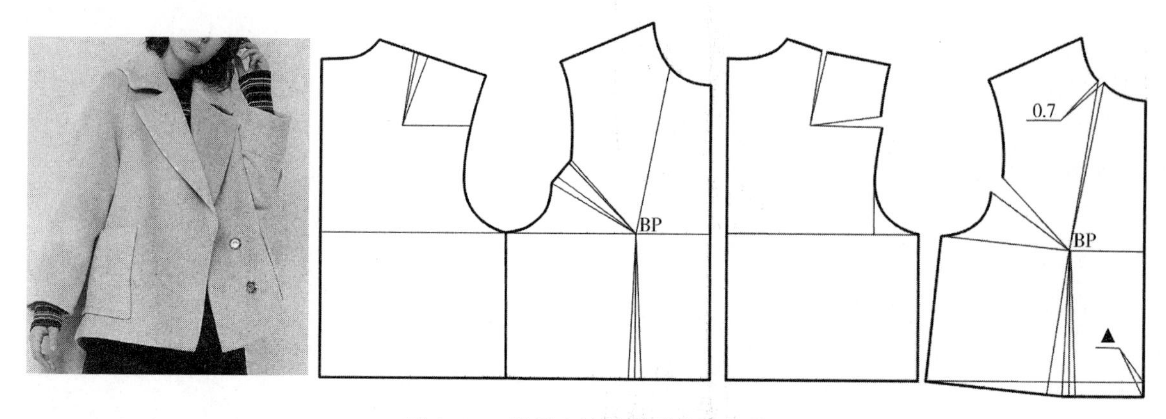

图 6-44 半插肩袖的原型省道处理

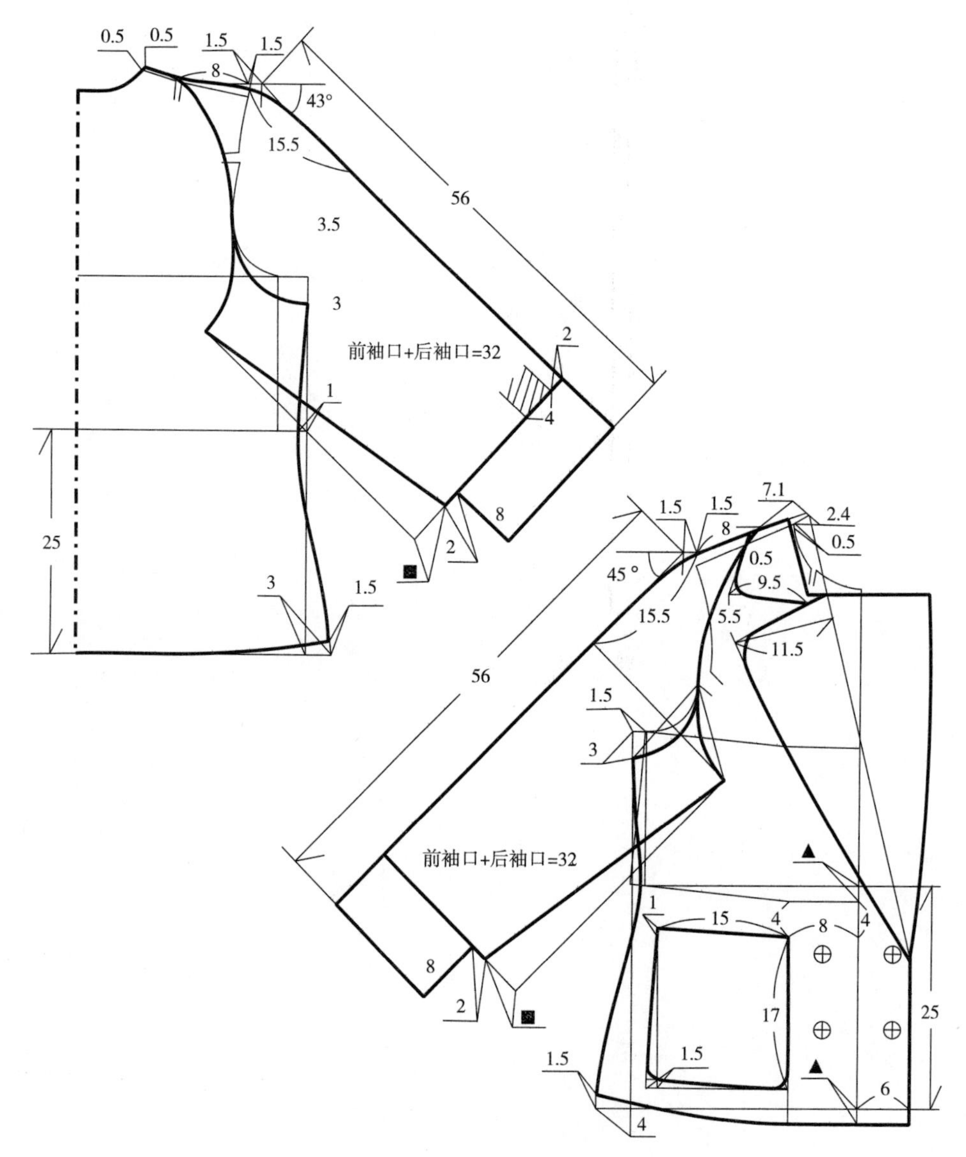

图 6-45 半插肩袖前、后袖片纸样设计

第三节　连袖纸样设计

一、连袖

连袖是袖子与衣身连成一体的衣袖种类。这种结构的产生，可以追溯到久远的古代。从古代的冕服到近代的旗袍，服装的发展虽经历了漫长的岁月，但连身袖的这种结构形式却一直沿用至今，这种袖子造型端庄、大方，为我国传统服装常用的袖型。

连身袖是完全平面的结构，不可能塑造出与人体相符的复杂立体曲面，当成衣袖子自然下垂时，前、后腋窝处会形成许多流畅的褶线，带有一定的装饰性与随意性，因而在许多宽松式女装造型中被广泛应用。这是一类结构简单，但合体效果极差的衣袖。

二、连袖分类

1. 按袖中线与水平线的夹角分类

（1）宽松型：袖中线与水平线夹角 α=0~20°，此类袖下垂后袖身有大量皱褶，形态呈宽松风格。

（2）较宽松型：袖中线与水平线夹角 α=21°～30°，此类袖下垂后袖身有较多皱褶，形态呈较宽松风格。

（3）较贴体型：袖中线与水平线夹角 α=31°～45°，此类袖下垂后袖身有少量皱褶，形态呈较贴体风格。

（4）贴体型：袖中线与水平线夹角 α=46°～65°，此类袖下垂后袖身没有皱褶，形态呈贴体风格。

2. 按前、后袖片的关系分类

（1）前后相连型：袖中线形状为直线形，前、后衣片袖中线合并，即无袖中缝。

（2）前后分离型：袖中线形状为直线形，前、后衣片袖中线拼合，有袖缝。

3. 按腋下造型分类

（1）整身型：当袖中线与水平线夹角小于或等于人体肩斜度时，袖中线与肩线成直线状，袖身的前、后片可相连，且衣身宽松，不需插角。

（2）拼角型：随着袖中线与水平线夹角的增大（大于人体肩斜度），肩线与袖中线的斜率不同，袖肥越小，袖身越窄，合体性及造型性增强，此时前、后袖身不相连。随着袖中线与水平线夹角的进一步增大，如成45°以上，此时运动功能性降低，衣身的腋下部位需加插角，以改善它的活动功能。

三、连袖变化部位

连袖变化部位主要体现在以下几个方面，即袖肥、袖口、腋围、肩线的斜度、袖长等。

图 6–46 所示为腋围不变，而人为改变袖肥与袖口的大小和形状。这种袖型在古代服装和戏剧服装中经常能够看到，在现代女装中也常常被运用，有自由、飘逸之感。

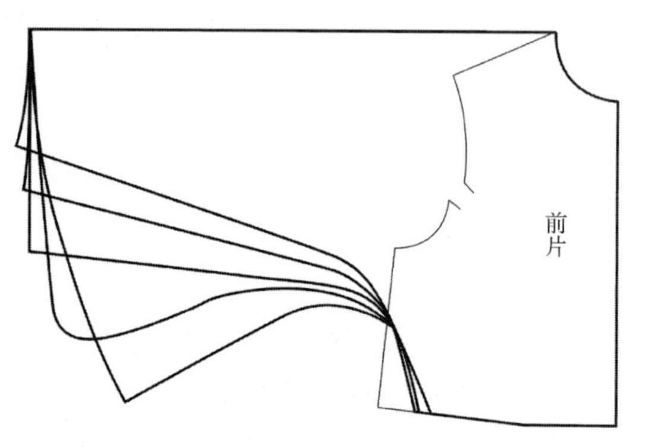

图 6–46　袖肥和袖口的大小对连袖的影响

图 6–47 所示为袖口大小不变，而人为增大腋围。这种方法能改变服装的廓型，增加女装的体积感与舒适感。通常所讲的“蝙蝠袖”就是由此变化而成的。

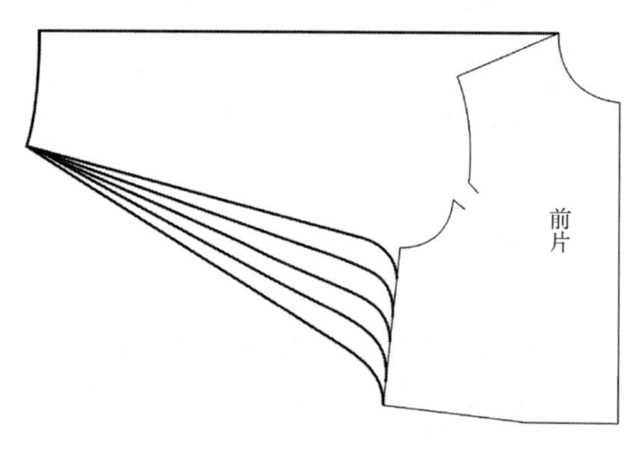

图 6–47　腋围对连袖的影响

图 6–48 所示为按不同要求来改变肩线的斜度，这种变化的目的，是为了使肩线与人体的肩斜度相适应。但是，肩线斜度过大，会减小臂部的活动范围，所以在一般情况下，肩线的斜度不能大于肩斜度，可以控制在 20° 以内。如果需要进一步增加肩线的斜度时，可增大肩端点与袖口之间的线段的斜度，并同时将肩线由直线变为弧线。

图 6–49 所示为袖子长度和袖口形状对连袖的影响。不同季节，不同穿着方式，对袖子的长度与形状也有不同的要求。设计中可根据具体情况，对袖子的长度及袖口的形状作适当变化，并在满足功能需求的同时，追求形式的多样化。

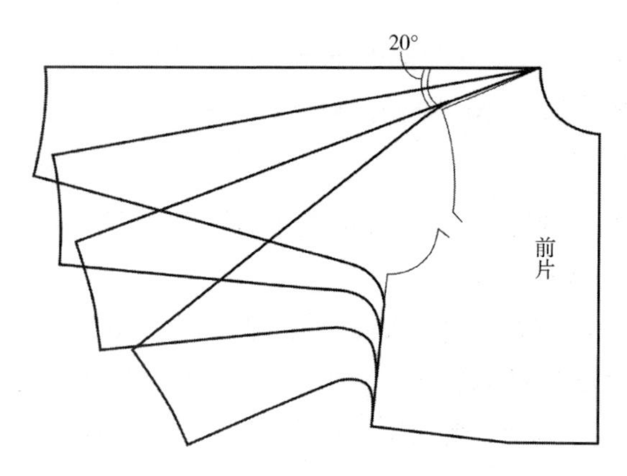

图 6–48　肩线斜度对连袖的影响

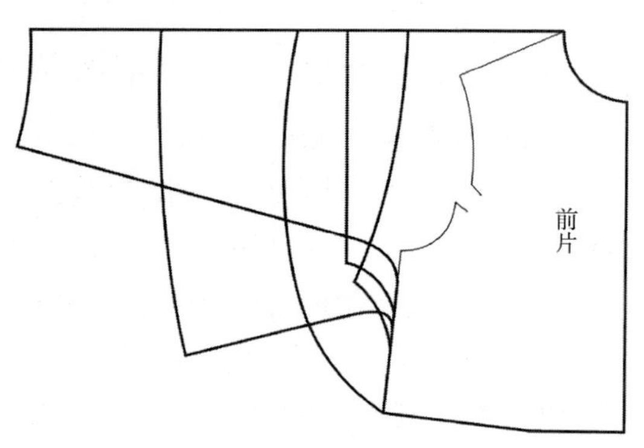

图 6–49　袖子长度和袖口形状对连袖的影响

四、基本连袖纸样设计

1. **基本连袖的原型省道处理**

前片胸省的 1/3 转移到腰省，出现前衣身浮余量▲（即前衣长比后衣长的下落量），前衣片胸省的一部分省量转移到前领口，在领口处的省量为 0.7cm（撇胸量），剩余的省量留在前袖窿处为松量。后片省道不变（图 6-50）。

2. **基本连袖前袖纸样设计**

基本连袖前袖纸样设计如图 6-51 所示。

（1）按照连袖袖中线与水平线之间的夹角为 16° 画袖中线，并确定袖长。

（2）作袖中线的垂线，确定前袖袖口宽 = 袖口宽 -0.5cm。

（3）根据服装的款式要求，圆顺连接袖底缝直线和侧缝，画出袖底线。

3. **基本连袖后袖纸样设计**

基本连袖后袖纸样设计如图 6-52 所示。

（1）按照连袖袖中线与水平线之间的夹角为 14° 画袖中线，并确定袖长。

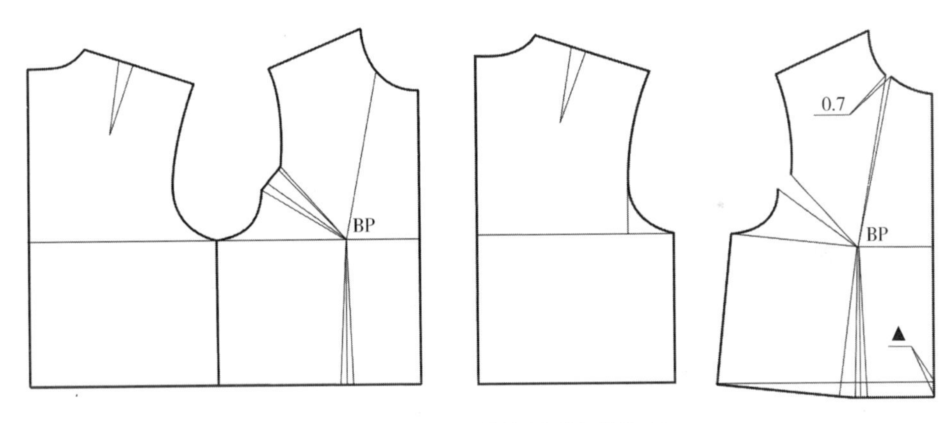

图 6-50　基本连袖的原型省道处理

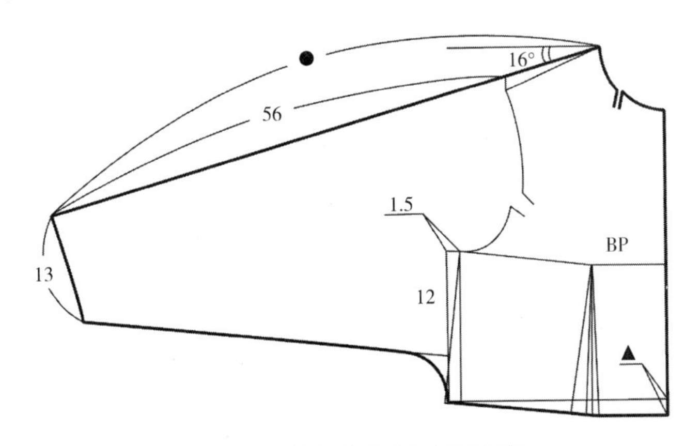

图 6-51　基本连袖前袖纸样设计

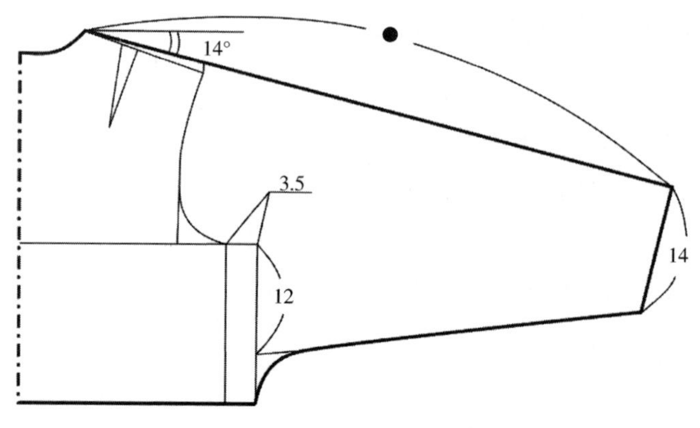

图 6–52　基本连袖后袖纸样设计

（2）作袖中线的垂线，确定后袖袖口宽 = 袖口宽 +0.5cm。

（3）根据服装的款式要求，圆顺连接袖底缝直线和侧缝，画出袖底线。

五、连袖纸样设计

1. 平连身袖

平连身袖的原型省道处理，前、后袖片纸样设计，如图 6–53、图 6–54 所示。

2. 插角连身袖

插角连身袖的原型省道处理，前、后袖片纸样设计，如图 6–55、图 6–56 所示。

3. 脱胸连身袖

脱胸连身袖的原型省道处理，前、后袖片纸样设计，如图 6–57、图 6–58 所示。

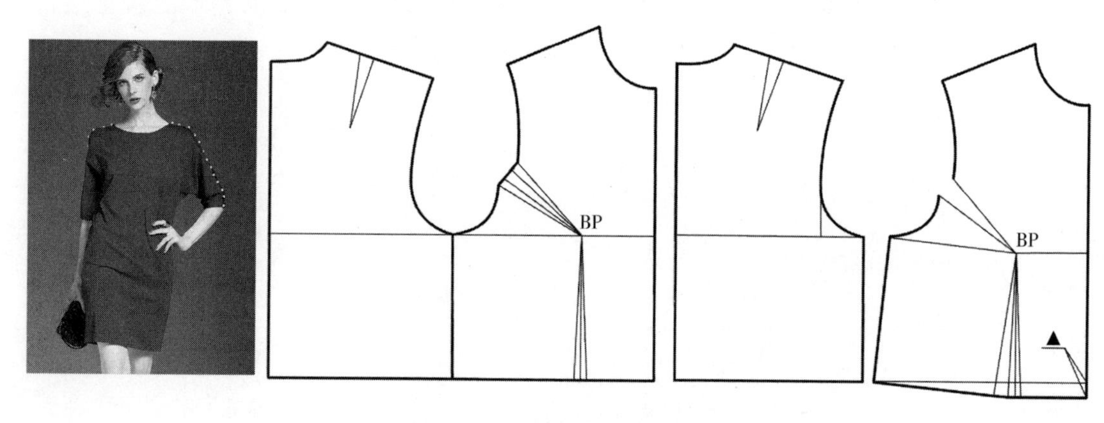

图 6–53　平连身袖的原型省道处理

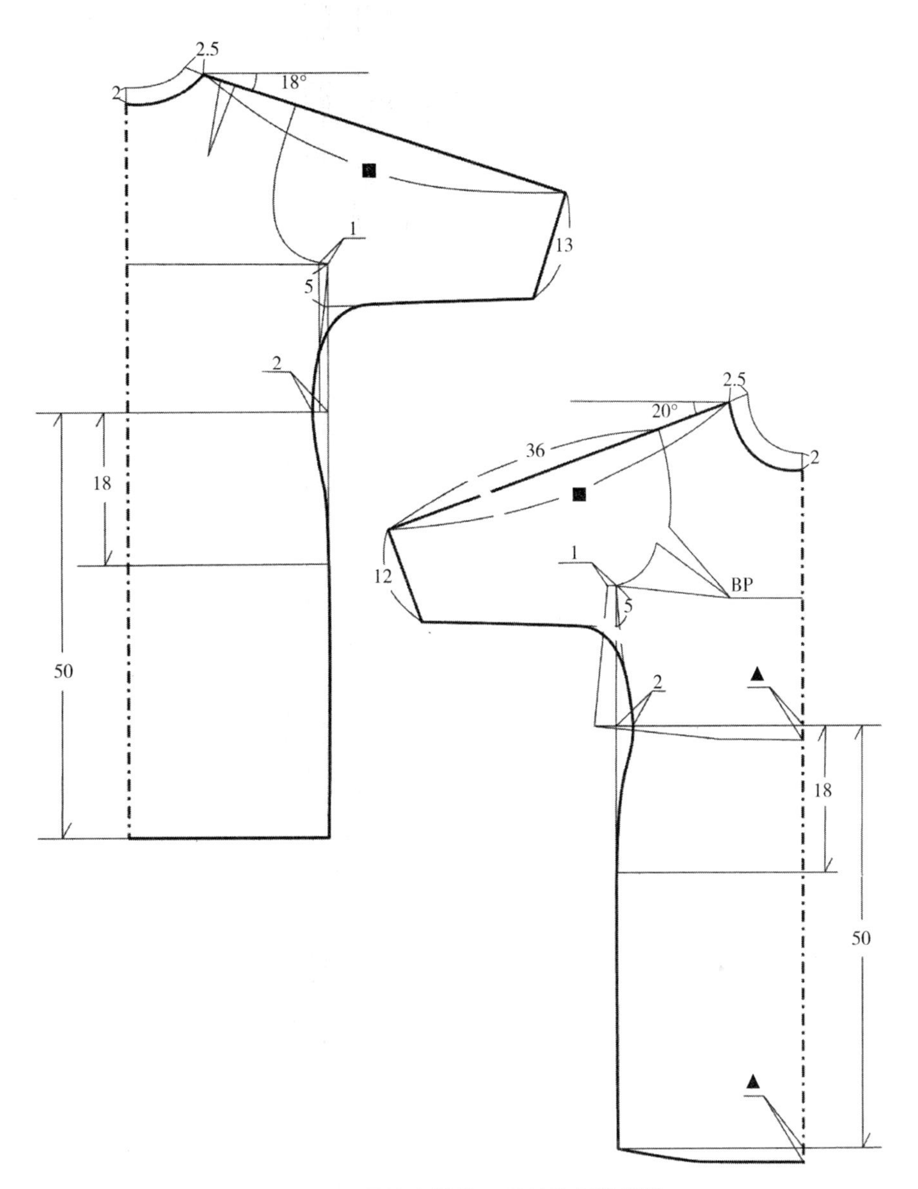

图 6–54　平连身袖前、后袖片纸样设计

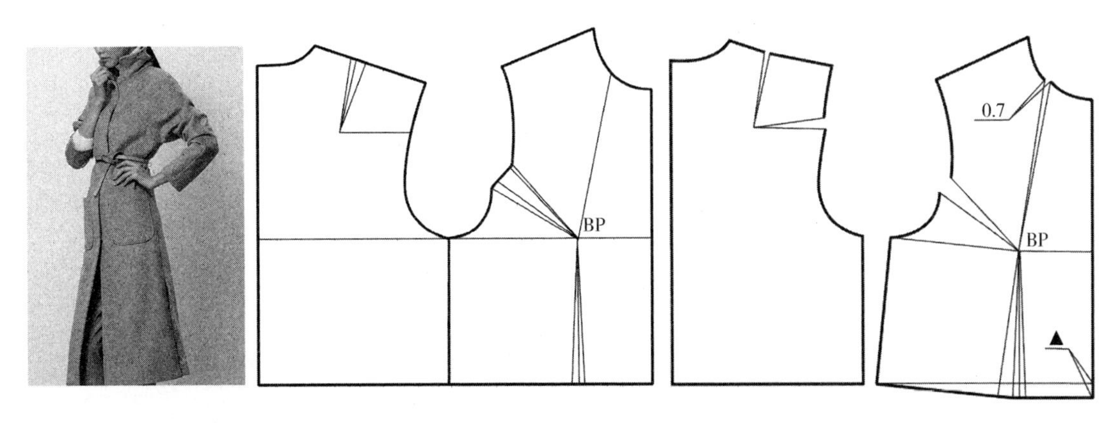

图 6–55　插角连身袖的原型省道处理

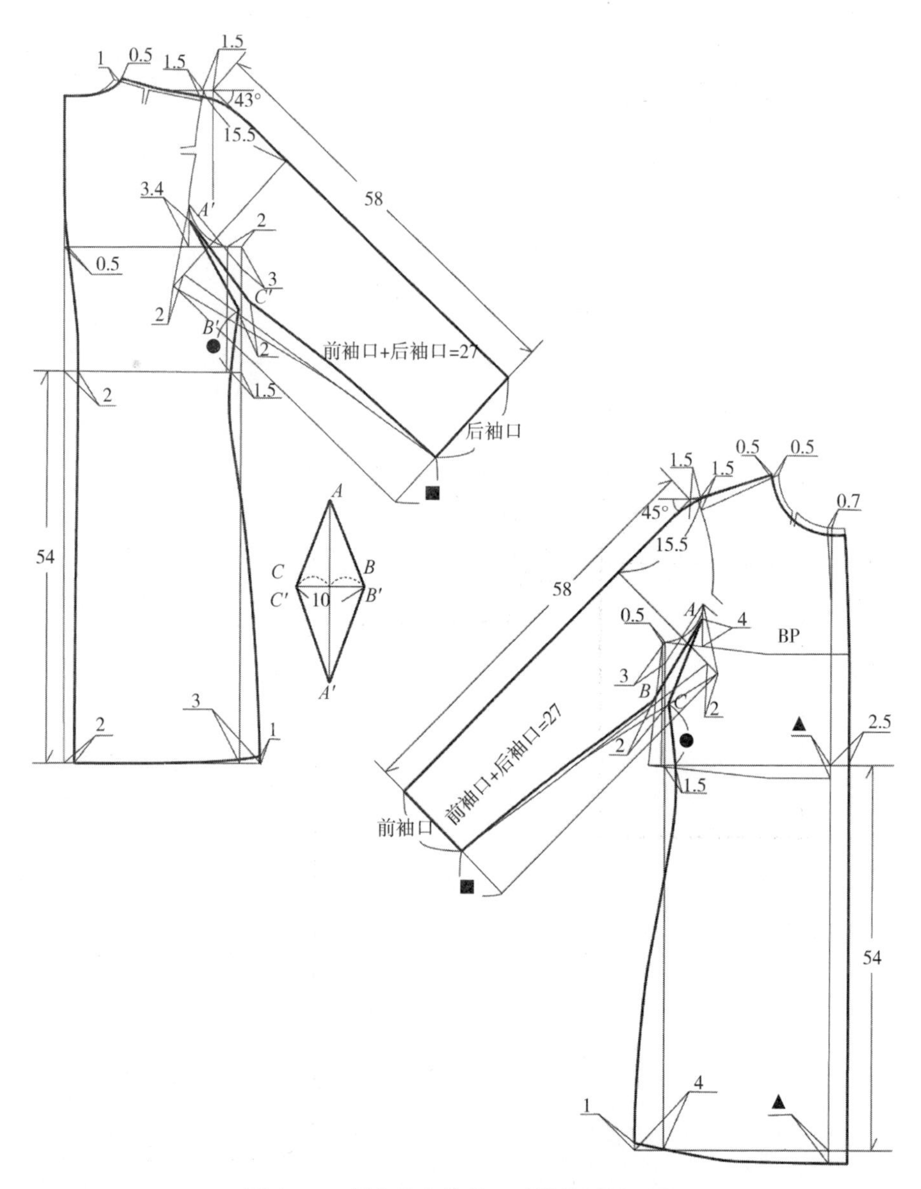

图 6–56　插角连身袖前、后袖片纸样设计

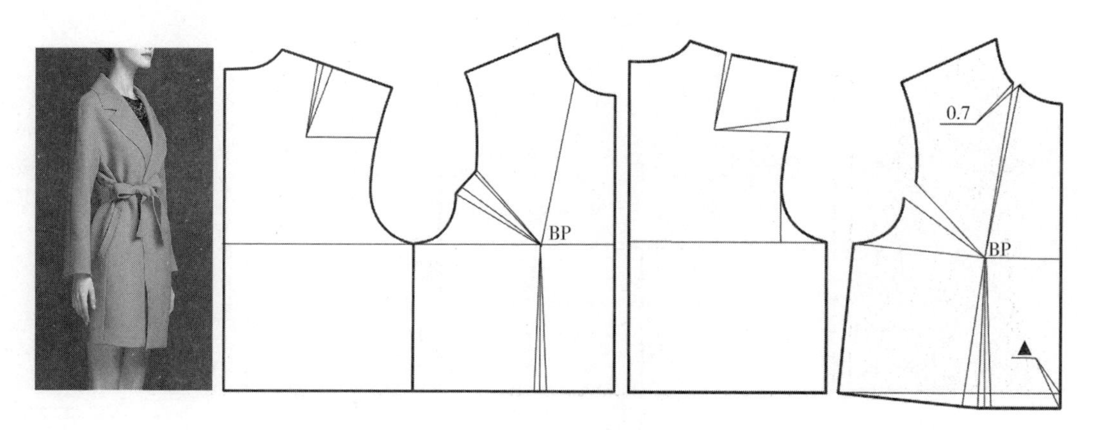

图 6–57　脱胸连身袖的原型省道处理

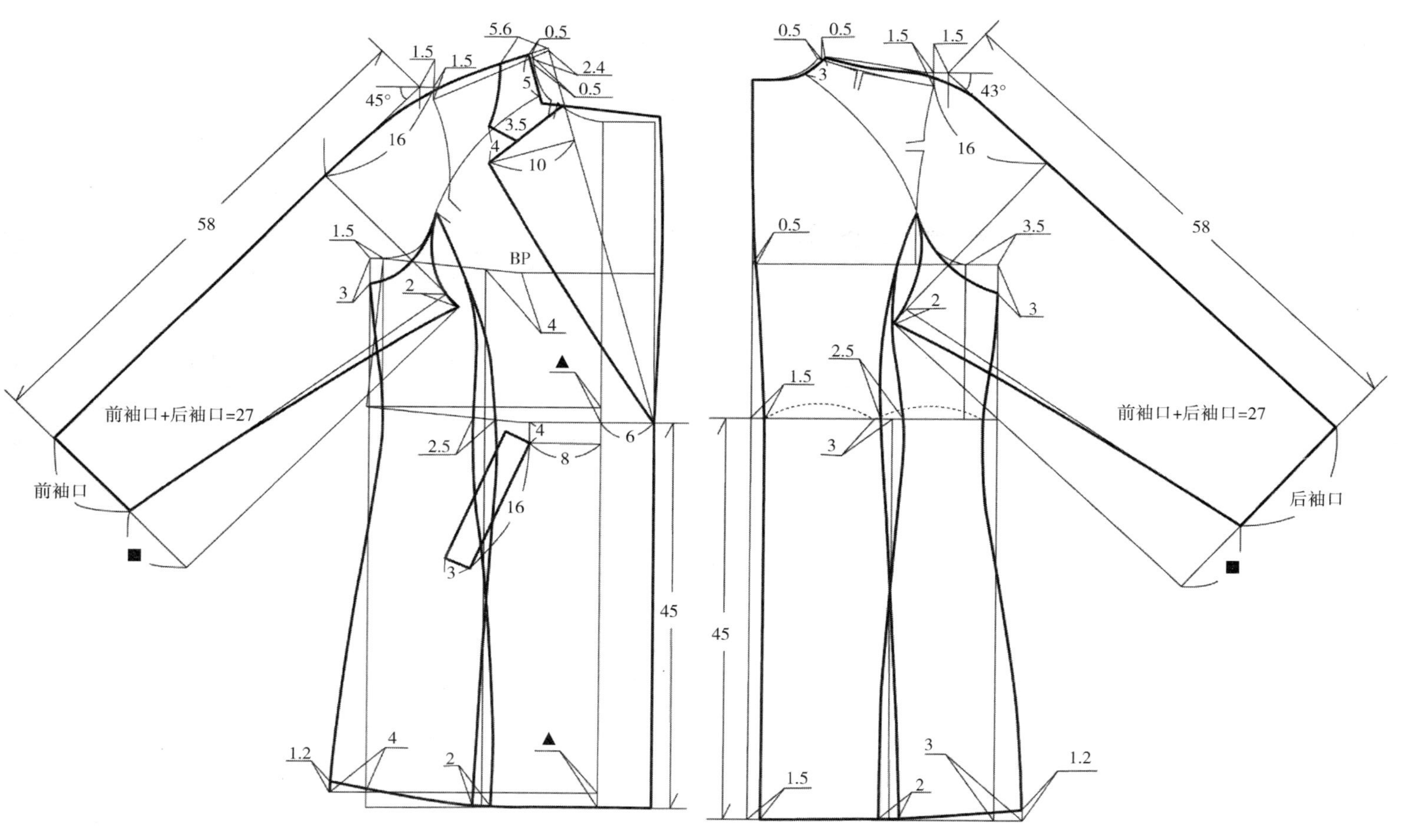

图 6-58　脱胸连身袖前、后袖片纸样设计

第七章　现代女装成衣纸样与制作

第一节　连衣裙纸样设计

一、圆形领短连袖连衣裙纸样设计

图 7–1　圆形领短连袖连衣裙

1. *款式分析*

此款连衣裙的领型为圆形领，袖型为连袖，前身收侧缝省和胸腰省，后身收腰省，裙子十分紧身合体，能够很好地体现女性的体态，可以选择弹性面料缝制（图 7–1）。

2. *规格设计*

规格设计公式：$B=B^*+(6\sim8)$；$W=W^*+(4\sim6)$；$H=H^*+(4\sim6)$；$L=0.25h+0.4h-12$；$S=3/10B+(10\sim13)$。其中 B^*、W^*、H^* 分别代表净体胸围、腰围、臀围尺寸，h 表示净身高。成品规格设计如表 7–1 所示。

表 7–1　圆形领短连袖连衣裙成品规格设计　（单位：cm）

号型	胸围（B）	臀围（H）	腰围（W）	裙长（L）	肩宽（S）
160/84A	84+6=90	90+4=94	68+4=72	92	38.5

3. *纸样设计要领*

（1）省道设计：将原型前衣片胸省的 1/3 保留作为前袖窿松量，剩余 2/3 的胸腰省量准备转移到侧缝形成侧缝省。后衣片肩省的 0.3cm 省量转移到后领口处，0.6cm 省量保留在后肩部作为缩缝量，0.9cm 转移到后袖窿处作为后袖窿松量。

（2）腰节设计：前、后腰节在原型的基础上向上提高 1~2cm，这种形式可显示人体曲线美。

（3）袖窿深点设计：由于该款连衣裙的胸围放松量（6cm）小于原型的放松量，所以需要在原型袖窿深的基础上，将原型的前袖窿深点横向缩短 2cm，纵向升高 1.5cm；后袖窿深点横向缩短 1cm，纵向升高 1.5cm（升高袖窿深量 =1/4 胸围减少量，胸围放松量超过 10cm，可按 3 ∶ 1 或 4 ∶ 1 开深袖窿）。

（4）领口设计：在原型领口的基础上，按照该款连衣裙的款式要求，将原型的前领口开深 4.5cm，开宽 3cm；后领口开深 1.5cm，开宽 3cm。

（5）肩端点设计：由于该款连衣裙不装垫肩，属于自然肩型，胸围放松量小于 10cm，前、后小肩宽可缩进 0.5cm。

（6）衣身设计：前身收侧缝省和胸腰省，后片收腰省。

（7）衣袖设计：在新肩端点上，确定袖长（5cm），圆顺画出前、后肩缝和前、后袖窿弧线。

4. 纸样设计

圆形领短连袖连衣裙基本纸样与纸样设计如图 7-2、图 7-3 所示。

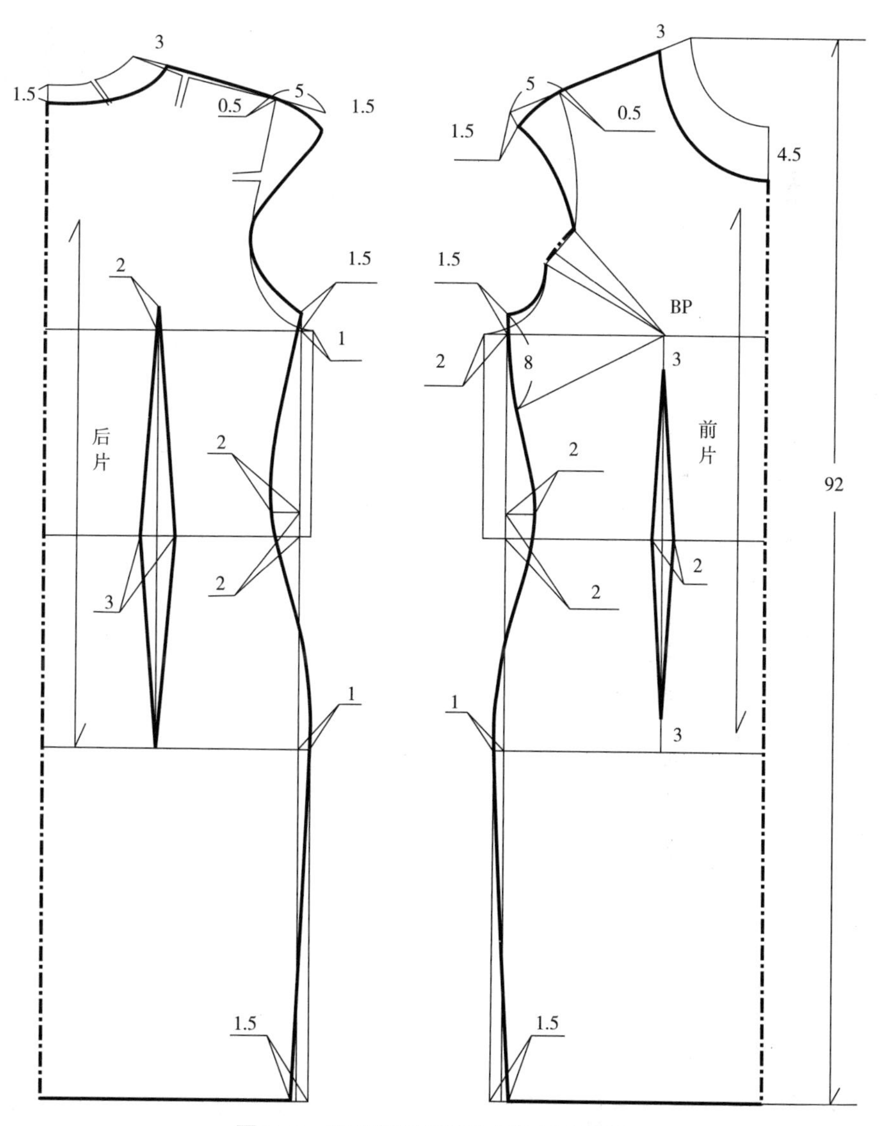

图 7-2　圆形领短连袖连衣裙基本纸样

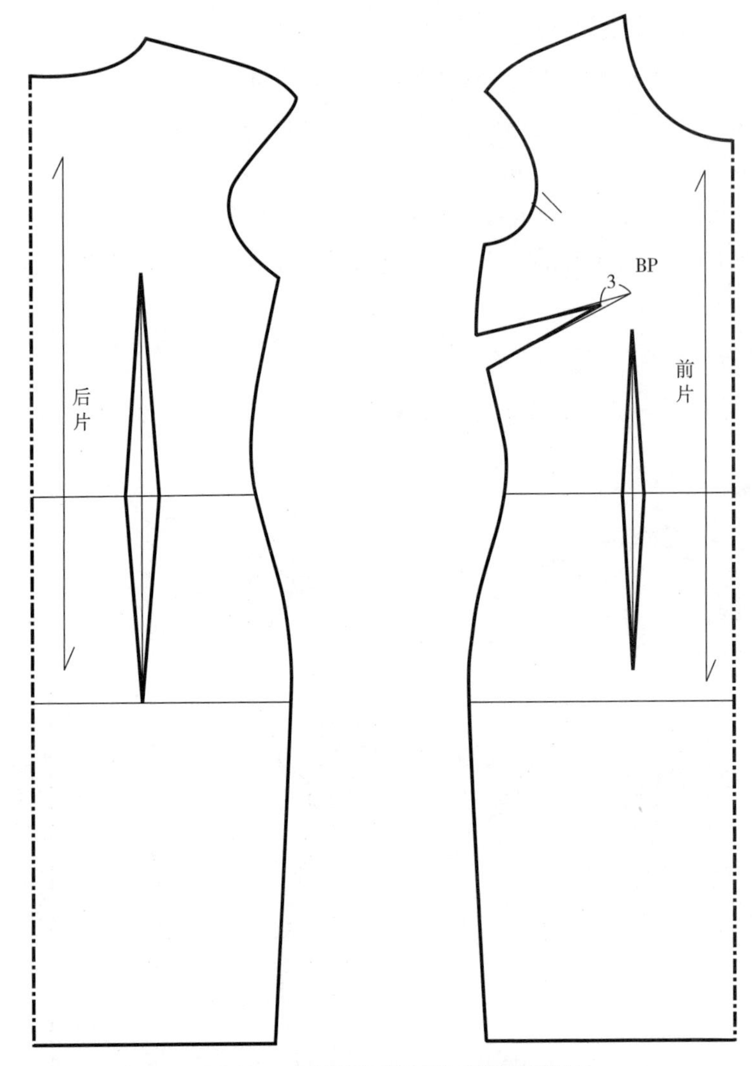

图 7–3　圆形领短连袖连衣裙纸样设计

二、U 形领无袖断腰节褶裥连衣裙纸样设计

图 7–4　U 形领无袖断腰节褶裥连衣裙

1. 款式分析

此款连衣裙的领型为 U 形领，假门襟，袖型为无袖，前、后衣身为刀背缝，断腰节，腰节处有顺向褶裥，裙子腰节以上合体，腰节以下宽松，下摆呈自然波浪状，可以选择丝绸、雪纺、人造棉等薄型面料缝制（图 7–4）。

2. 规格设计

规格设计公式：$B=B^{*}+(6\sim8)$；$W=W^{*}+(4\sim6)$；$H=H^{*}+(4\sim6)+30$（褶量）；$L=0.25h+0.4h-18$；$S=3/10B+(10\sim13)$。成品规格设计如表 7–2 所示。

表 7-2　U 形领无袖断腰节连衣裙成品规格设计　（单位：cm）

号型	胸围（B）	臀围（H）	腰围（W）	裙长（L）	肩宽（S）
160/84A	84+6=90	90+4+30=124	68+4=72	86	38.5

3. 纸样设计要点

（1）省道设计：将原型前衣片胸省的 1/3 保留作为前袖窿松量，剩余的 2/3 与腰省连接形成刀背缝。后衣片肩省的 0.3cm 省量转移到后领口处，0.6cm 省量保留在后肩部作为缩缝量，0.9cm 转移到后袖窿处作为后袖窿松量。

（2）腰节设计：前、后腰节在原型的基础上向上提高 1~2cm，这种形式可显示人体曲线美。

（3）袖窿深点设计：由于该款连衣裙的胸围放松量（6cm）小于原型的放松量，所以需要在原型袖窿深的基础上，将原型的前袖窿深点横向缩短 2cm，纵向升高 1.5cm；后袖窿深点横向缩短 1cm，纵向升高 1.5cm。

（4）领口设计：在原型领口的基础上，按照该款连衣裙的款式要求，将原型的前领口开深 6cm，开宽 4.5cm；后领口开深 3.5cm，开宽 4.5cm。

（5）肩端点设计：由于该款连衣裙不装垫肩，属于自然肩型，胸围放松量小于 10cm，前、后小肩宽可缩进 1cm。

（6）衣身设计：前、后片在腰节处断开，前上衣片将袖窿省、胸腰省连接形成前身刀背缝，后身从后袖窿处与后腰省连接形成后身刀背缝，前、后裙片在腰节分割缝处分别放出 8cm 和 7cm。

（7）袖窿（袖口）设计：通过新肩端点圆顺画出前、后袖窿弧线。

4. 纸样设计

U 形领无袖断腰节褶裥连衣裙基本纸样与纸样设计如图 7-5、图 7-6 所示。

三、圆形领无袖断腰节蓬松褶裥连衣裙纸样设计

1. 款式分析

此款连衣裙的领型为圆形领，袖型为无袖，前中断缝并在前中收省道，后身收腰省、断腰节；前裙片前中有一个阴褶裥，两侧各有两个省、褶，前裙片两侧各有一个斜插袋，后裙片收腰省，胸部合体，臀部宽松呈蓬松状，适合采用毛呢、华达呢等质地较厚的面料缝制（图 7-7）。

2. 规格设计

规格设计公式：$B=B^*+$（6~8）；$W=W^*+$（4~6）；$H=H^*+$（4~6）+30（褶量）；$L=0.25h+0.4h-18$；$S=3/10B+$（10~13）。成品规格设计如表 7-3 所示。

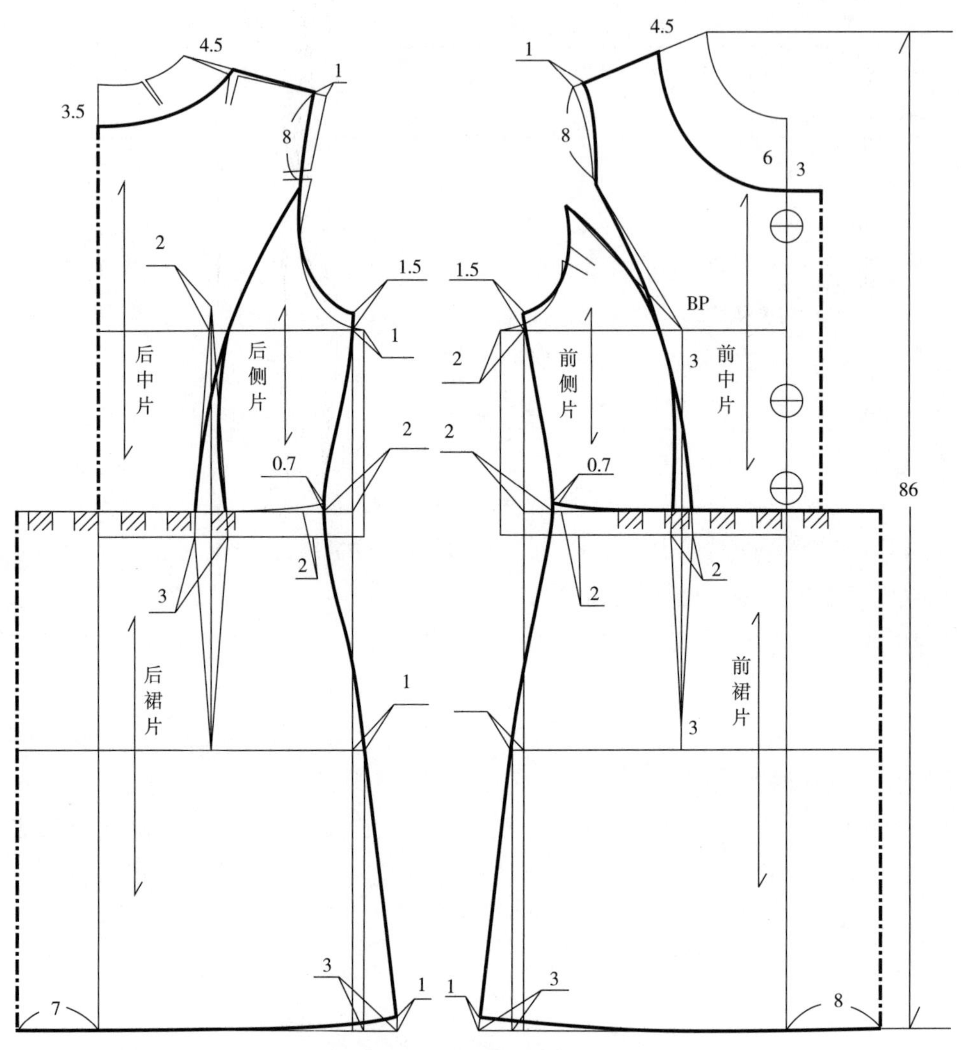

图 7-5　U 形领无袖断腰节褶裥连衣裙基本纸样

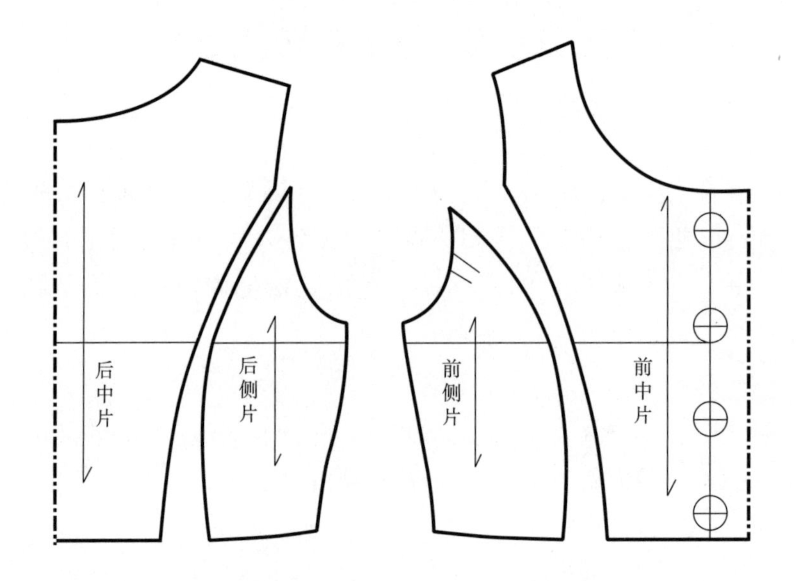

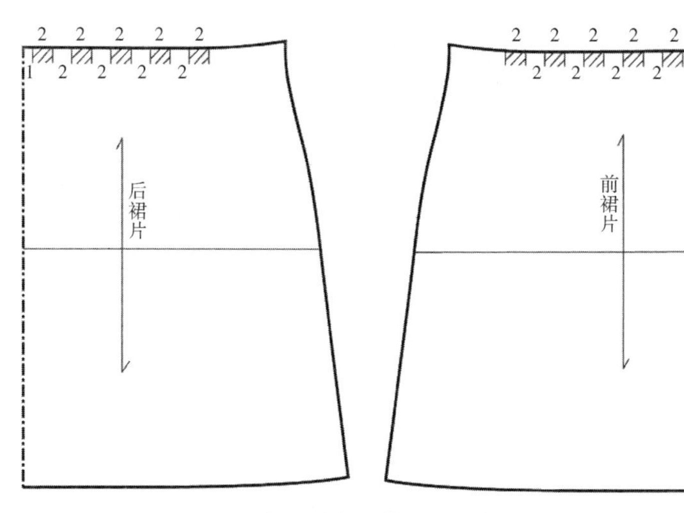

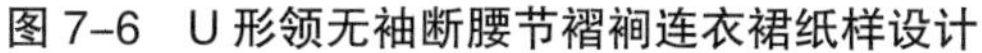
图 7–6　U 形领无袖断腰节褶裥连衣裙纸样设计

图 7–7　圆形领无袖断腰节蓬松褶裥连衣裙

表 7–3　圆形领无袖断腰节蓬松褶裥连衣裙成品规格设计　（单位：cm）

号型	胸围（*B*）	臀围（*H*）	腰围（*W*）	裙长（*L*）	肩宽（*S*）
160/84A	84+6=90	90+6=96	68+4=72	86	36.5

3. 纸样设计要点

（1）省道设计：将原型前衣片胸省的 1/3 保留作为前袖窿松量，剩余 2/3 的胸腰省准备转移到前中形成前中省。后衣片肩省的 0.3cm 省量转移到后领口处，0.6cm 省量保留在后肩部作为缩缝量，0.9cm 转移到后袖窿处作为后袖窿松量。

（2）腰节设计：前、后腰节在原型的基础上向上提高 1~2cm，这种形式可显示人体曲线美。

（3）袖窿深点设计：由于该款连衣裙的胸围放松量（6cm）小于原型的放松量，所以需要在原型袖窿深的基础上，将原型的前袖窿深点横向缩短 2cm，纵向升高 1.5cm；后袖窿深点横向缩短 1cm，纵向升高 1.5cm。

（4）领口设计：在原型领口的基础上，按照该款连衣裙的款式要求，将原型的前领口开深 4cm，开宽 4cm；后领口开深 2.5cm，开宽 4cm。

（5）肩端点设计：由于该款连衣裙不装垫肩，属于自然肩型，胸围放松量小于 10cm，前、后小肩宽可缩进 1.5cm。

（6）衣身设计：前、后片在腰节处断开，前上衣片将腰省、2/3 胸腰省转移到前中线处，后上衣片收腰省。前裙片在前中设计一个 12cm 褶裥量的阴褶裥，两侧各设计两个省、褶，在靠近前侧缝臀围处设计长 15cm、宽 2.5cm 的斜插袋，并靠近臀围线处的侧省。

（7）袖窿（袖口）设计：通过新肩端点圆顺画出前、后袖窿弧线。

4. 纸样设计

圆形领无袖断腰节蓬松褶裥连衣裙基本纸样、前裙片纸样设计及连衣裙纸样设计如图 7–8~ 图 7–10 所示。

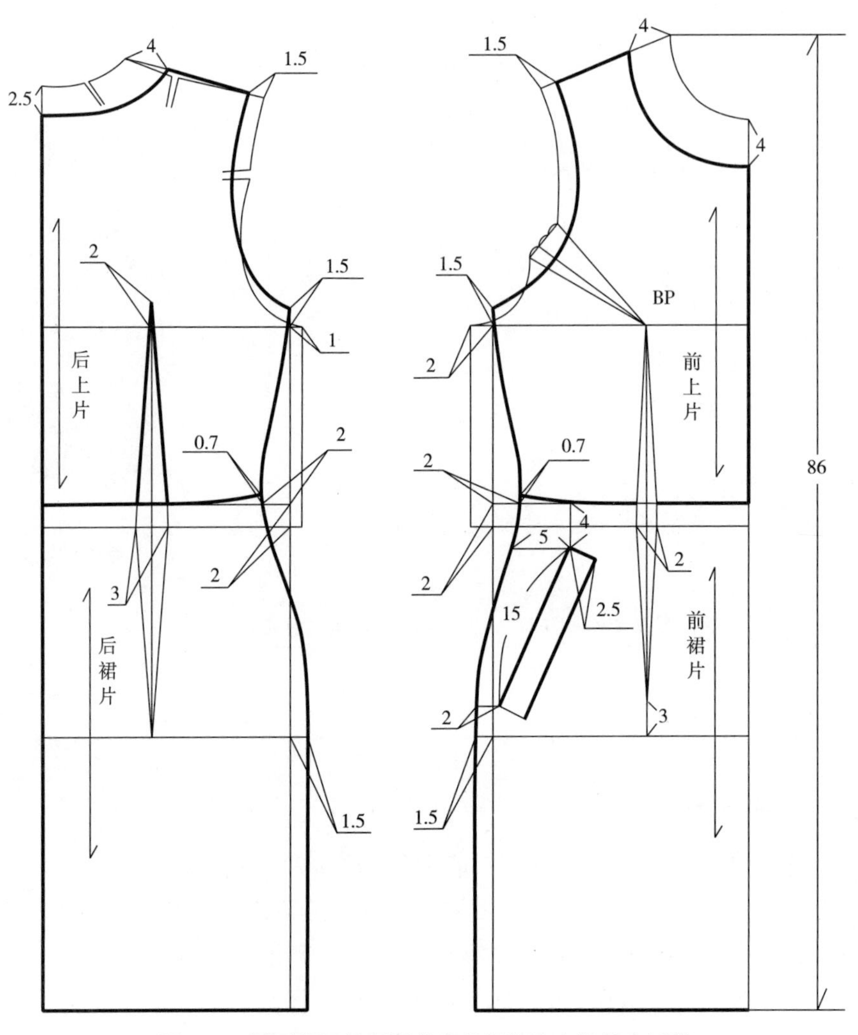

图 7-8　圆形领无袖断腰节蓬松褶裥连衣裙基本纸样

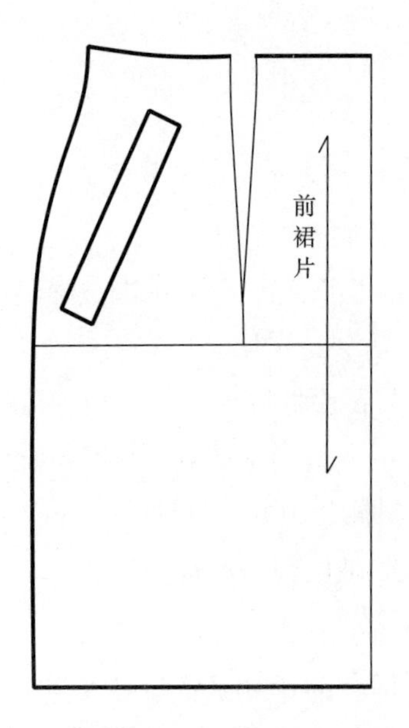

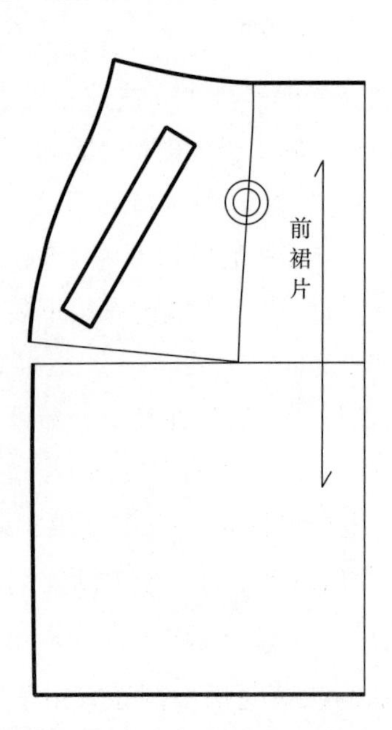

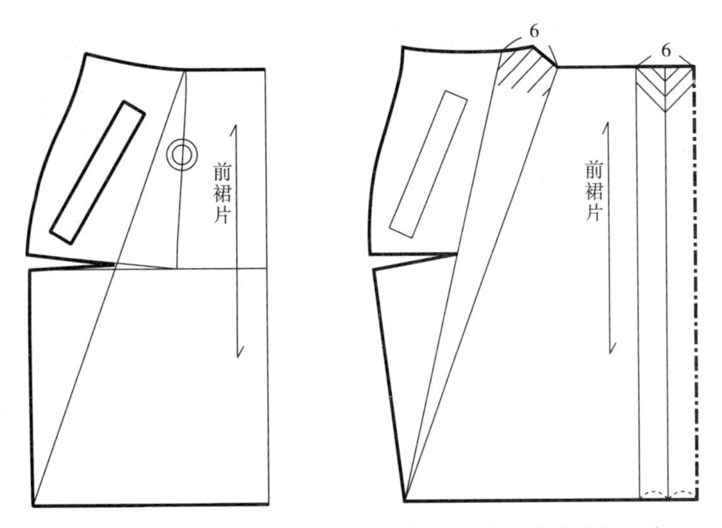

图 7-9　圆形领无袖断腰节蓬松褶裥连衣裙前裙片纸样设计

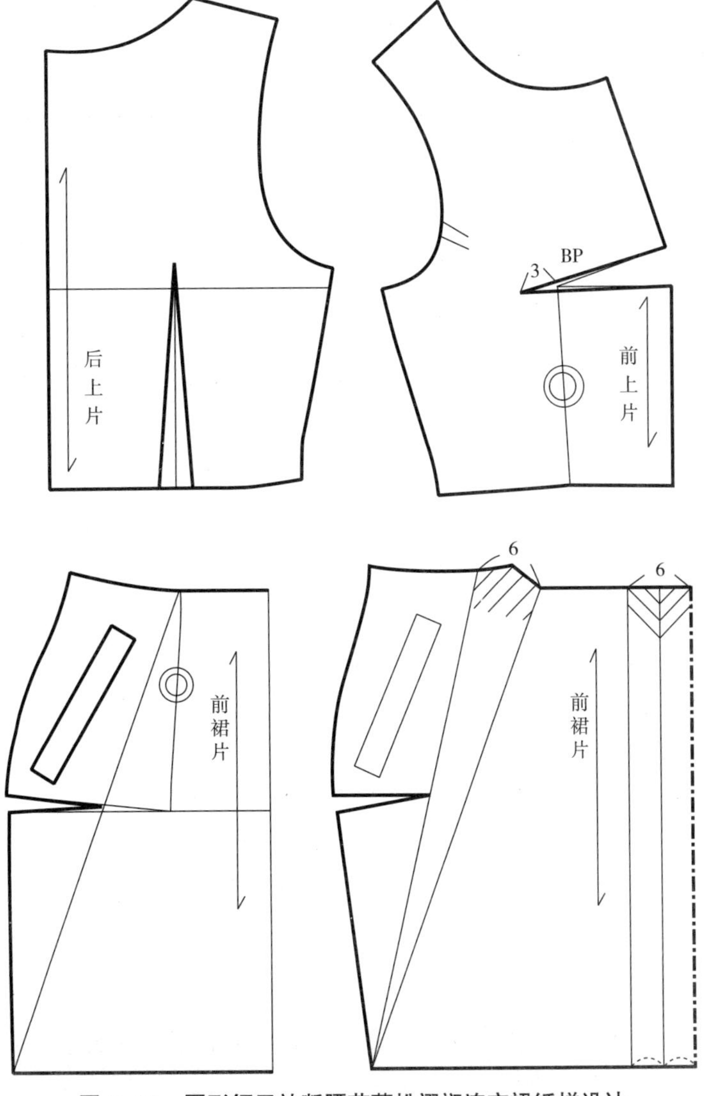

图 7-10　圆形领无袖断腰节蓬松褶裥连衣裙纸样设计

四、异形领中长袖刀背缝紧身连衣裙纸样设计

图 7-11　异形领中长袖刀背缝紧身连衣裙

1. 款式分析

此款连衣裙的领型为异形领，袖型为一片式中长袖，前、后身有刀背缝，后中绱拉链，后中下摆开衩，裙身贴体，能够很好地展现女性体型，非常适合现代职业女性穿着（图 7-11）。

2. 规格设计

规格设计公式：$B=B^*+(6\sim8)$；$W=W^*+(4\sim6)$；$H=H^*+(4\sim6)$；$L=0.25h+0.4h-4$；$S=3/10B+(10\sim13)$；SL=0.3h+（5~6）+ 款式因素（款式因素取值为 −10）；CW=0.3B+（−1~−3）。成品规格设计如表 7-4 所示。

表 7-4　异形领中长袖刀背缝紧身连衣裙成品规格设计　（单位：cm）

号型	胸围（B）	臀围（H）	腰围（W）	裙长（L）	肩宽（S）	袖长（SL）	袖口（CW）
160/84A	84+6=90	90+4=94	68+4=72	100	37.5	44	24

3. 纸样设计要点

（1）省道设计：将原型前衣片胸省的 1/3 保留作为前袖窿松量，剩余 2/3 的胸腰省准备转移到袖窿处与腰省连接形成刀背缝。后衣片肩省的 0.3cm 省量转移到后领口处，0.6cm 省量保留在后肩部作为缩缝量，0.9cm 转移到后袖窿处作为后袖窿松量。

（2）腰节设计：前、后腰节在原型的基础上向上提高 1~2cm，这种形式可显示人体曲线美。

（3）袖窿深点设计：由于该款连衣裙的胸围放松量（6cm）小于原型的放松量，且有衣袖，所以需要在原型袖窿深的基础上，将前袖窿深点横向缩短 2cm，纵向升高 0.5cm；后袖窿深点横向缩短 1cm，纵向升高 0.5cm。

（4）领口设计：在原型领口的基础上，按照该款连衣裙的款式要求，将原型的前领口向上抬高 1cm，开宽 6cm；后领口开深 1.5cm，开宽 6cm。

（5）肩端点设计：由于该款连衣裙不装垫肩，属于自然肩型，胸围放松量小于 10cm，前、后小肩宽可缩进 1cm。

（6）衣身设计：前裙片将袖窿省和胸腰省圆顺连接而形成前身刀背缝，后裙片从后袖窿处与腰省连接而形成后身刀背缝，后中下摆开衩。

（7）衣袖设计：在前、后袖窿的基础上绘制出袖子，袖底缝弧线要参照袖窿弧线的底部绘制。

4. 纸样设计

异形领中长袖刀背缝紧身连衣裙衣身基本纸样、衣袖基本纸样和纸样设计以及衣身纸样设计如图 7-12~ 图 7-14 所示。

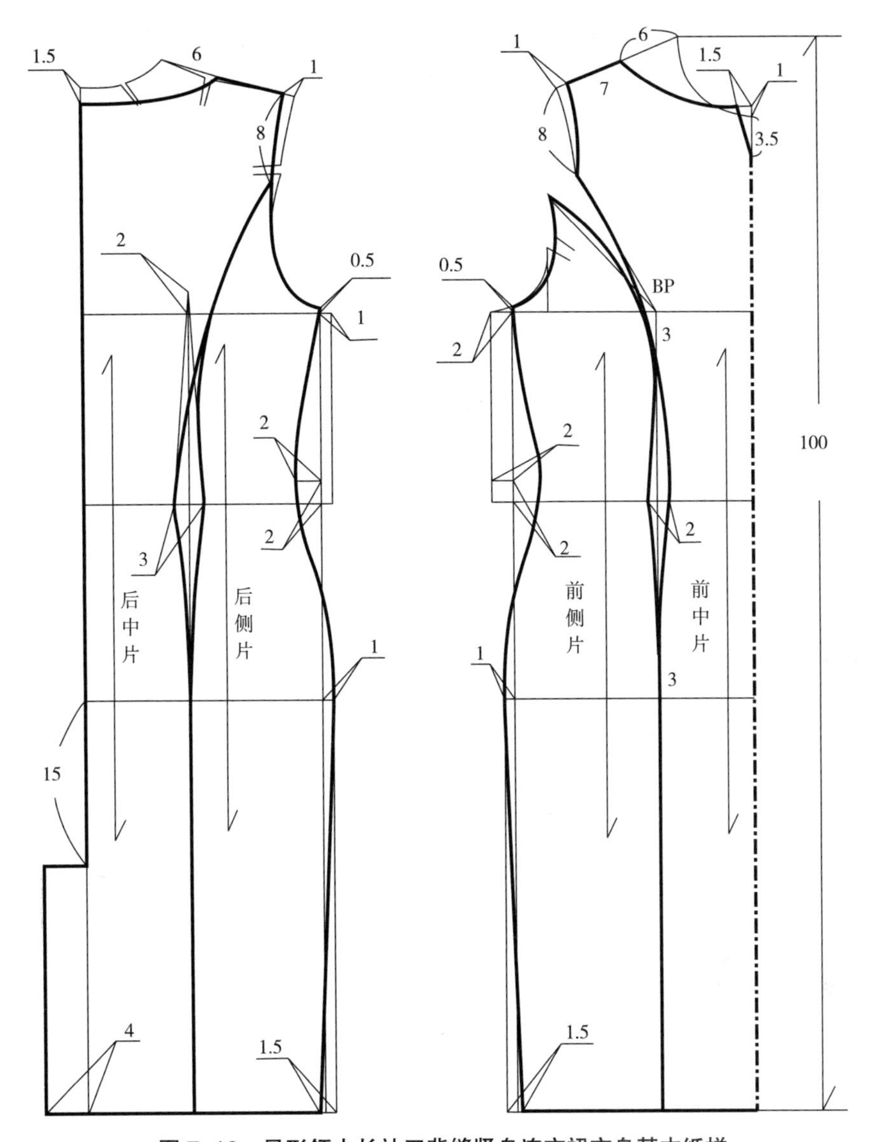

图 7-12　异形领中长袖刀背缝紧身连衣裙衣身基本纸样

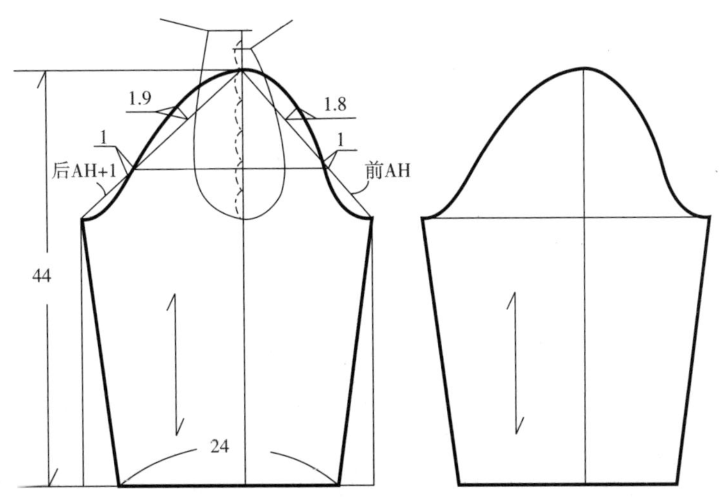

图 7-13　异形领中长袖刀背缝紧身连衣裙衣袖基本纸样和纸样设计

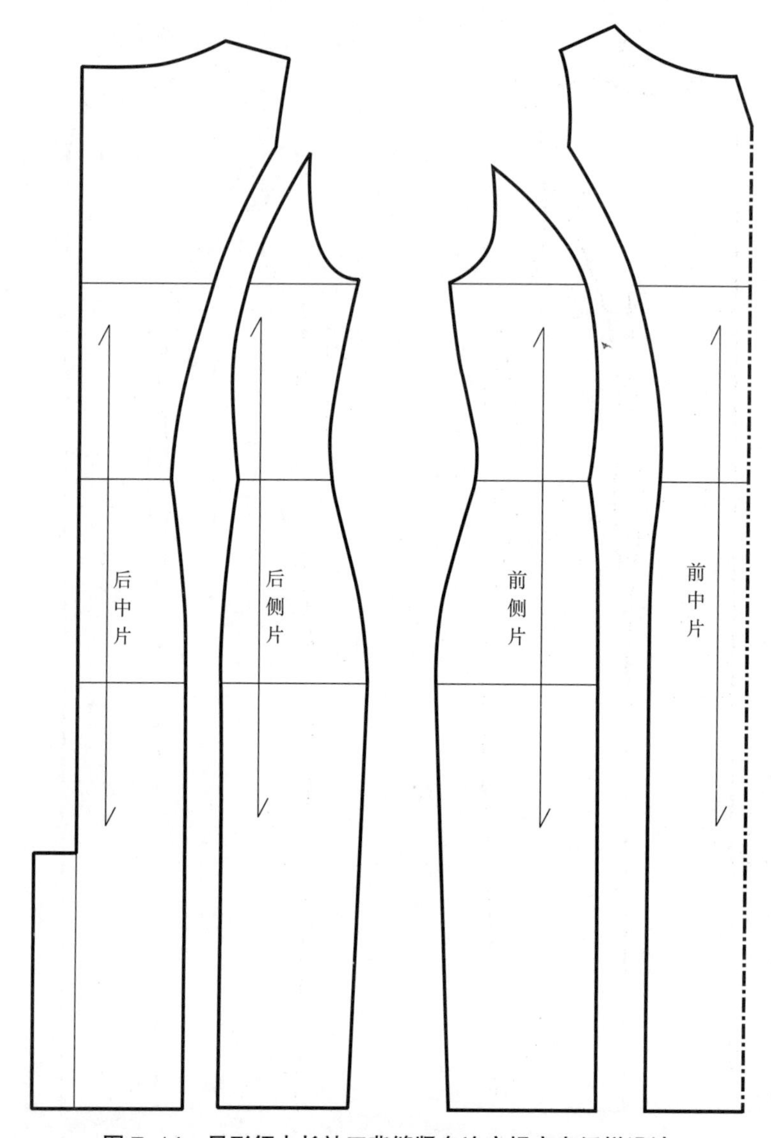

图 7-14　异形领中长袖刀背缝紧身连衣裙衣身纸样设计

五、圆形领无袖公主缝花边紧身连衣裙纸样设计

图 7-15　圆形领无袖公主缝花边紧身连衣裙

1. **款式分析**

此款连衣裙的领型为圆形领，袖型为无袖，前、后身有公主缝，公主缝上有三层装饰性花边，后中绱拉链，裙身贴体，能够很好地展现女性体型，非常适合现代职业女性穿着（图 7-15）。

2. **规格设计**

规格设计公式：$B=B^*+(6\sim8)$；$W=W^*+(4\sim6)$；$H=H^*+(4\sim6)$；$L=0.25h+0.4h-10$；$S=3/10B+(10\sim13)$。成品规格设计如表 7-5 所示。

表 7-5 圆形领无袖公主缝花边紧身连衣裙成品规格设计 （单位：cm）

号型	胸围（B）	臀围（H）	腰围（W）	裙长（L）	肩宽（S）
160/84A	84+6=90	90+4=94	68+4=72	94	37.5

3. 纸样设计要点

（1）省道设计：将原型前衣片胸省的 1/3 保留作为前袖窿松量，剩余 2/3 的胸腰省准备转移到肩部形成肩省，后衣片肩省转移到公主线分割缝处。

（2）腰节设计：前、后腰节在原型的基础上向上提高 1~2cm，这种形式可显示人体曲线美。

（3）袖窿深点设计：由于该款连衣裙的胸围放松量（6cm）小于原型的放松量，所以需要在原型袖窿深的基础上，将原型的前袖窿深点横向缩短 2cm，纵向升高 1.5cm；后袖窿深点横向缩短 1cm，纵向升高 1.5cm。

（4）领口设计：在原型领口的基础上，按照该款连衣裙的款式要求，将原型的前领口向下开深 5cm，开宽 2cm；后领口开深 1.5cm，开宽 2cm。

（5）肩端点设计：由于该款连衣裙不装垫肩，属于自然肩型，胸围放松量小于 10cm，前、后小肩宽可缩进 1cm。

（6）衣身设计：前裙片将肩省和胸腰省圆顺连接而形成前身公主缝，后裙片将肩省转移至公主线分割线处并与腰省连接而形成后身公主缝，公主缝上有三层装饰性花边。

（7）袖窿（袖口）设计：将前、后新肩点与前、后新袖窿深点圆顺连接，画好前、后袖窿弧线。

4. 纸样设计

圆形领无袖公主缝花边紧身连衣裙基本纸样、三层花边基本纸样和纸样设计以及衣身纸样设计如图 7-16 ~ 图 7-18 所示。

六、圆形领无袖断腰节节式缩褶连衣裙纸样设计

1. 款式分析

此款连衣裙的领型为圆形领，袖型为无袖，衣身分为四节，每节的上、下片之间采取缩缝形式，整体宽松，穿着凉爽舒适，适合采用棉、麻等面料制成（图 7-19）。

2. 规格设计

规格设计公式：$B=B^{*}+(6\sim8)$；$W=W^{*}+(4\sim6)$；$L=0.25h+0.4h-2$；$S=3/10B+(10\sim13)$。成品规格设计如表 7-6 所示。

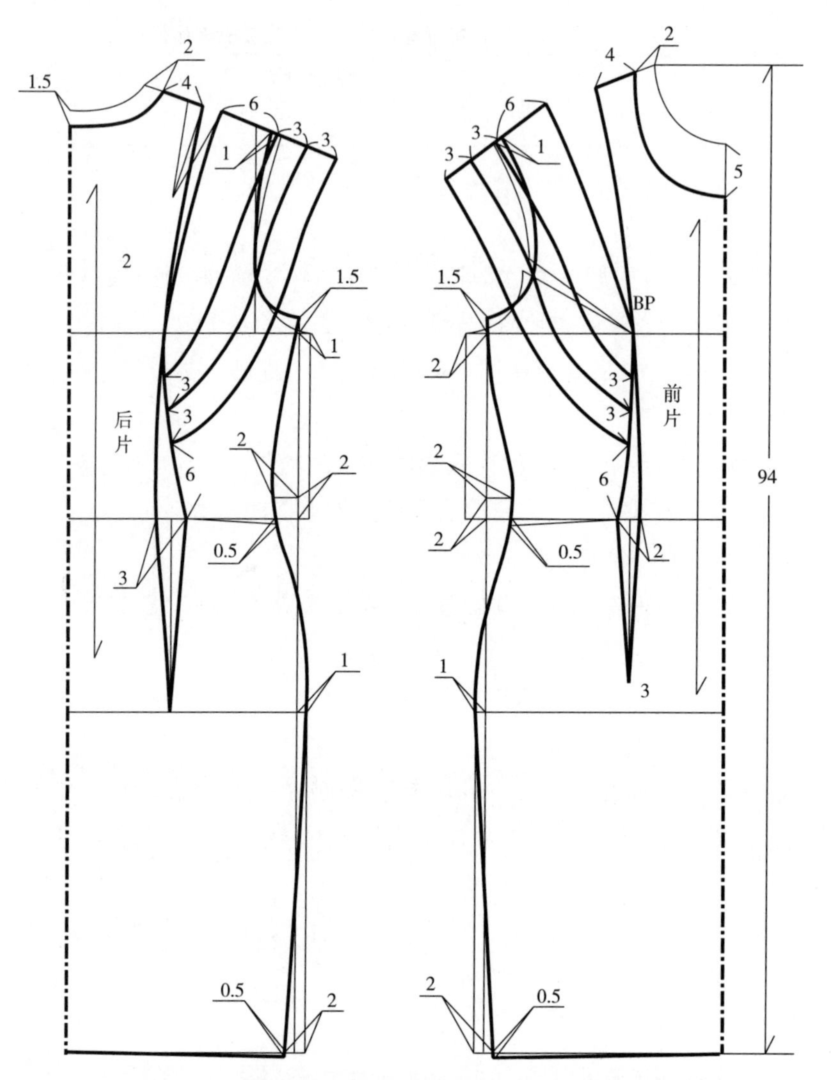

图 7-16　圆形领无袖公主缝花边紧身连衣裙基本纸样

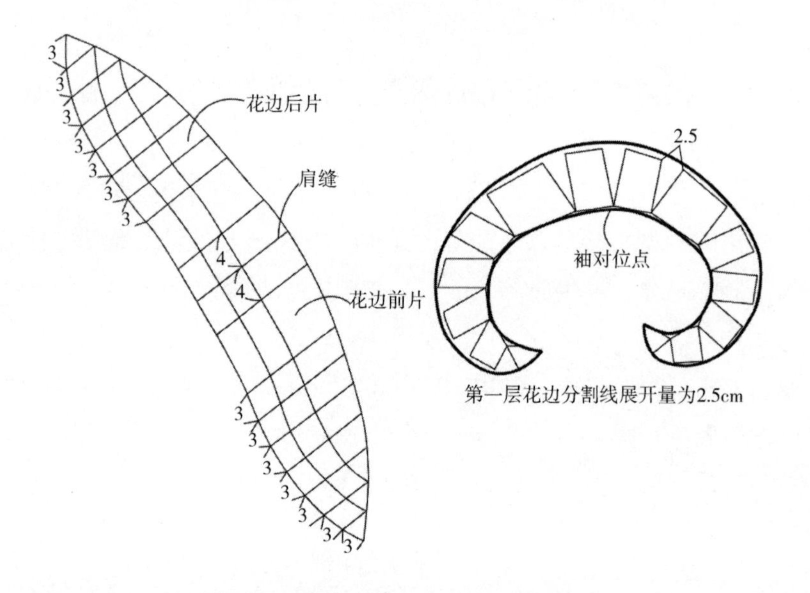

第一层花边分割线展开量为2.5cm

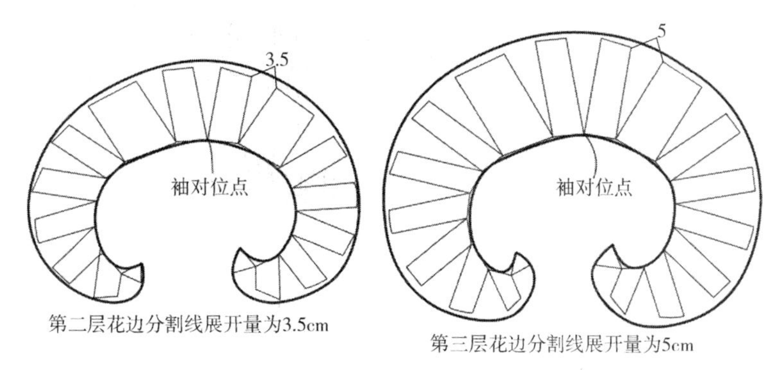

图 7-17　三层花边基本纸样和纸样设计

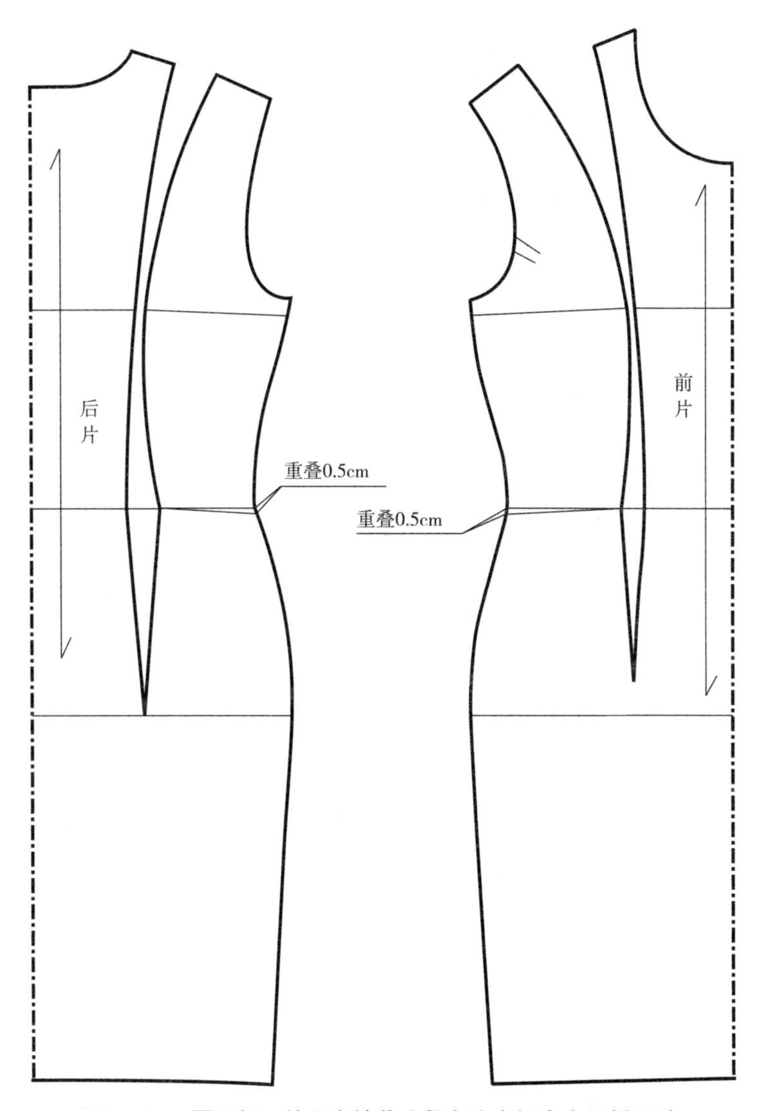

图 7-18　圆形领无袖公主缝花边紧身连衣裙衣身纸样设计

图 7-19　圆形领无袖断腰节节式缩褶连衣裙

表 7-6　圆形领无袖断腰节节式缩褶连衣裙成品规格设计　（单位：cm）

号型	胸围（B）	裙长（L）	肩宽（S）
160/84A	84+6=90	102	37.5

3. 纸样设计要点

（1）省道设计：将原型前衣片胸省的 1/3 保留作为前袖窿松量，其余 2/3 转移到腰节线处缩缝；后衣片肩省的 0.3cm 省量转移到后领口处，0.6cm 省量保留在后肩部作为缩缝量，0.9cm 转移到后袖窿处作为后袖窿松量。

（2）腰节设计：前、后腰节在原型的基础上向上提高 1~2cm，这种形式可显示人体曲线美。

（3）袖窿深点设计：由于该款连衣裙的胸围放松量（6cm）小于原型的放松量，所以需要在原型袖窿深的基础上，将原型的前袖窿深点横向缩短 2cm，纵向升高 1.5cm；后袖窿深点横向缩短 1cm，纵向升高 1.5cm。

（4）领口设计：在原型领口的基础上，按照该款连衣裙的款式要求，将原型的前领口向下开深 1cm，开宽 6cm；后领口开深 3cm，开宽 5cm。

（5）肩端点设计：由于该款连衣裙不装垫肩，属于自然肩型，胸围放松量小于 10cm，前、后小肩宽可缩进 1cm。

（6）衣身设计：前、后裙片按照款式图分别在腰节、中臀围线、大腿中部进行横向分割，并放出缩褶量。

4. 纸样设计

圆形领无袖断腰节节式缩褶连衣裙前、后身基本纸样和前、后身纸样设计，如图 7-20~ 图 7-23 所示。

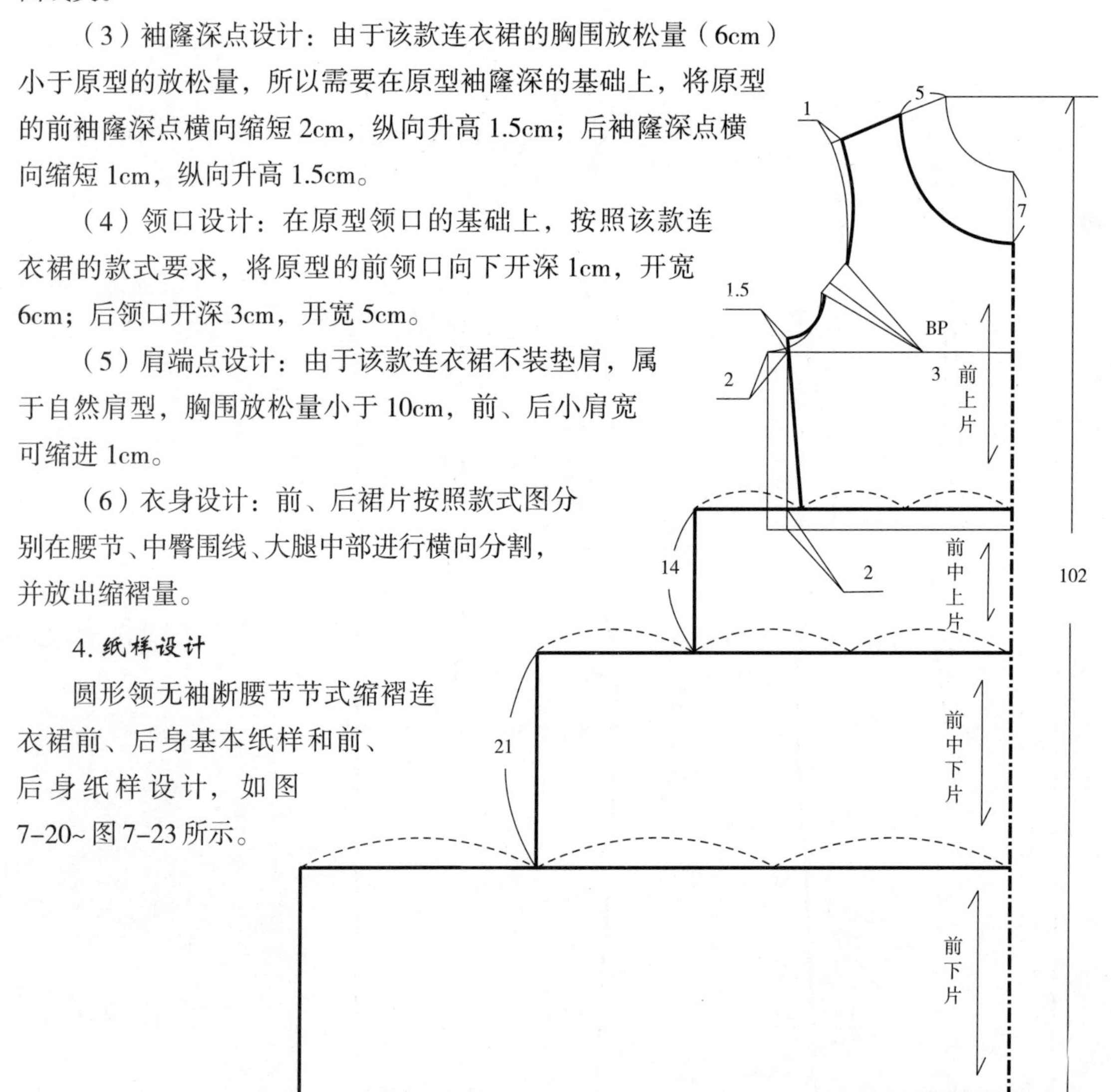

图 7-20　圆形领无袖断腰节节式缩褶连衣裙前身基本纸样

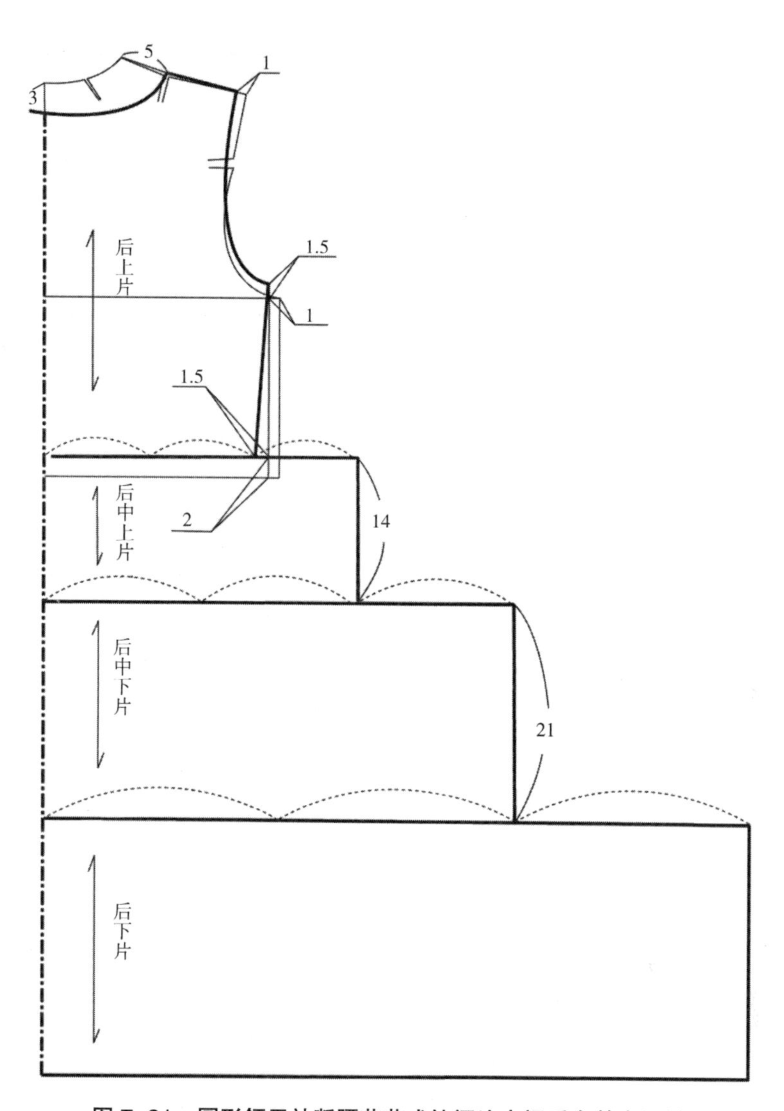

图 7-21　圆形领无袖断腰节节式缩褶连衣裙后身基本纸样

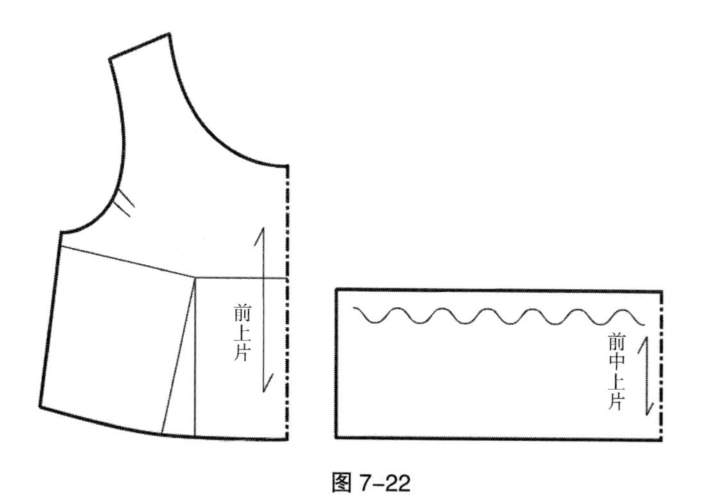

图 7-22

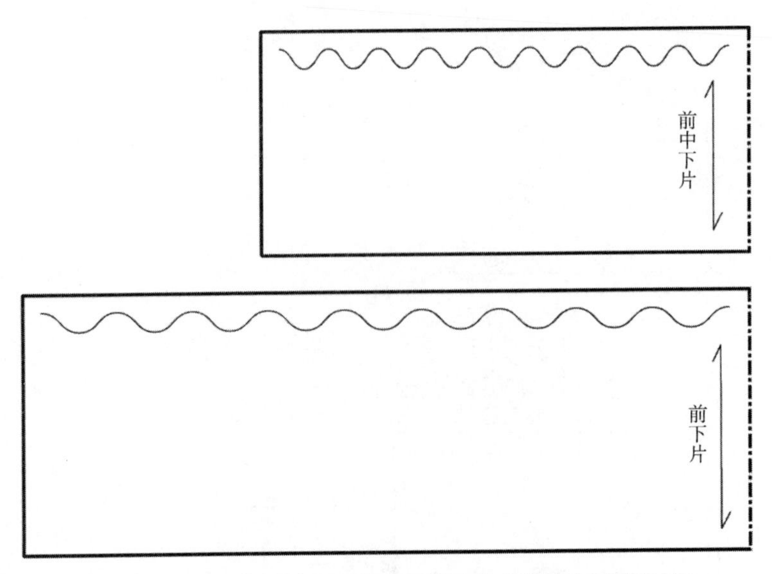

图 7-22　圆形领无袖断腰节节式缩褶连衣裙前身纸样设计

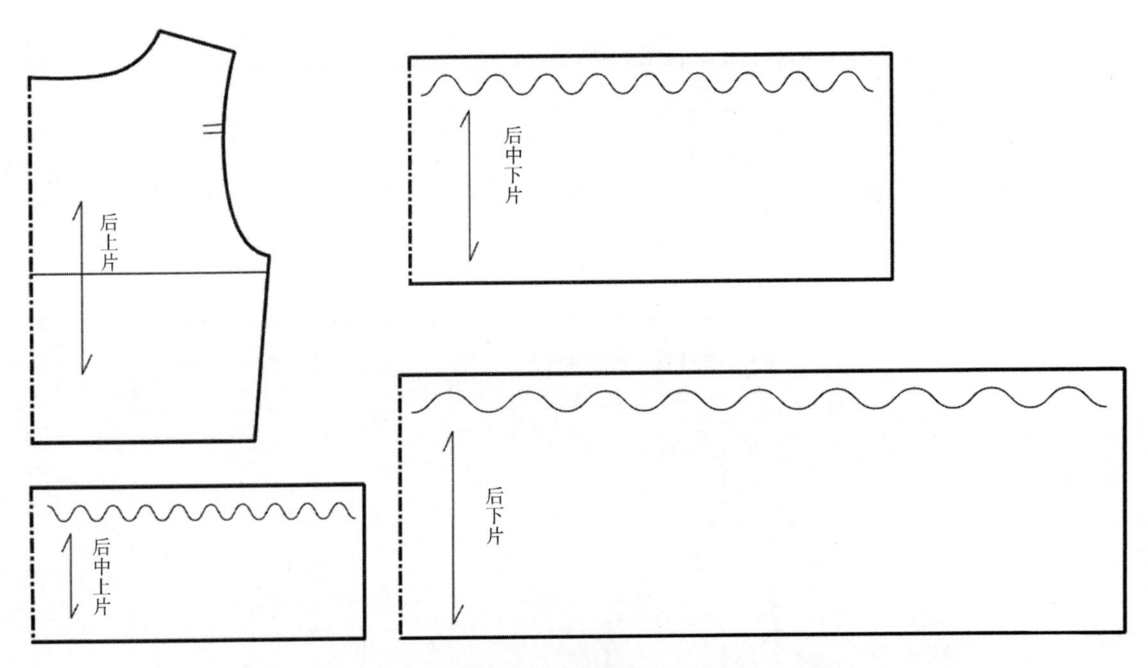

图 7-23　圆形领无袖断腰节节式缩褶连衣裙后身纸样设计

第二节　女式衬衫纸样设计与应用

一、收省翻立领长袖女式衬衫纸样设计

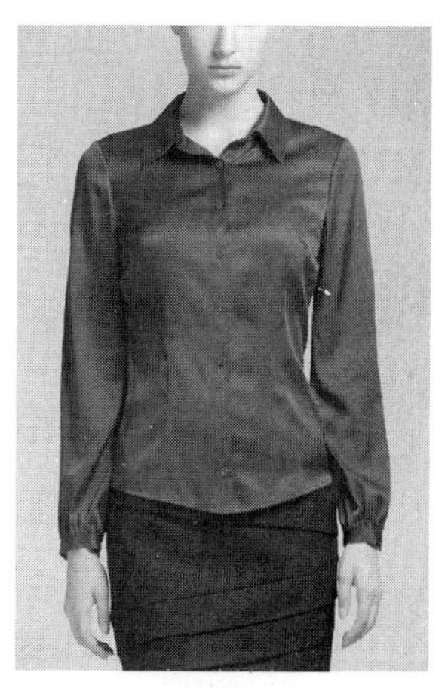

图 7-24　收省翻立领长袖女式衬衫

1. **款式分析**

此款衬衫的领型为翻立领，袖型为一片式长袖，袖口抽褶，装袖克夫，有袖开衩，袖克夫上钉 2 粒纽扣，明门襟，前中 8 粒纽扣，前身收腰省和侧缝省，后身收腰省，整体较合体。适合采用轻薄的府绸、丝绸面料制作（图 7-24）。

2. **规格设计**

规格设计公式：$B=B^*+(8\sim12)$；$W=W^*+(6\sim8)$；$H=H^*+(6\sim8)$；$L=0.4h-2$；$S=3/10B+$（10~13），SL=0.3h+（5~6）+ 款式因素（款式因素取值为 5），CW=0.2B+1~3。成品规格设计如表 7-7 所示。

表 7-7　收省翻立领长袖女式衬衫成品规格设计　（单位：cm）

号型	胸围（B）	臀围（H）	腰围（W）	衣长（L）	肩宽（S）	袖长（SL）	袖口（CW）
160/84A	84+10=94	90+8=98	68+6=74	62	39.5	59	22

3. **纸样设计要点**

（1）省道设计：将原型前衣片胸省的 1/3 保留作为前袖窿松量，后衣片肩省的 0.3cm 省量转移到后领口处，0.6cm 省量保留在后肩部作为缩缝量，0.9cm 转移到后袖窿处作为后袖窿松量。

（2）腰节设计：前、后腰节在原型的基础上向上提高 1~2cm，这种形式可显示人体曲线美。

（3）袖窿深点设计：由于该款衬衫的胸围放松量为 10cm，需要在原型袖窿深的基础上，将原型的前袖窿深点横向缩短 0.5cm，纵向不变；后袖窿深点横向缩短 0.5cm，纵向不变。

（4）领口设计：在原型领口的基础上，按照该款衬衫的款式要求，将原型的前领口开深 0.5cm，开宽 0.3cm；后领口深不变，开宽 0.3cm。

（5）肩端点设计：由于该款衬衫不装垫肩，属于自然肩型，胸围放松量等于 10cm，肩端点可保持不变。

（6）衣身设计：前、后侧缝处分别向前、后中线方向缩短 2.5cm，并与前、后侧缝线圆顺连接。门襟宽为 2.5cm，里襟宽为 2cm。

（7）衣袖设计：在前、后袖窿的基础上绘制出衣袖，袖山高为前、后袖窿深平均值的 2/3，袖山底弧线要参照袖窿弧线的底部绘制。

4. 纸样设计

收省翻立领长袖女式衬衫衣身基本纸样、衣袖基本纸样、衣领基本纸样及整体纸样设计，如图 7–25~ 图 7–28 所示。

二、圆形领断腰节刀背缝泡泡短袖女式衬衫纸样设计

1. 款式分析

此款衬衫的领型为圆形领，袖型为一片式泡泡短袖，断腰节，前、后身有刀背缝，下摆呈自然波浪状（图 7–29）。

2. 规格设计

规格设计公式：$B=B^{*}+(8\sim12)$；$W=W^{*}+(6\sim8)$；$H=H^{*}+(6\sim8)$；$L=0.4h-8$；$S=3/10B+(10\sim13)$，$SL=0.15h-4$，$CW=0.2B-(3\sim4)$。成品规格设计如表 7–8 所示。

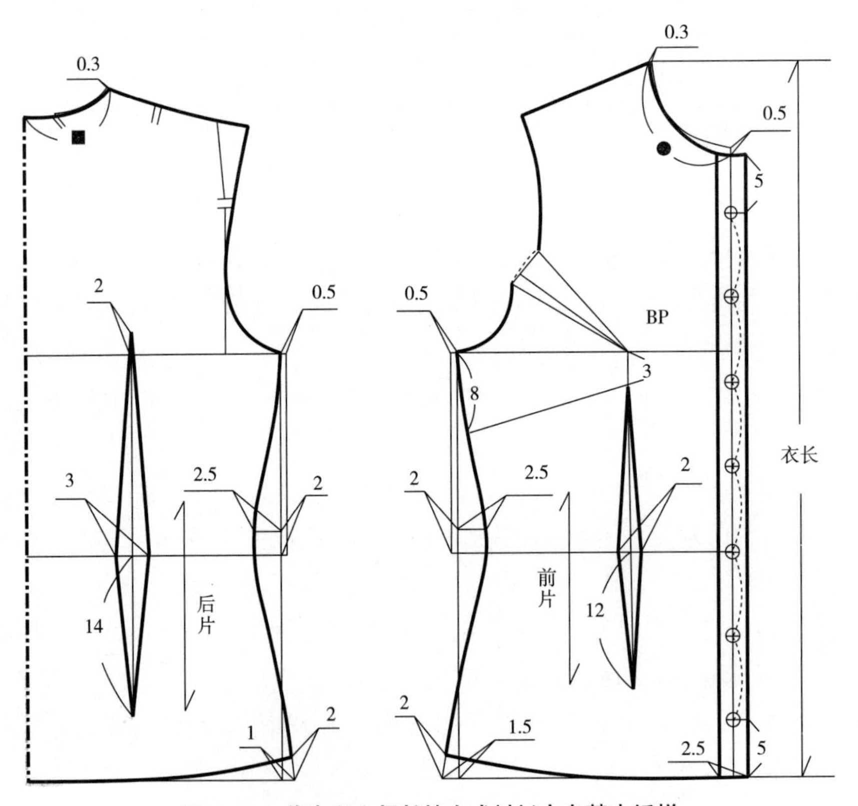

图 7–25　收省翻立领长袖女式衬衫衣身基本纸样

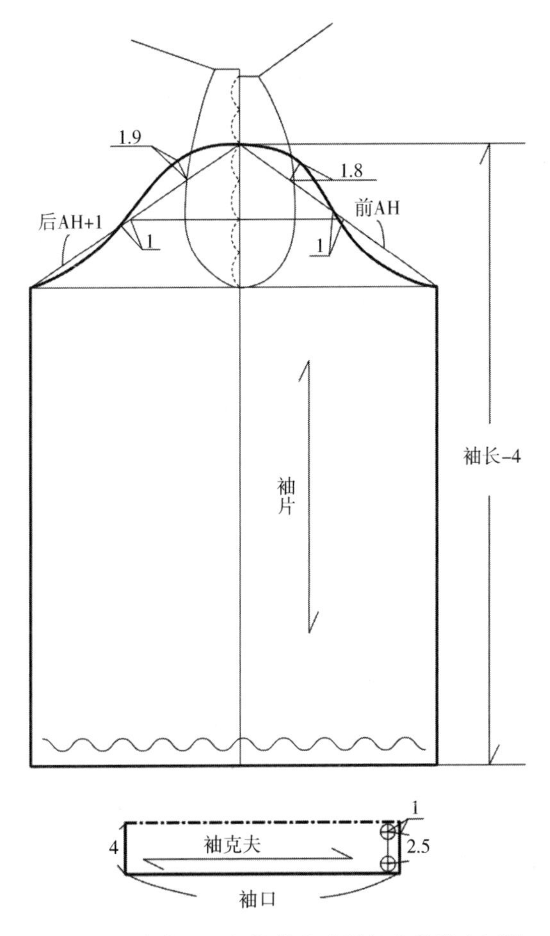

图 7-26 收省翻立领长袖女式衬衫衣袖基本纸样

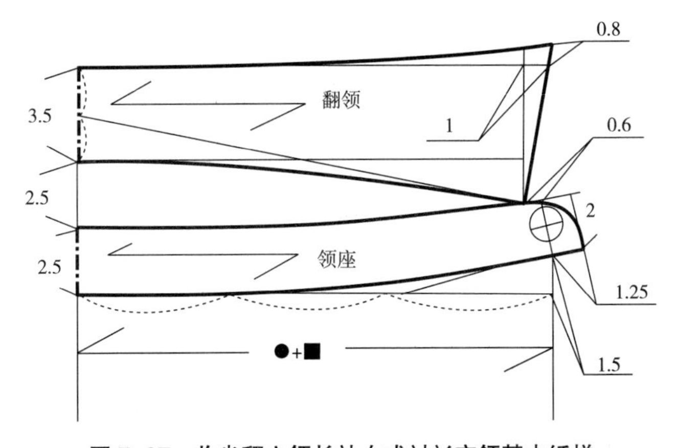

图 7-27 收省翻立领长袖女式衬衫衣领基本纸样

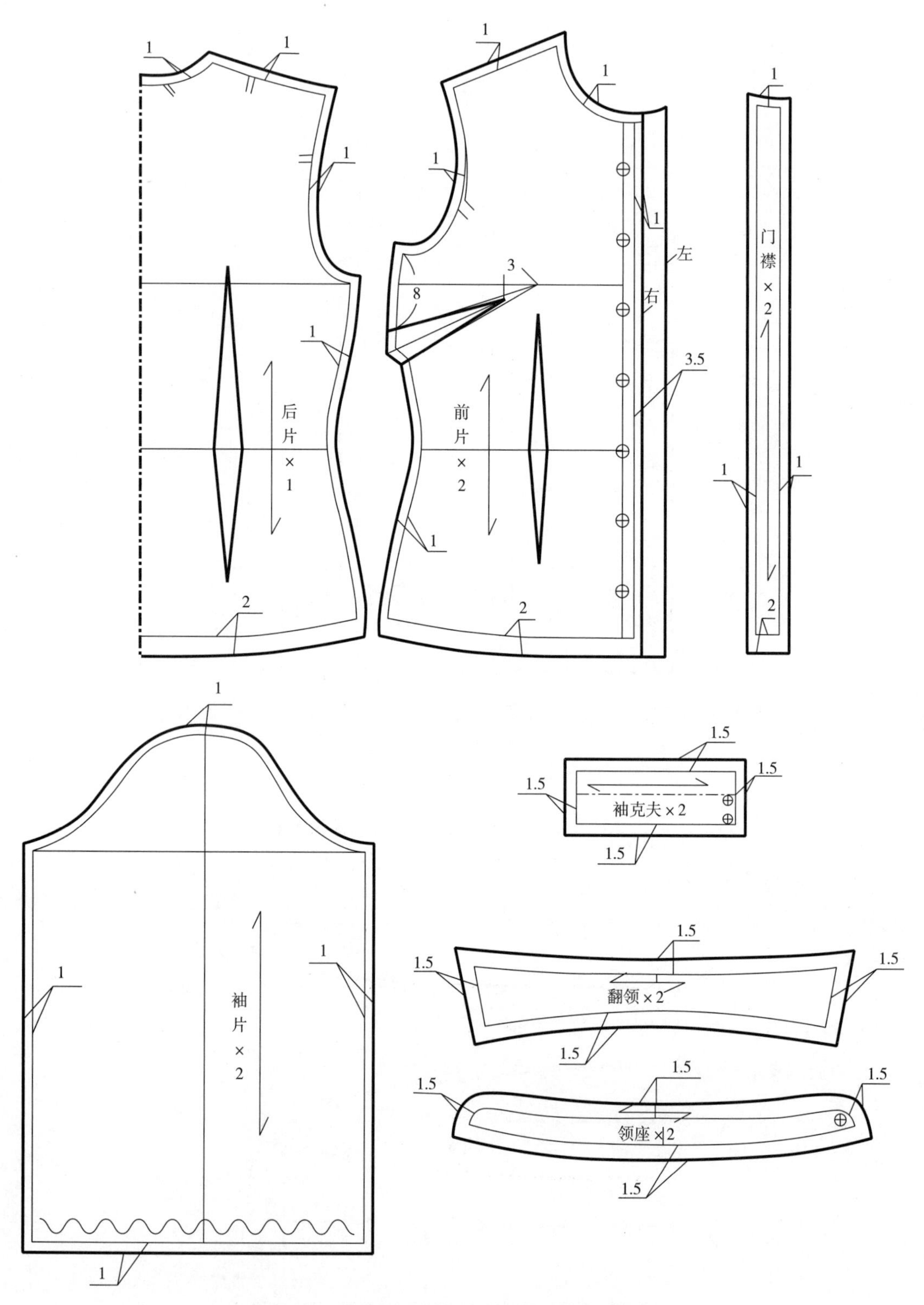

图 7-28 收省翻立领长袖女式衬衫整体纸样设计

表 7-8　圆形领断腰节刀背缝泡泡短袖女式衬衫成品规格设计　（单位：cm）

号型	胸围（B）	臀围（H）	腰围（W）	衣长（L）	肩宽（S）	袖长（SL）	袖口围（CW）
160/84A	84+10=94	90+8=98	68+6=74	56	39.5	15	32

3. 纸样设计要点

图 7-29　圆形领断腰节刀背缝泡泡短袖女式衬衫

（1）省道设计：将原型前衣片胸省的 1/3 保留作为前袖窿松量，剩余 2/3 作为袖窿省与腰省连成刀背缝。后衣片肩省的 0.3cm 省量转移到后领口处，0.6cm 省量保留在后肩部作为缩缝量，0.9cm 转移到后袖窿处作为后袖窿松量。

（2）腰节设计：前、后腰节在原型的基础上向上提高 1~2cm，这种形式可显示人体曲线美。

（3）袖窿深点设计：由于该款衬衫的胸围放松量为 10cm，需要在原型袖窿深的基础上，将原型的前袖窿深点横向缩短 0.5cm，纵向不变；后袖窿深点横向缩短 0.5cm，纵向不变。

（4）领口设计：在原型领口的基础上，按照该款衬衫的款式要求，将原型的前领口开深 1cm，开宽 7cm；后领口开深 1.5cm，开宽 7cm。

（5）肩端点设计：由于该款衬衫不装垫肩，属于自然肩型，胸围放松量等于 10cm，肩端点可保持不变。

（6）衣身设计：前、后衣身在腰节线处进行横向分割，腰节以下衣片采取旋转展开的方法形成自然波浪。前衣身腰节以上衣片将前袖窿省与前腰省圆顺连接形成前衣身刀背缝，后衣身腰节以上衣片将后腰省融进分割处而形成后身刀背缝。

（7）衣袖设计：在前、后袖窿的基础上绘制出衣袖，袖山高为前、后袖窿深平均值的 2/3，袖山底弧线要参照袖窿弧线的底部绘制。

4. 纸样设计

圆形领断腰节刀背缝泡泡短袖女式衬衫衣身基本纸样、衣袖基本纸样和下摆纸样设计、衣袖纸样设计、整体纸样设计，如图 7-30~ 图 7-34 所示。

三、翻立领公主缝长袖女式衬衫纸样设计

1. 款式分析

此款衬衫的领型为翻立领，袖型为一片式长袖，袖口有两个褶裥，装袖克夫，有袖开衩，袖克夫上钉 2 粒纽扣，明门襟，前中 6 粒纽扣，前、后衣身有公主缝，收腰整体较合体，适合采用轻薄的府绸、丝光棉等面料制作（图 7-35）。

2. 规格设计

规格设计公式：$B=B^{*}+(8\sim12)$；$W=W^{*}+(6\sim8)$；$H=H^{*}+(6\sim8)$；$L=0.4h-2$；$S=3/10B+(10\sim13)$，$SL=0.3h+(5\sim6)$+款式因素（款式因素取值为5），$CW=0.2B+(1\sim3)$。成

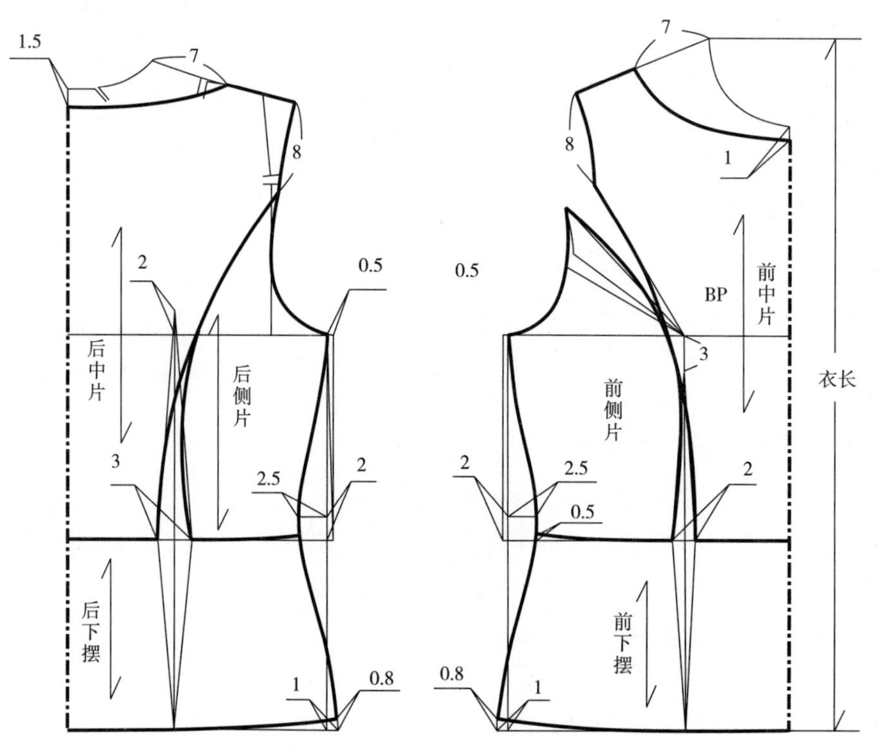

图 7-30　圆形领断腰节刀背缝泡泡短袖女式衬衫衣身基本纸样

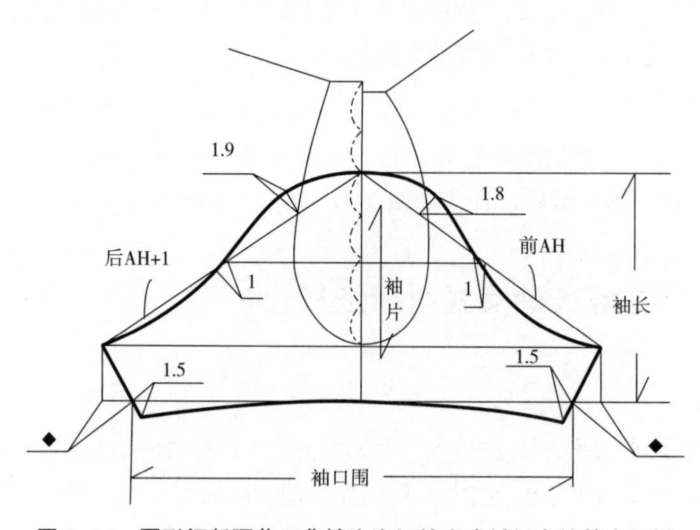

图 7-31　圆形领断腰节刀背缝泡泡短袖女式衬衫衣袖基本纸样

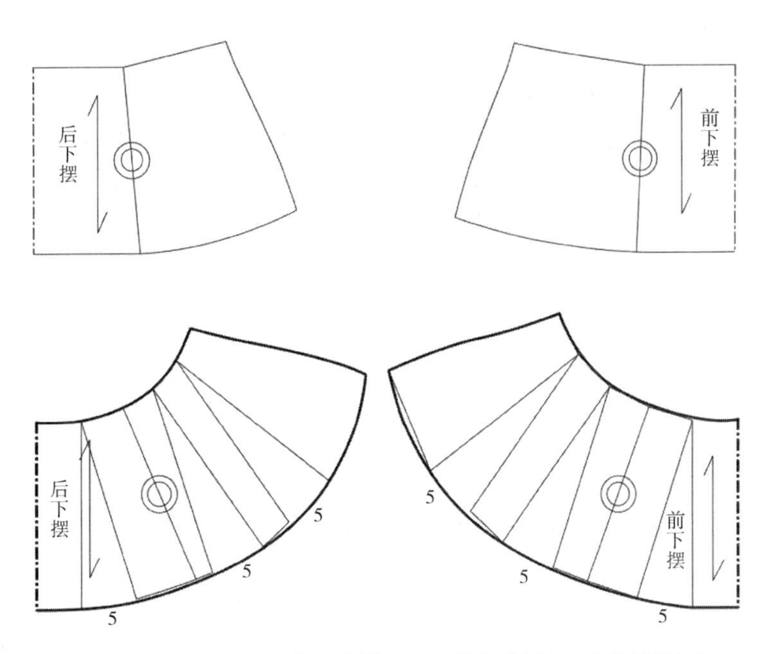

图 7-32　圆形领断腰节刀背缝泡泡短袖女式衬衫下摆纸样设计

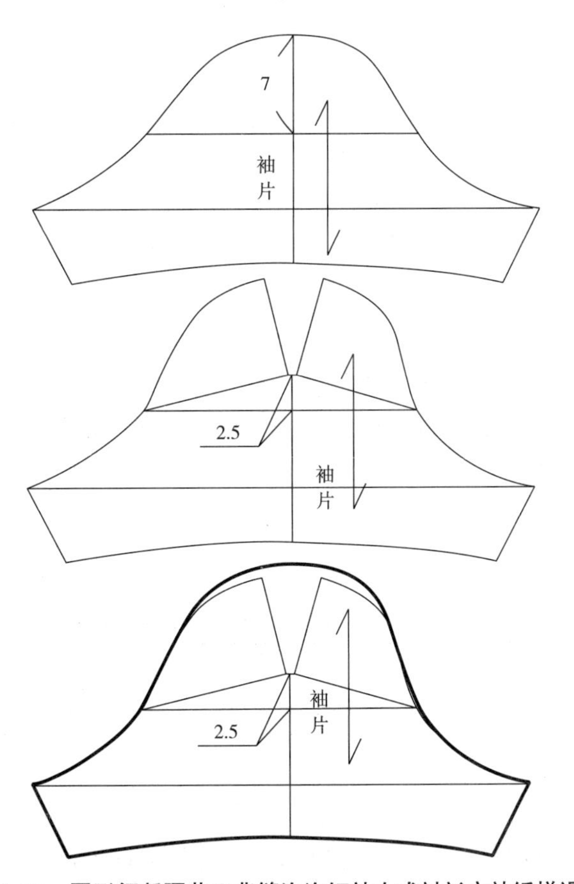

图 7-33　圆形领断腰节刀背缝泡泡短袖女式衬衫衣袖纸样设计

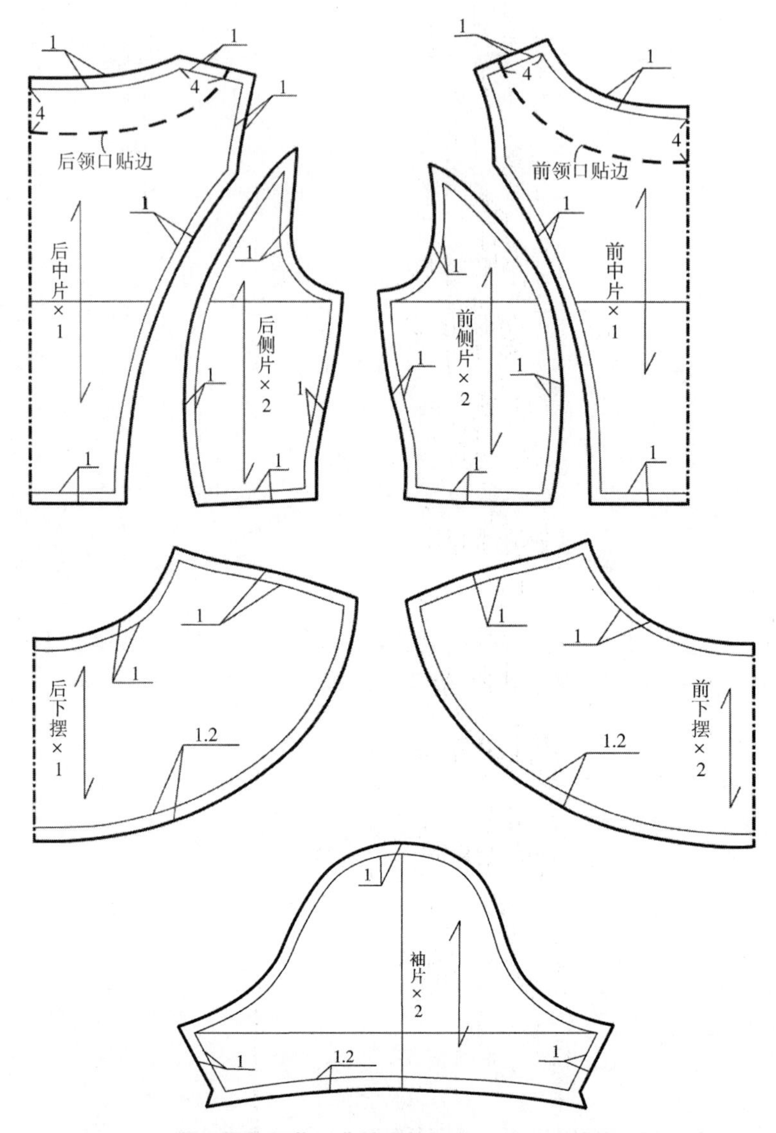

图 7-34 圆形领断腰节刀背缝泡泡短袖女式衬衫整体纸样设计

品规格设计如表 7-9 所示。

表 7-9 翻立领公主缝长袖女式衬衫成品规格设计 （单位：cm）

号型	胸围（B）	臀围（H）	腰围（W）	衣长（L）	肩宽（S）	袖长（SL）	袖口围（CW）
160/84A	84+10=94	90+8=98	68+6=74	62	39.5	59	22

3. 纸样设计要点

（1）省道设计：将原型前衣片胸省的 1/3 保留作为前袖窿松量，剩余的 2/3 转移到前肩缝处作为前肩省。将后肩省移至距领宽点 4.5cm 处，方便与腰省连接成公主线。

（2）腰节设计：前、后腰节在原型的基础上向上提高1~2cm，这种形式可显示人体曲线美。

（3）袖窿深点设计：由于该款衬衫的胸围放松量为10cm，可将原型的前袖窿深点横向缩短0.5cm，纵向不变；后袖窿深点横向缩短0.5cm，纵向不变。

（4）领口设计：在原型领口的基础上，按照该款衬衫的款式要求，将原型的前领口开深0.5cm，开宽0.3cm；后领口深不变，开宽0.3cm。

（5）肩端点设计：由于该款衬衫不装垫肩，属于自然肩型，胸围放松量等于10cm，肩端点可保持不变。

图7-35　翻立领公主缝长袖女式衬衫

（6）衣身设计：前衣身将前肩省与前腰省圆顺连接形成前衣身公主缝，后衣身将后肩省与后腰省圆顺连接形成后衣身公主缝。前、后侧缝处向上起翘2.5cm，并与前、后底边线连接。门襟宽为2.5cm，里襟宽为2cm。

（7）衣袖设计：在前、后袖窿的基础上绘制出衣袖，袖山高为前、后袖窿深平均值的2/3，袖山底弧线要参照袖窿弧线的底部绘制。袖口有2个3cm褶裥，袖衩长为12cm，位于后袖片袖口处。

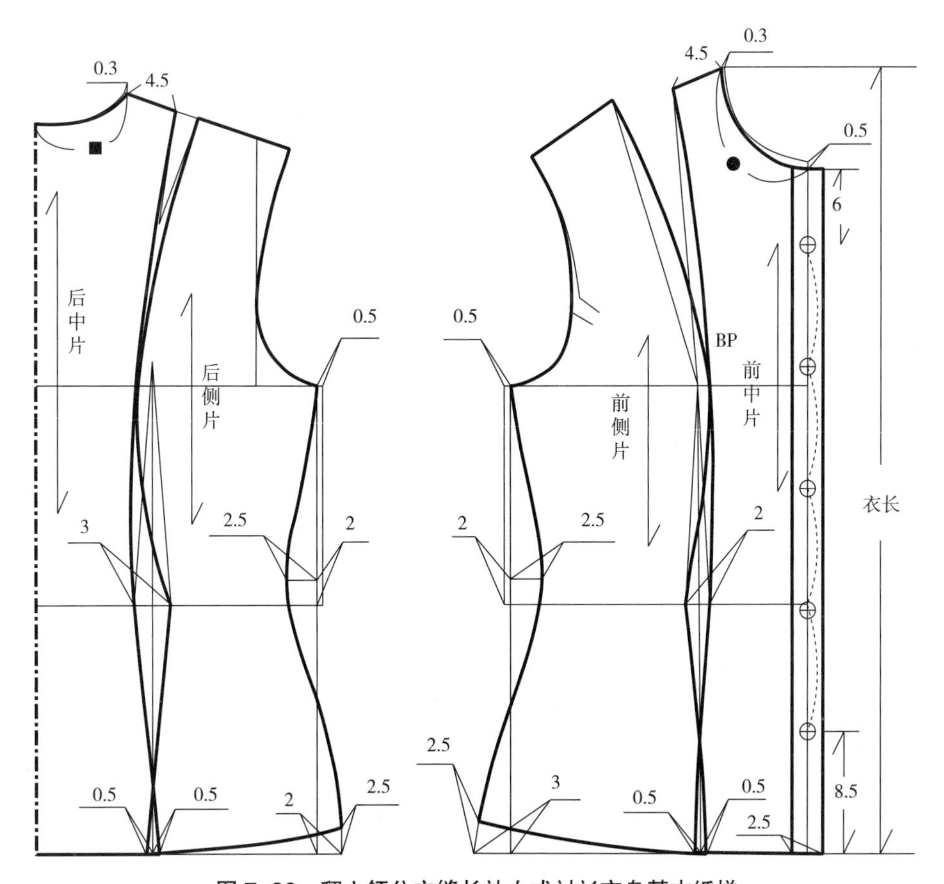

图7-36　翻立领公主缝长袖女式衬衫衣身基本纸样

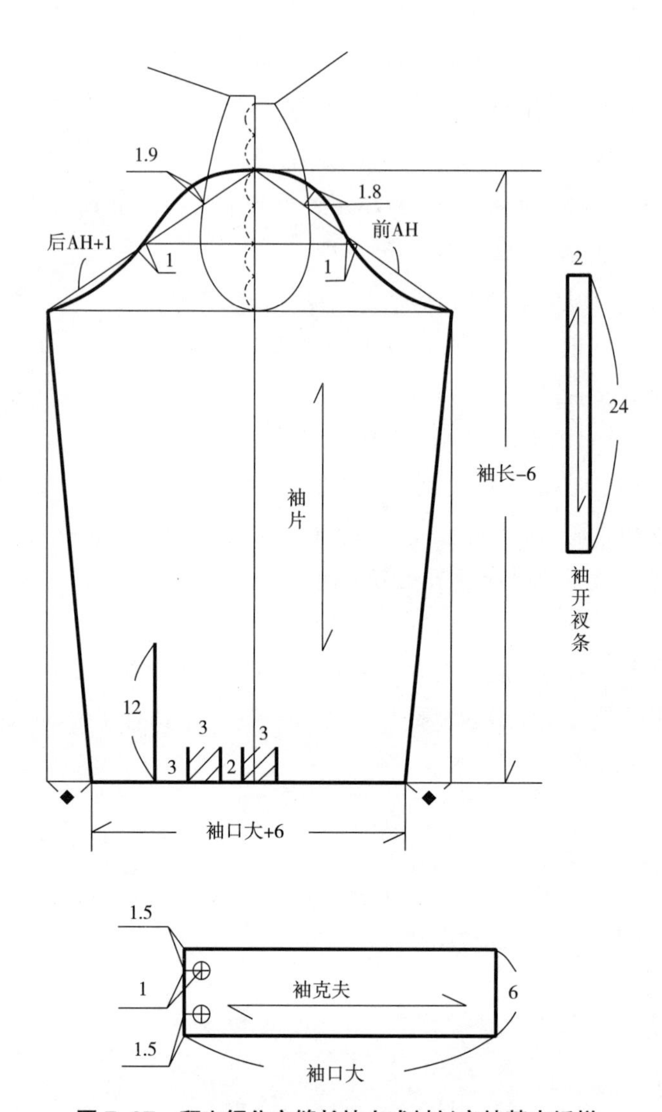

图 7-37　翻立领公主缝长袖女式衬衫衣袖基本纸样

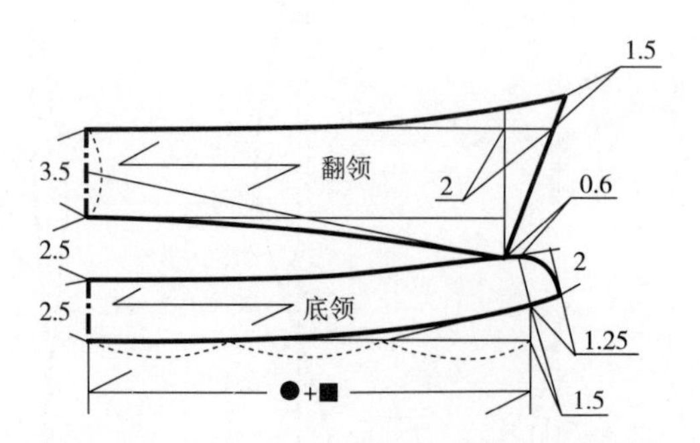

图 7-38　翻立领公主缝长袖女式衬衫衣领基本纸样

4. 纸样设计

翻立领公主缝长袖女式衬衫衣身基本纸样、衣袖基本纸样、衣领基本纸样及整体纸样设计，如图 7–36~ 图 7–39 所示。

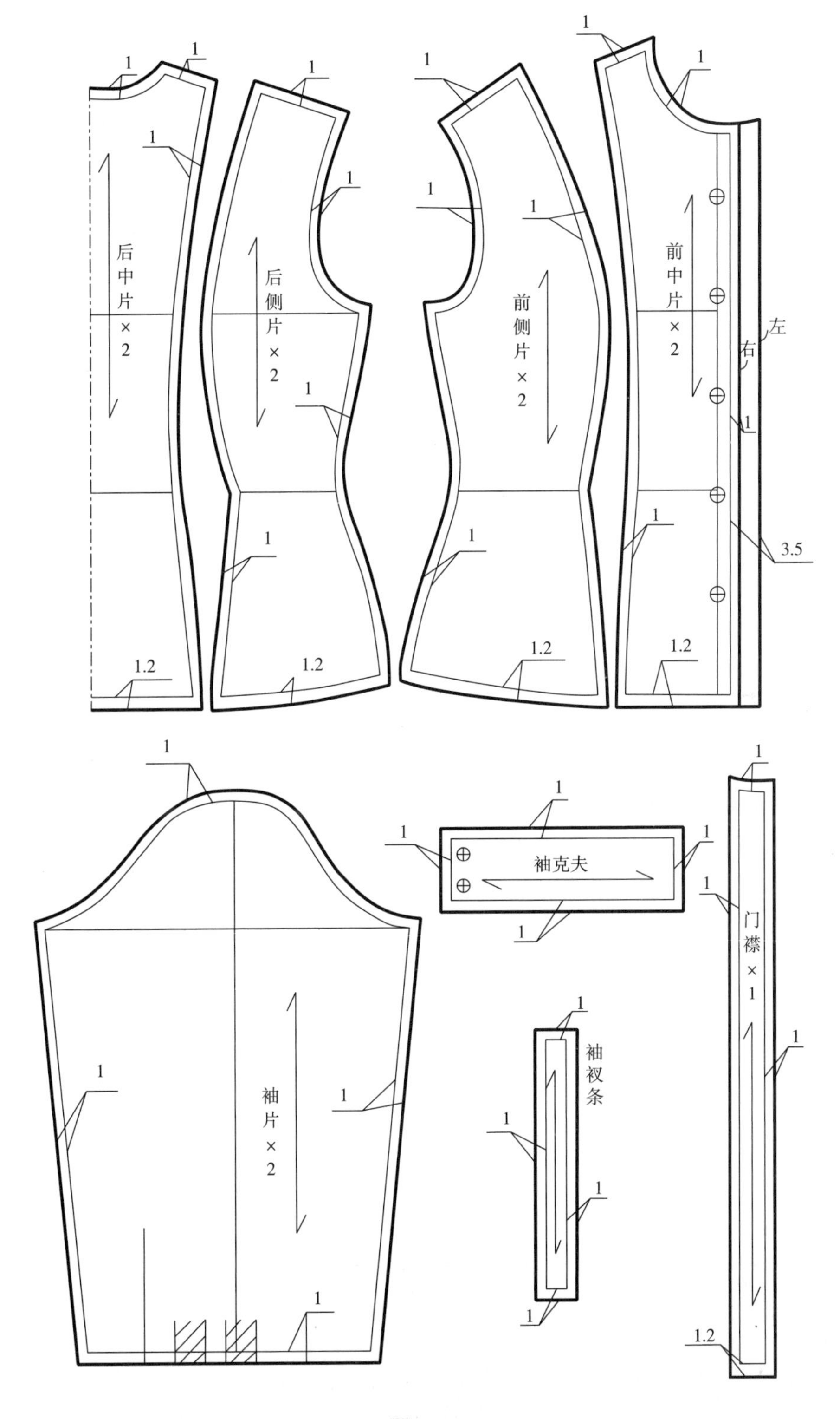

图 7–39

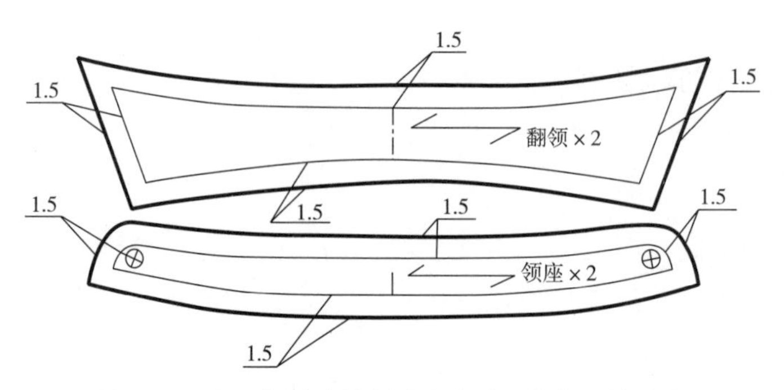

图 7-39　翻立领公主缝长袖女式衬衫整体纸样设计

第三节　女春秋装纸样设计与应用

一、翻驳领三开身女西服纸样设计

1. 款式分析

此款女春秋装为最基本的女西服上装款式，领型为翻驳领，三开身，圆下摆，单排一粒扣，前身收腰省，双嵌线袋，袖型为两片式合体圆装袖，袖口开衩。适合采用中等厚度的精纺毛料、水洗绒、麻纱、法兰绒、女式呢等面料制作（图 7-40）。

图 7-40　翻驳领三开身女西服

2. 规格设计

规格设计公式：$B=B^{*}$+内衣松量+松量$=B^{*}$+（1~2）+（8~12）；$W=W^{*}$+内衣松量+松量$=W^{*}$+（1~2）+（6~8）；$H=H^{*}$+内衣松量+松量$=H^{*}$+（1~2）+（6~10）；$L=0.4h$+（2~6）；$S=3/10B$+（10~13），SL=0.3h+（5~6）+款式因素（款式因素取值为 4），CW=0.1B+（2~4）。成品规格设计如表 7-10 所示。

表 7-10　翻驳领三开身女西服成品规格设计　（单位：cm）

号型	胸围（B）	臀围（H）	腰围（W）	衣长（L）	肩宽（S）	袖长（SL）	袖口（CW）
160/84A	84+12=96	90+10=100	68+10=78	66	40	58	12.5

3. 原型省道处理

将原型前衣片胸省的 1/3 保留作为前袖窿松量，前衣片胸省的一部分省量转移到前领口，在领口处的省量为 0.7cm（撇胸量），剩余的前衣片胸省量转移至肩缝处形成肩省。后衣片肩省的 2/3 省量转移到袖窿为松量，剩余的 1/3 省量作为肩部吃势处理（图 7-41）。

4. 纸样设计要点

（1）前、后片位置确定：将省道处理后的前、后片原型在侧缝处加 1cm 松量。

（2）腰节设计：前、后腰节在原型的基础上向上提高 1~2cm，这种形式可显示人体曲线美。

（3）袖窿深点设计：该款女西服的袖窿深按照原型来定。

（4）领型和门襟设计：在原型领口的基础上，按照该款女西服的款式要求，将原型的前领口开宽 0.5cm，前领口深不变；后领口深不变，开宽 0.5cm。按照翻驳领的纸样设计原理，绘制出该款翻驳领纸样、前门襟止口线和底边线。

（5）肩端点设计：前肩端点处需要加放出 0.5~0.7cm 垫肩的厚度。

（6）衣身设计：根据该款式及成品尺寸要求，绘制前腰省、前刀背缝线、后刀背缝线和后背缝线。并运用省道转移原理，将前肩省转移到前腰省中。

（7）口袋设计：口袋位于原腰节下 5cm 处，袋口尺寸为 14.5cm × 1.6cm（嵌线条宽为 0.8cm）。

（8）衣袖设计：在前、后袖窿的基础上绘制出衣袖，袖山高为前、后袖窿深平均值的 5/6，小袖深弧线要参照袖窿弧线的底部绘制。

5. 纸样设计

翻驳领三开身女西服衣身、衣领基本纸样，衣袖基本纸样，前身省道处理纸样，挂面面料纸样设计、衣身面料纸样设计、零部件面料纸样设计、衣袖面料纸样设计、衣身里料纸样设计、衣袖里料纸样设计、衣身衬料纸样设计、挂面和衣袖衬料纸样设计，零部件衬料纸样设计，如图 7-42~ 图 7-53 所示。

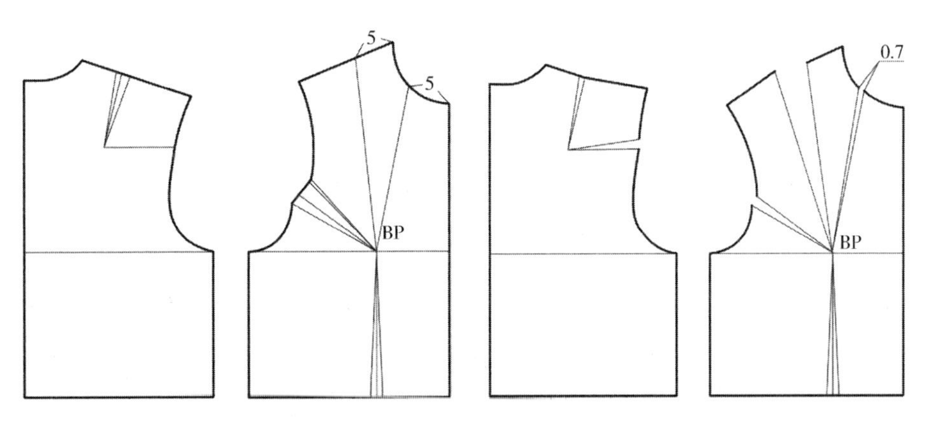

图 7-41　翻驳领三开身女西服原型省道处理

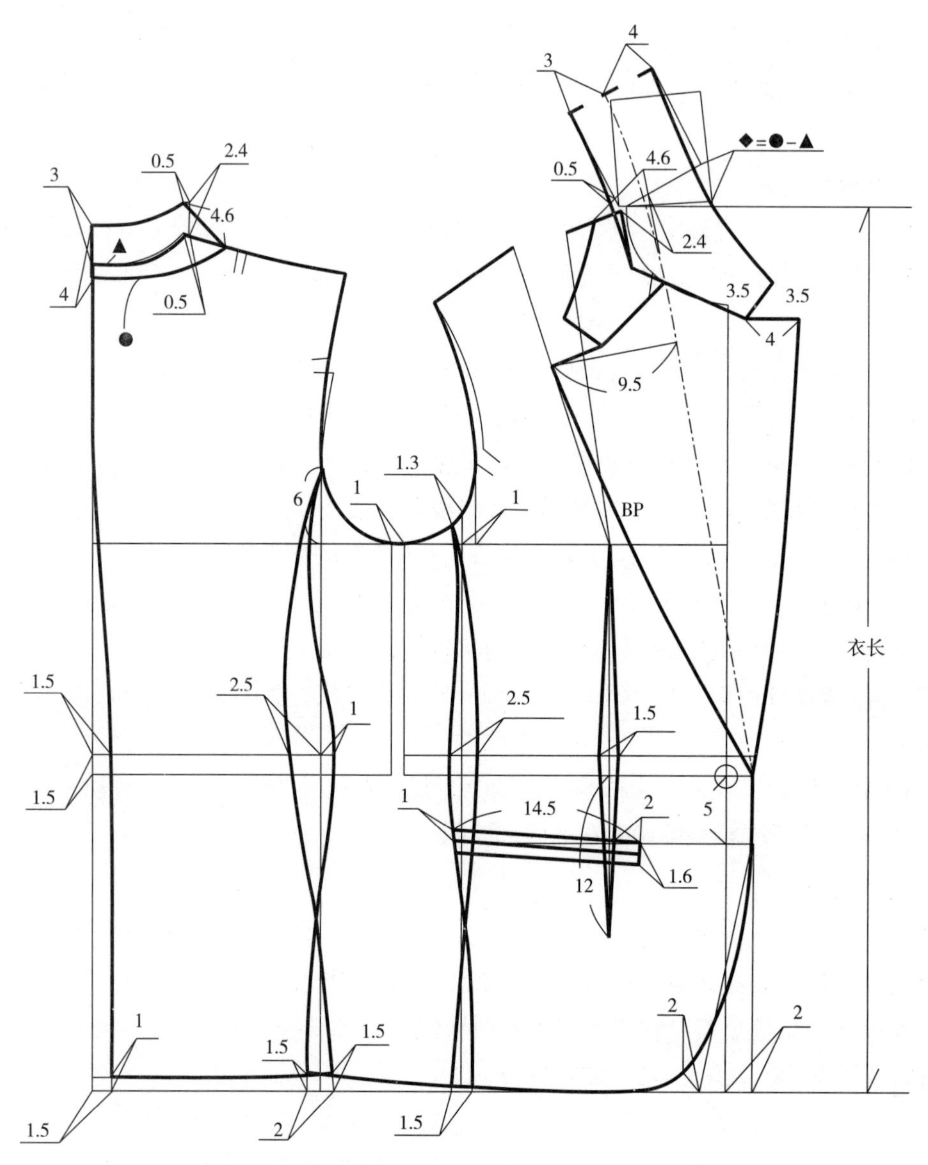

图 7-42　翻驳领三开身女西服衣身、衣领基本纸样

二、戗驳领四开身女西服纸样设计

1. 款式分析

此款女西服的领型为戗驳领，四开身，直下摆，单排 2 粒扣，前、后身刀背缝，双嵌线带盖挖袋，袖型为两片式合体泡泡圆装袖，袖口为翻袖口。适合采用中等厚度的精纺毛料、水洗绒、麻纱、法兰绒、女式呢等面料制作（图 7-54）。

2. 规格设计

规格设计公式：$B=B^{*}+$ 内衣松量 + 松量 $=B^{*}+$（1~2）+（8~12）；$W=W^{*}+$ 内衣松量 +

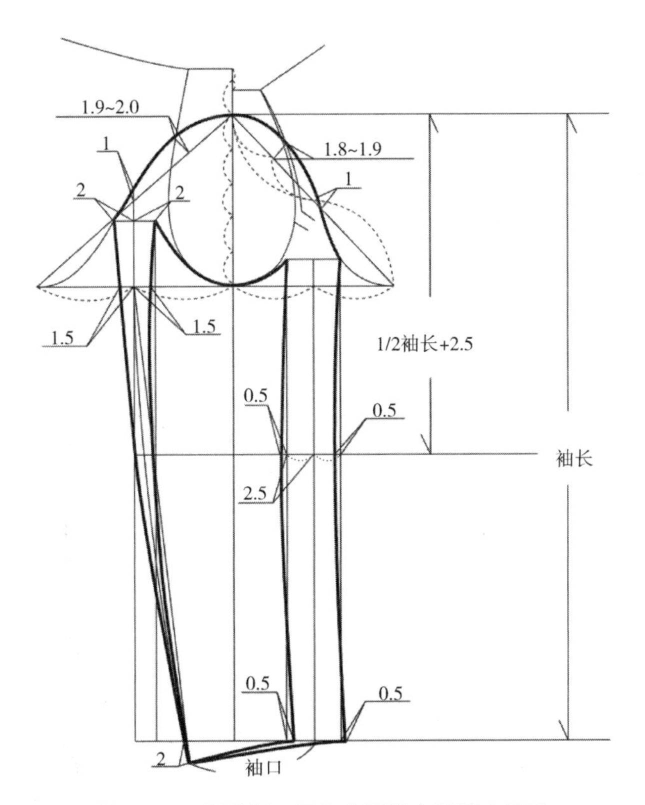

图 7–43　翻驳领三开身女西服衣袖基本纸样

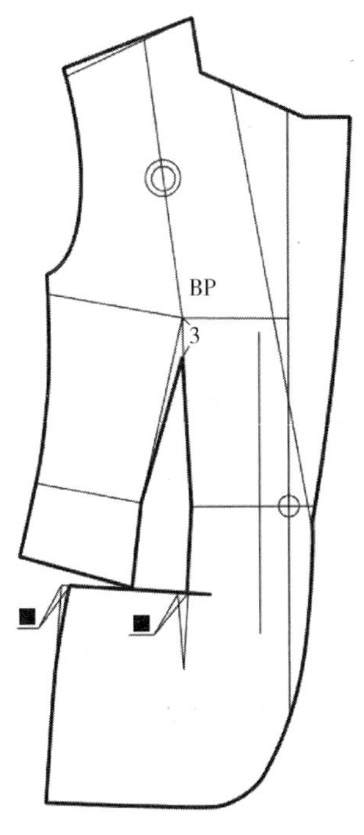

图 7–44　翻驳领三开身女西服前身省道处理纸样

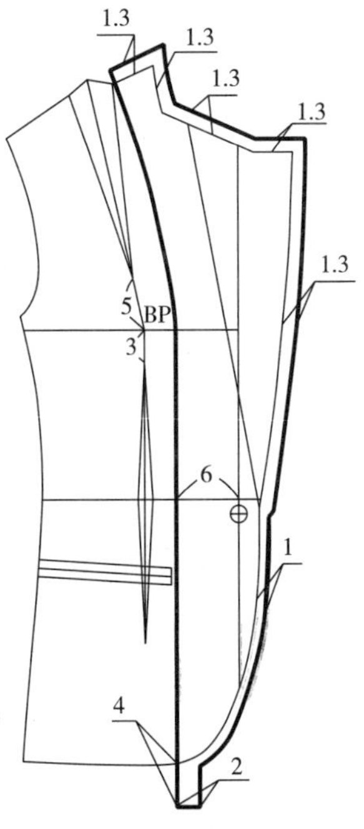

图 7–45　翻驳领三开身女西服挂面面料纸样设计

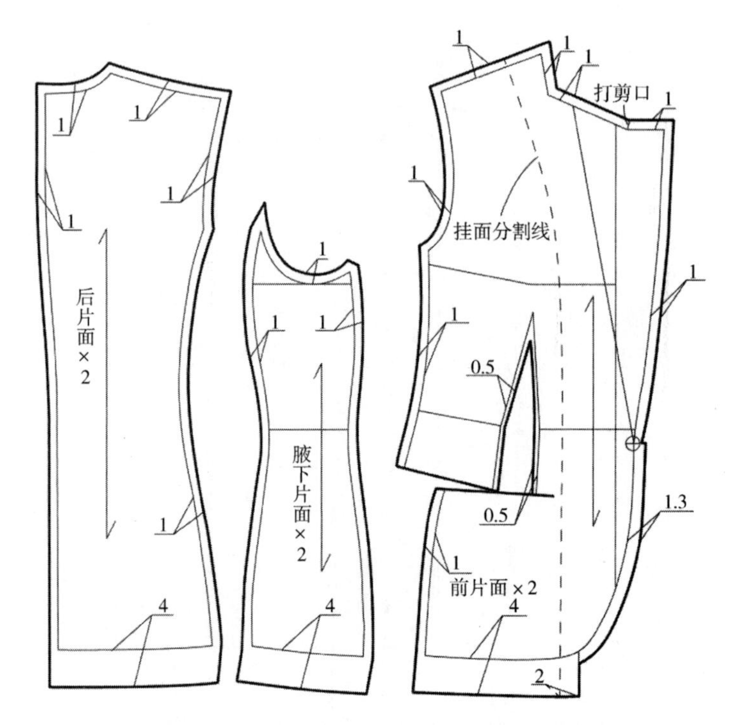

图 7–46　翻驳领三开身女西服衣身面料纸样设计

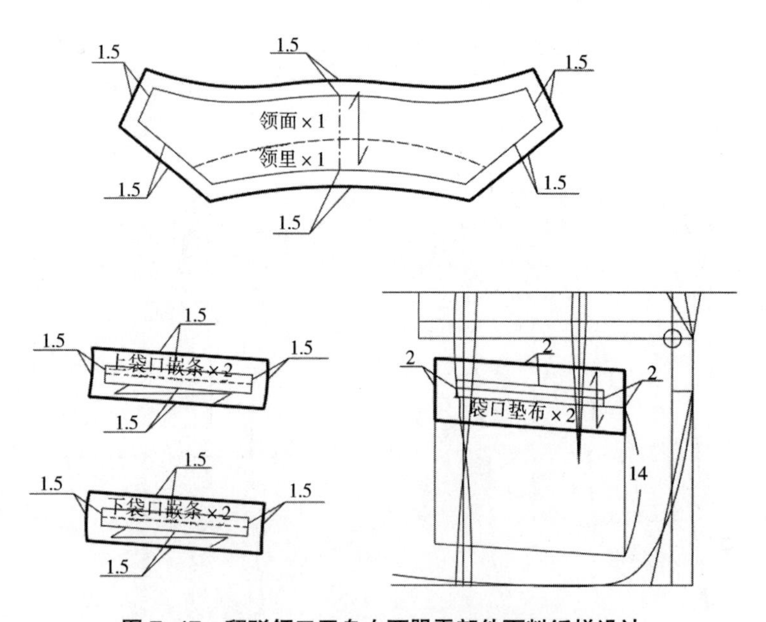

图 7–47　翻驳领三开身女西服零部件面料纸样设计

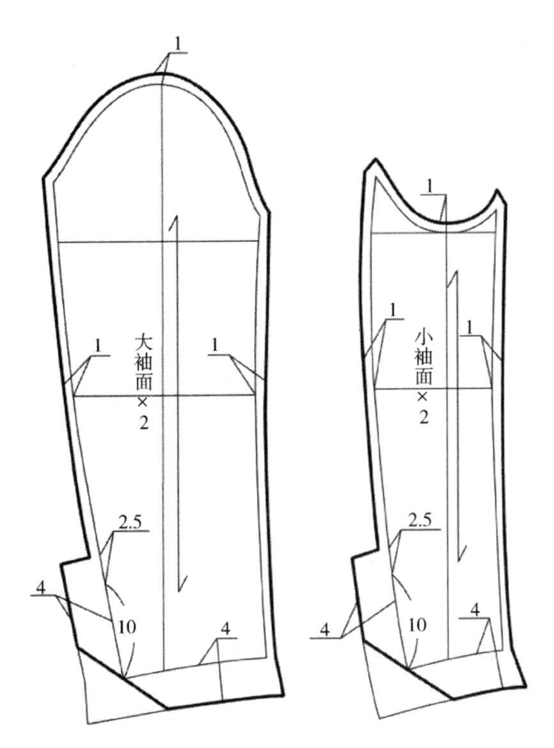

图 7-48　翻驳领三开身女西服衣袖面料纸样设计

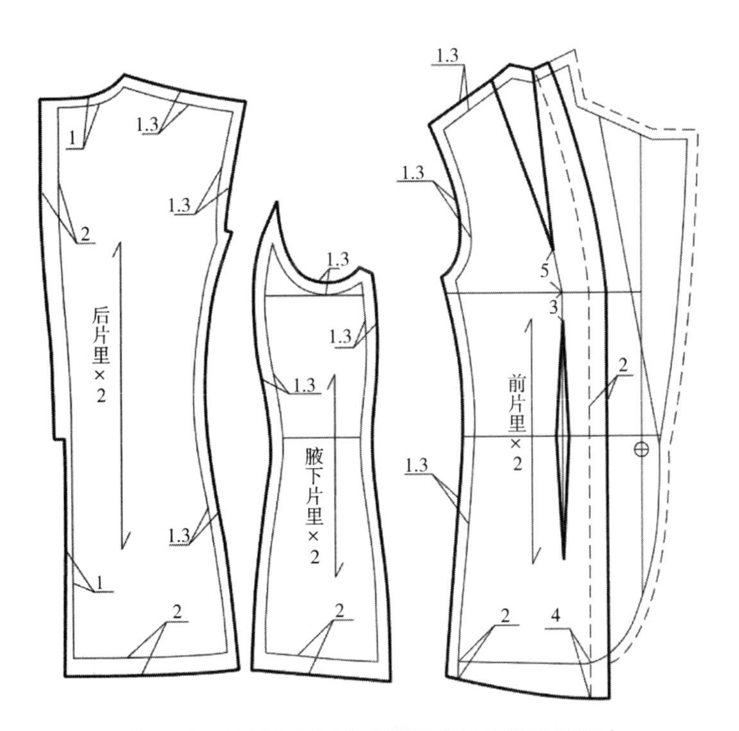

图 7-49　翻驳领三开身女西服衣身里料纸样设计

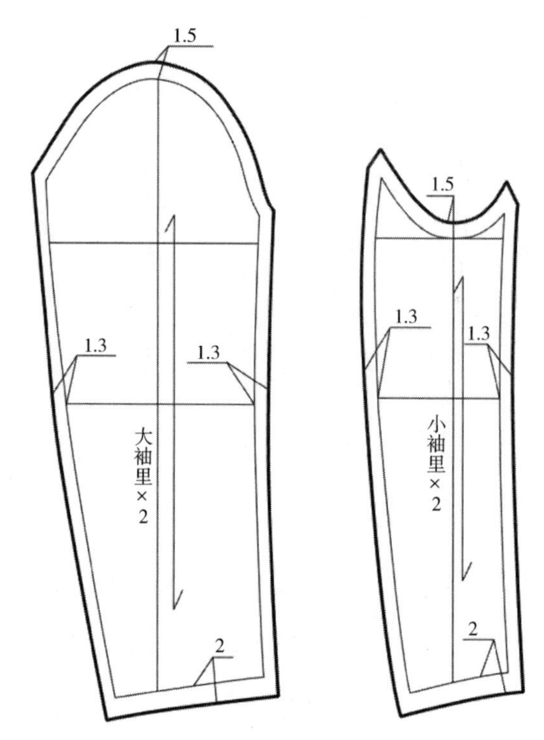

图 7–50　翻驳领三开身女西服衣袖里料纸样设计

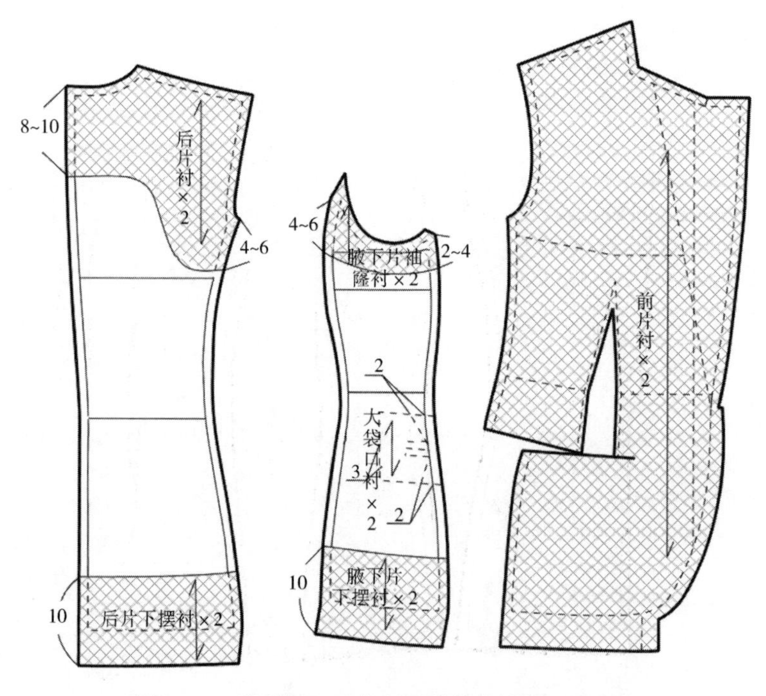

图 7–51　翻驳领三开身女西服衣身衬料纸样设计

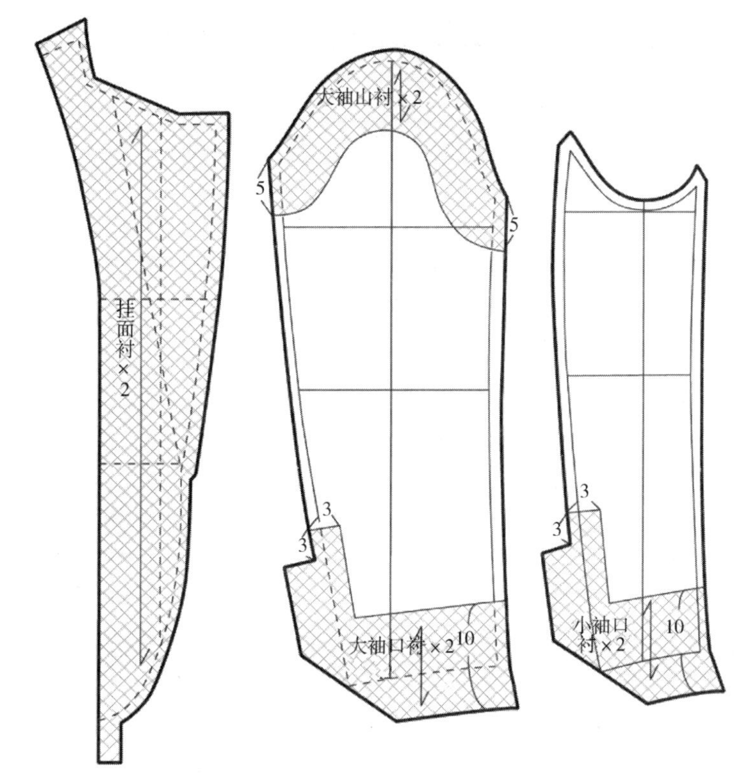

图 7–52　翻驳领三开身女西服挂面、衣袖衬料纸样设计

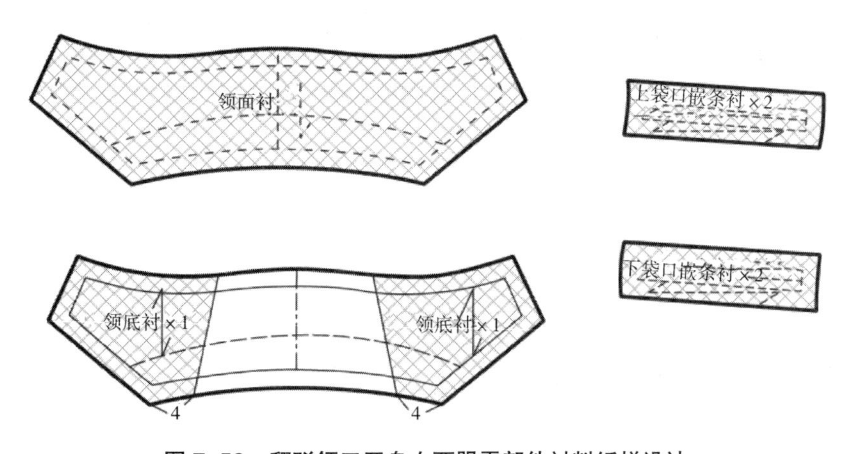

图 7–53　翻驳领三开身女西服零部件衬料纸样设计

松量 = W^*+（1~2）+（6~8）；H=H^* + 内衣松量 + 松量 = H^*+（1~2）+（6~10）；L=0.4h+（2~6）；S=3/10B+（10~13），SL=0.3h+（5~6）+ 款式因素（款式因素取值为 4），CW=0.1B+（2~4）。成品规格设计如表 7–11 所示。

表 7–11 戗驳领四开身女西服成品规格设计 （单位：cm）

号型	胸围（B）	臀围（H）	腰围（W）	衣长（L）	肩宽（S）	袖长（SL）	袖口（CW）
160/84A	84+12=96	90+10=100	68+10=78	66	40	58	12.5

3. 原型省道处理

将原型前衣片胸省的 1/3 保留作为前袖窿松量，前衣片胸省的一部分省量转移到前领口，在领口处的省量为 0.7cm（撇胸量），剩余的前衣片胸省量转移至袖窿处形成新袖窿省。后片肩省的 2/3 省量转移到袖窿为松量，剩余的 1/3 省量作为肩部吃势处理（图 7–55）。

图 7–54 戗驳领四开身女西服

4. 纸样设计要点

（1）前、后片位置确定：将省道处理后的前、后片原型的胸围线设计在一条直线上。

（2）腰节设计：前、后腰节在原型的基础上向上提高 1~2cm，这种形式可显示人体曲线美。

（3）袖窿深点设计：将原型的前、后袖窿深点均横向增大 0.5cm，纵向开深 0.5cm。

（4）领型和门襟设计：在原型领口的基础上，按照该款女西服的款式要求，将原型的前领口开宽 0.5cm；后领口深不变，开宽 0.5cm。按照戗驳领的纸样设计原理，绘制出该款戗驳领纸样、前门襟止口线、底边线。

（5）肩端点设计：前肩端点处需要加放出 0.5~0.7cm 垫肩的厚度。

（6）衣身设计：根据该款式及成品尺寸要求，将前袖窿省、腰省融进分割线中，绘制前衣身刀背缝。将后腰省融进后身刀背缝中绘制后衣身刀背缝。

（7）口袋设计：袋口位于腰节下 6cm 处，口袋长为 13cm，袋盖宽为 4.5cm，嵌条宽是 0.6cm。

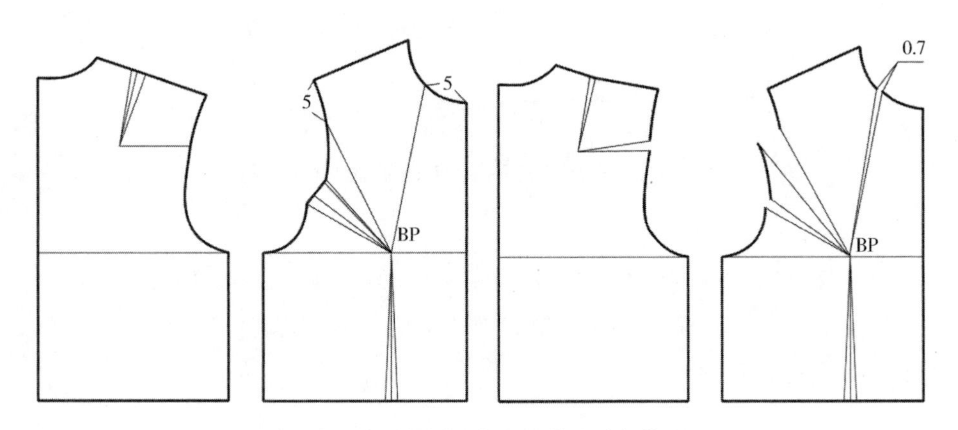

图 7–55 戗驳领四开身女西服原型省道处理

（8）衣袖设计：在前、后袖窿的基础上绘制出衣袖，袖山高为前、后袖窿深平均值的 5/6，小袖深弧线要参照袖窿弧线的底部绘制。

5. 纸样设计

戗驳领四开身女西服衣身、衣领基本纸样，衣袖基本纸样，衣身面料纸样设计、衣袖面料纸样设计、零部件面料纸样设计、衣身里料纸样设计、衣袖里料纸样设计、衣身衬料纸样设计及挂面、零部件衬料纸样设计，如图 7–56~ 图 7–64 所示。

三、青果领四开身女西服纸样设计

1. 款式分析

此款女春秋装为四开身女西服，领型为青果领，圆下摆，双排一粒扣，明贴袋，前、

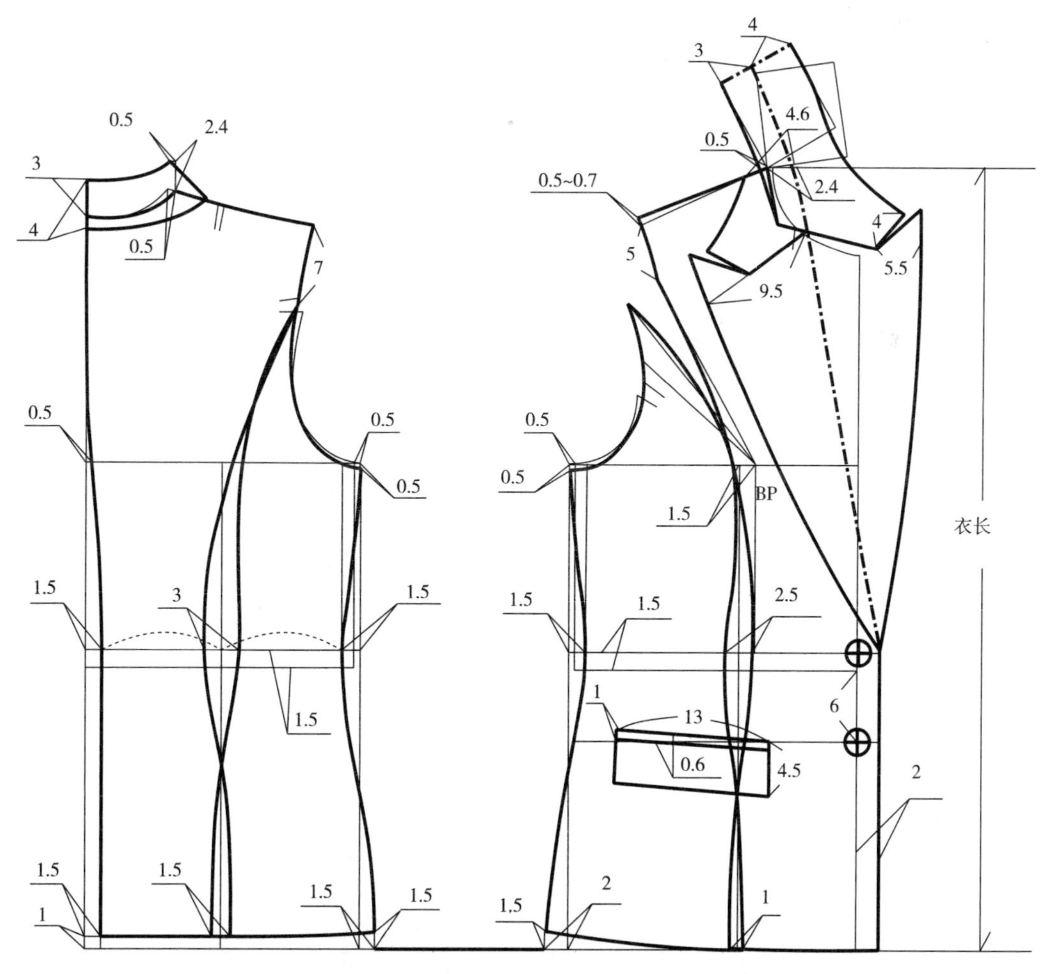

图 7–56　戗驳领四开身女西服衣身、衣领基本纸样

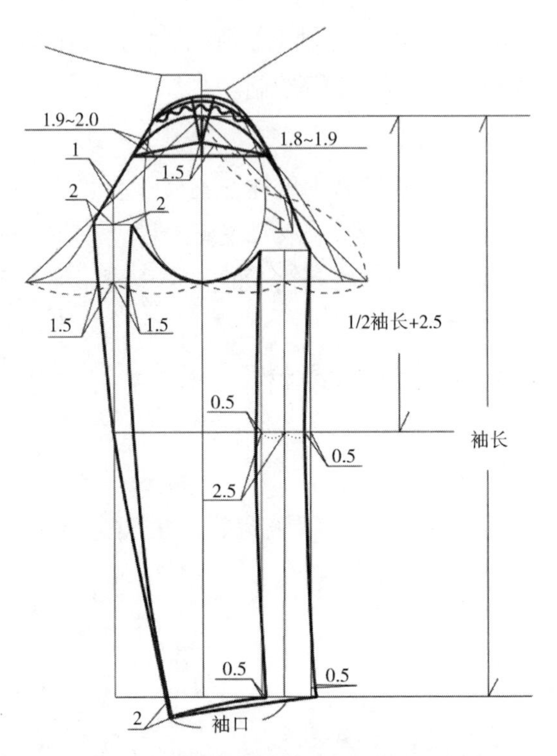

图 7–57　戗驳领四开身女西服衣袖基本纸样

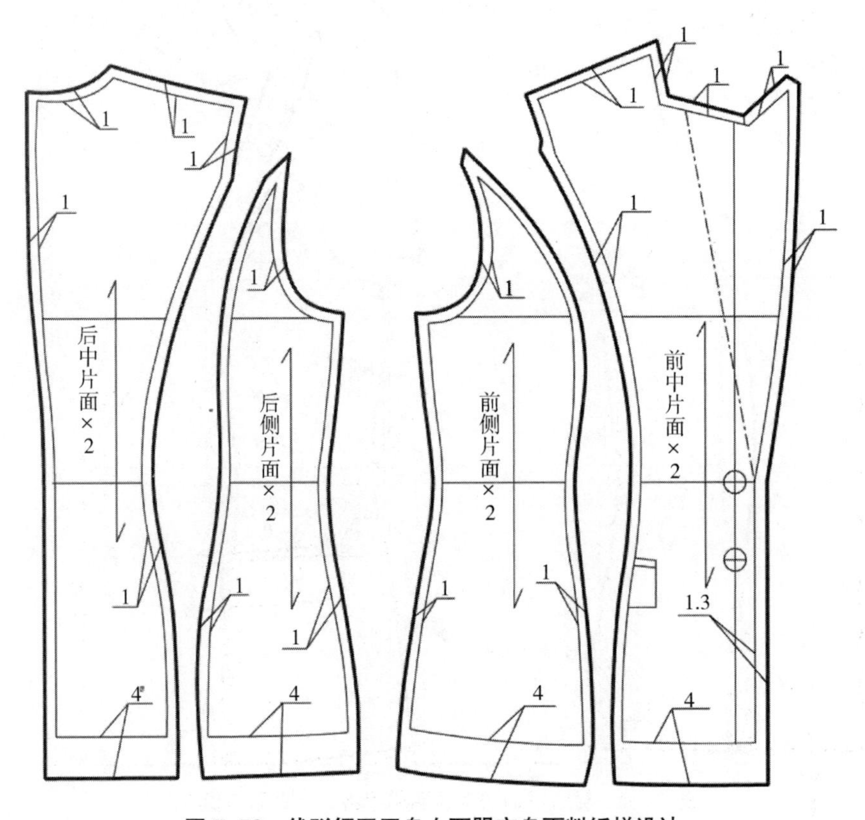

图 7–58　戗驳领四开身女西服衣身面料纸样设计

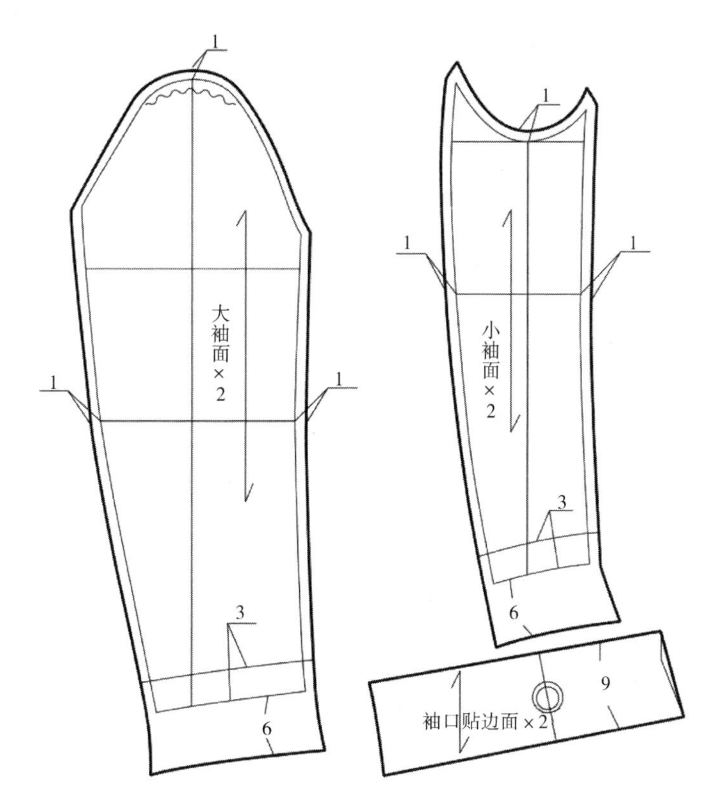

图 7–59　戗驳领四开身女西服衣袖面料纸样设计

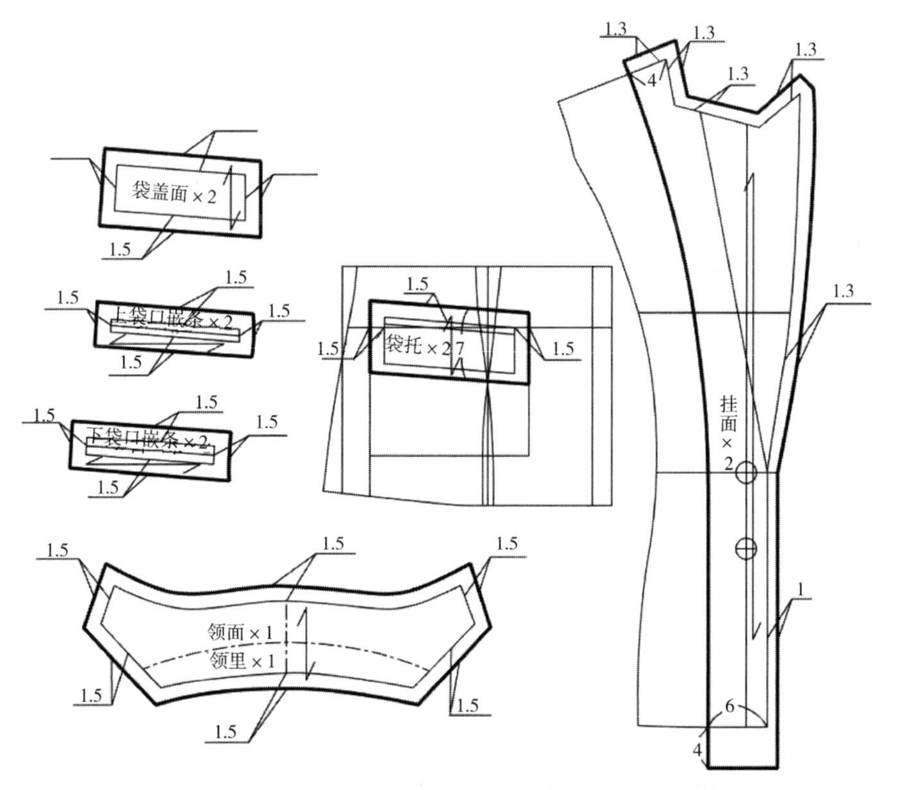

图 7–60　戗驳领四开身女西服挂面、零部件面料纸样设计

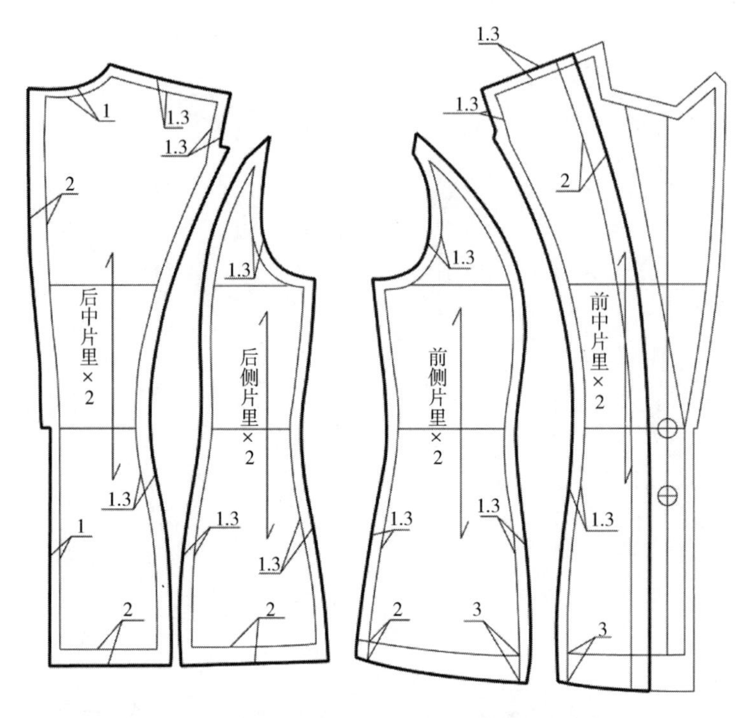

图 7-61 戗驳领四开身女西服衣身里料纸样设计

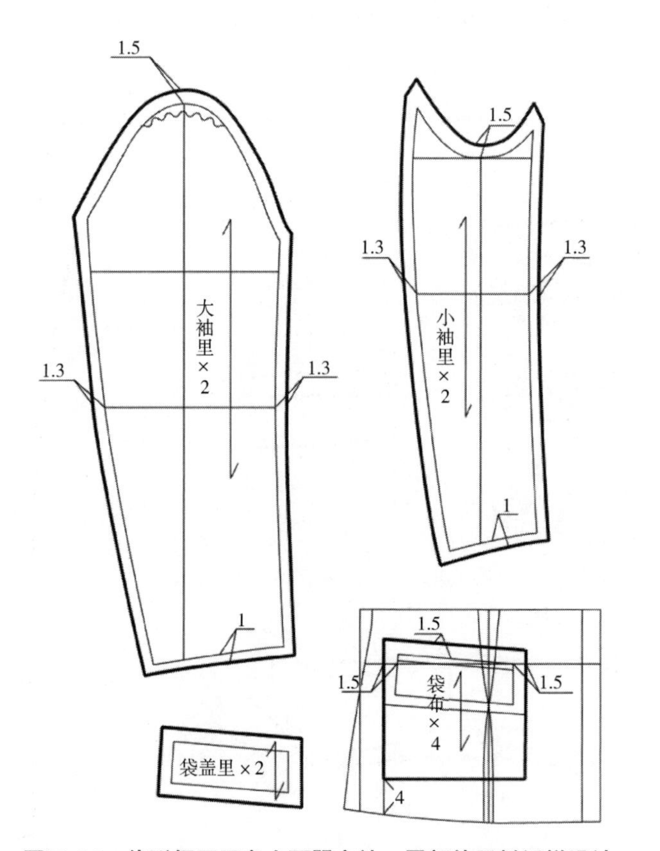

图 7-62 戗驳领四开身女西服衣袖、零部件里料纸样设计

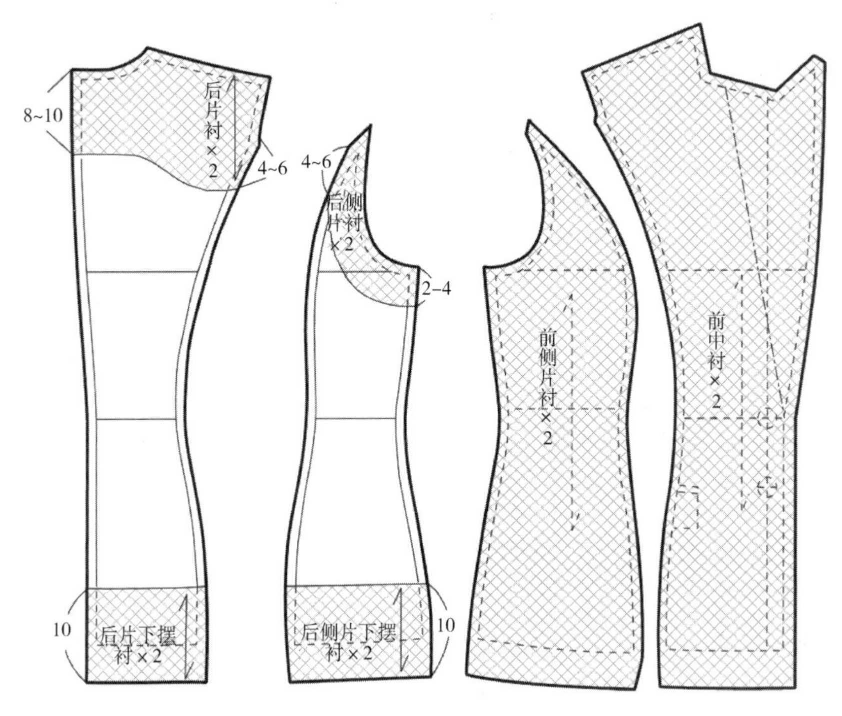

图 7-63　戗驳领四开身女西服衣身衬料纸样设计

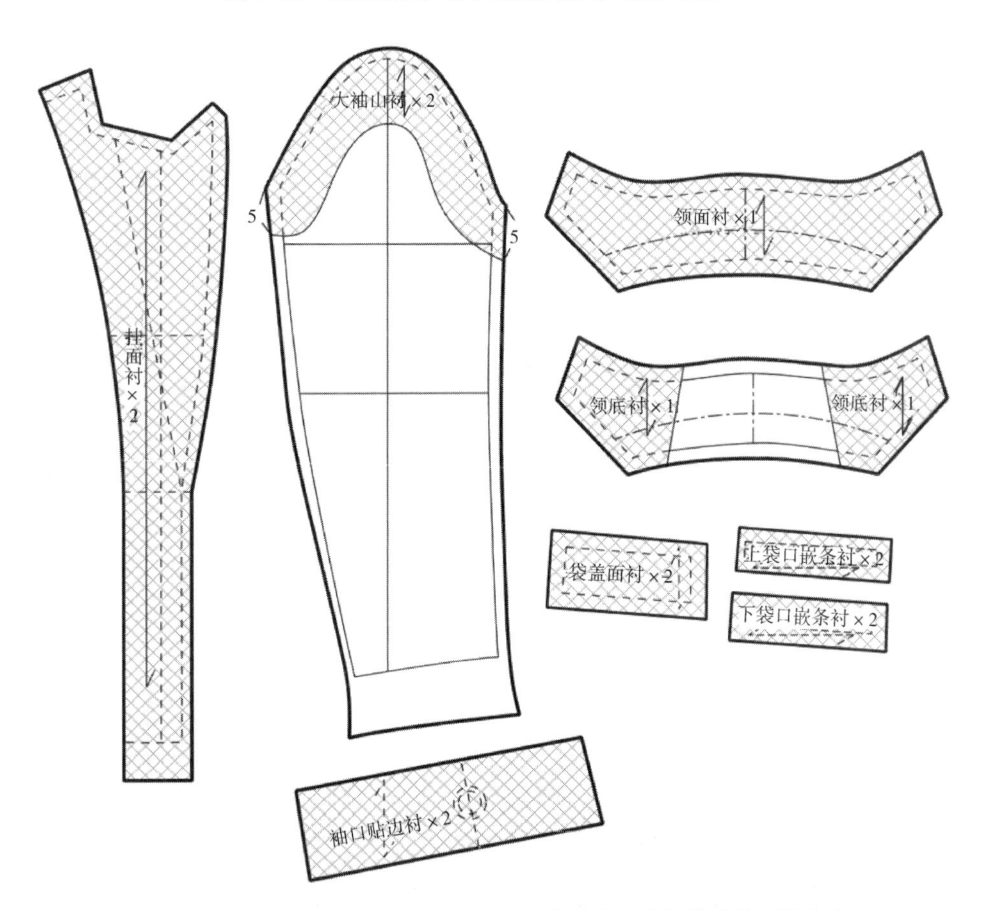

图 7-64　戗驳领四开身女西服挂面、大袖山、零部件衬料纸样设计

后身有刀背缝，袖型为两片式合体圆装袖，袖口开衩。适合采用中等厚度的精纺毛料、水洗绒、麻纱、法兰绒、女式呢等面料制作（图7–65）。

图 7–65 青果领四开身女西服

2. 规格设计

规格设计公式：$B=B^*$+ 内衣松量 + 松量 = B^*+（1~2）+（8~12）；$W=W^*$+ 内衣松量 + 松量 = W^*+（1~2）+（6~8）；$H=H^*$+ 内衣松量 + 松量 = H^*+（1~2）+（6~10）；$L=0.4h$+（2~6）；$S=3/10B$+（10~13），SL=0.3h+（3~4）+ 款式因素（款式因素取值为 4），CW=0.1B+（2~4）。青果领四开身女西服成品规格设计如表 7–12 所示。

表 7–12 青果领四开身女西服成品规格设计 （单位：cm）

号型	胸围（B）	臀围（H）	腰围（W）	衣长（L）	肩宽（S）	袖长（SL）	袖口（CW）
160/84A	84+12=96	90+10=100	68+10=78	66	40	56	12.5

3. 原型省道处理

将原型前衣片胸省的 1/3 保留作为前袖窿松量，前衣片胸省的一部分省量转移到前领口，在领口处的省量为 0.7cm（撇胸量），剩余的前衣片胸省量转移至袖窿处形成新的袖窿省。后片肩省的 2/3 省量转移到袖窿为后袖窿松量，剩余的 1/3 省量作为肩部吃势处理（图 7–66）。

4. 纸样设计要点

（1）前、后片位置确定：将省道处理后的前、后原型的胸围线设计在一条直线上。

（2）腰节设计：前、后腰节在原型的基础上向上提高 1~2cm，这种形式可显示人体曲线美。

（3）袖窿深点设计：将原型的前、后袖窿深点均横向增大 0.5cm，纵向开深 0.5cm。

（4）领型和门襟设计：在原型领口的基础上，按照该款女西服的款式要求，

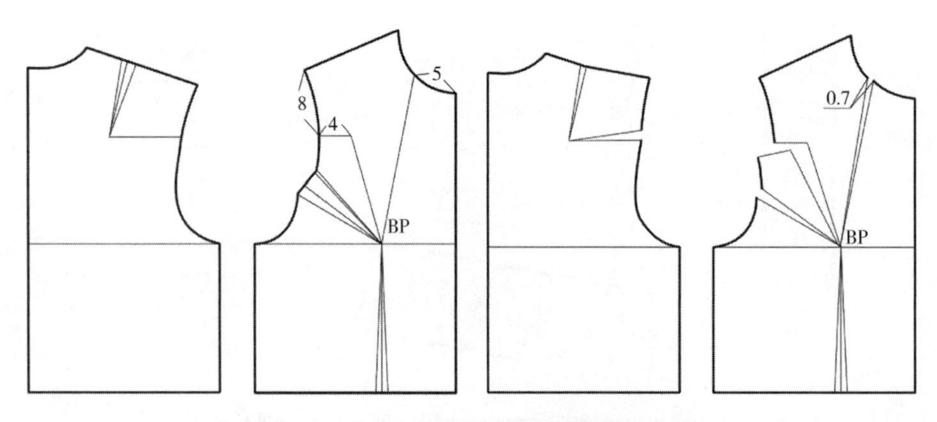

图 7–66 青果领四开身女西服原型省道处理

将原型的前领口开宽 0.5cm；后领口深不变，开宽 0.5cm，按照青果领的纸样设计原理，绘制出该款青果领纸样和前门襟止口线。口袋位于原腰节下 4cm 处，口袋尺寸为 14cm × 15cm。

（5）肩端点设计：前肩端点处需要加放出 0.5~0.7cm 垫肩的厚度。

（6）衣身设计：根据该款式及成品尺寸要求，绘制出前身刀背缝线、后身刀背缝线和后中缝线。

（7）衣袖设计：在前、后袖窿的基础上绘制出衣袖，袖山高为前、后袖窿深平均值的 5/6，小袖深弧线要参照袖窿弧线的底部绘制。

5. 纸样设计

青果领四开身女西服衣身、衣领基本纸样，衣袖基本纸样及衣身面料纸样设计、里料纸样设计、衬料纸样设计等，如图 7-67~ 图 7-75 所示。

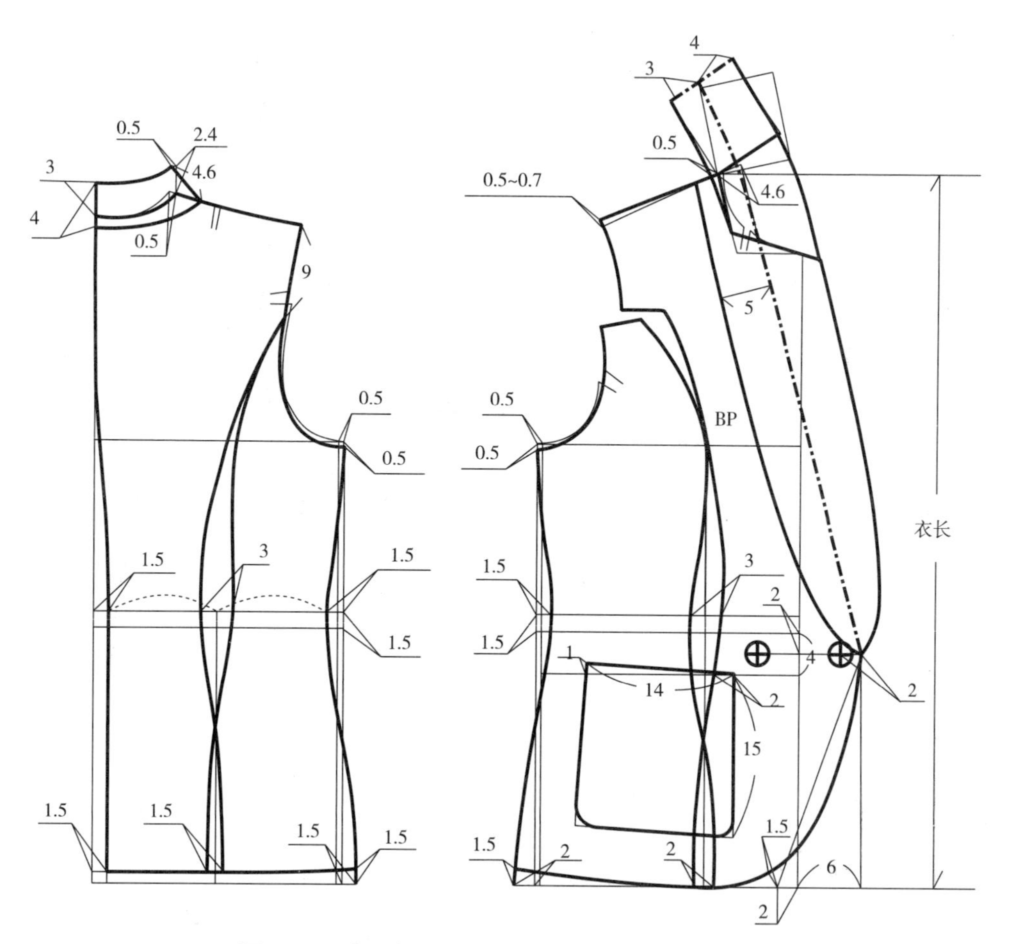

图 7-67　青果领四开身女西服衣身、衣领基本纸样

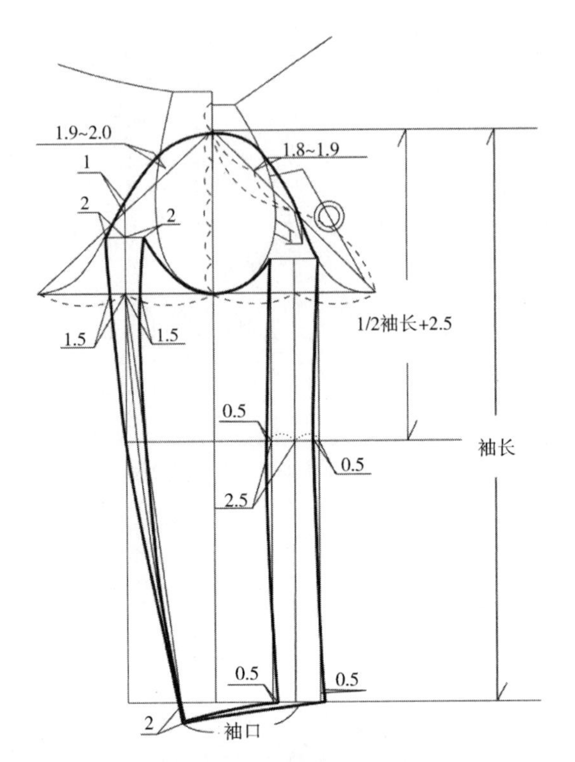

图 7-68　青果领四开身女西服衣袖基本纸样

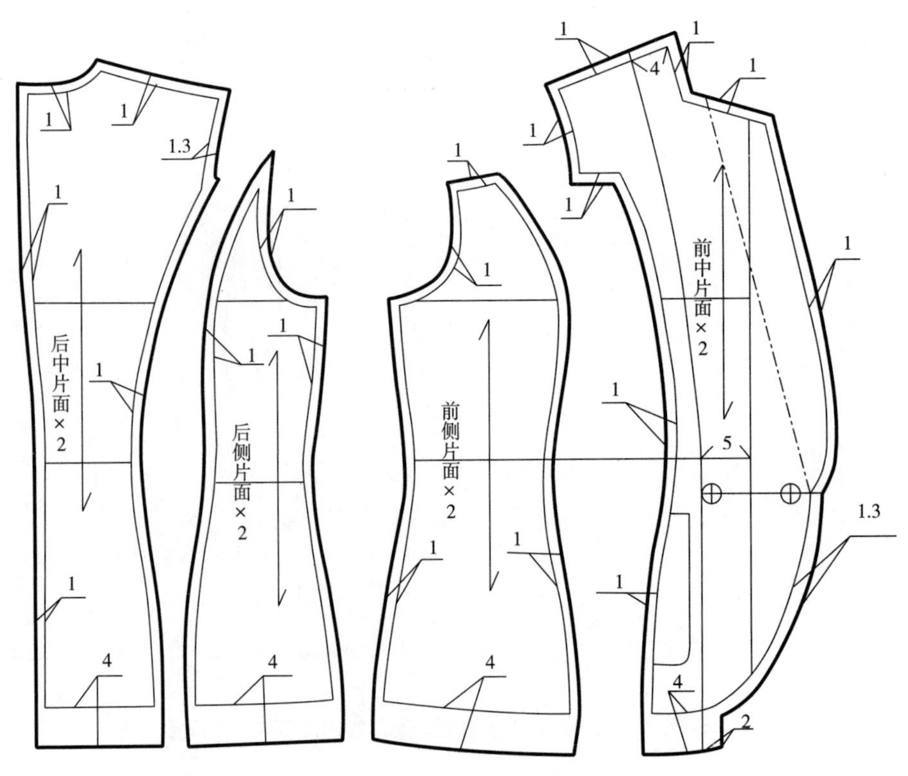

图 7-69　青果领四开身女西服衣身面料纸样设计

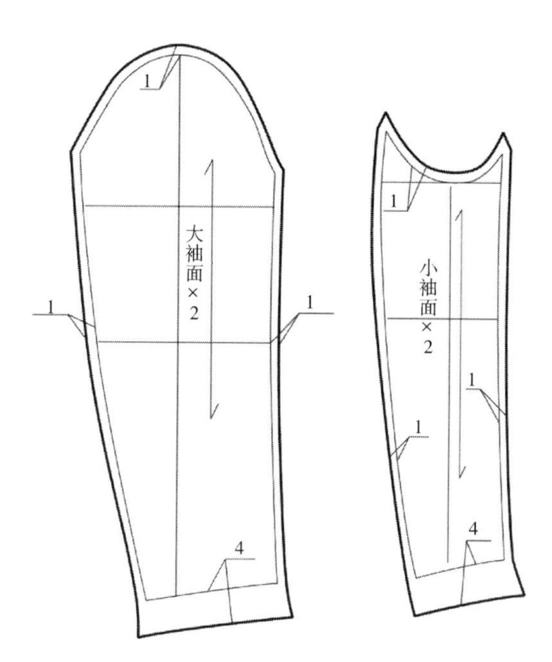

图 7–70　青果领四开身女西服衣袖面料纸样设计

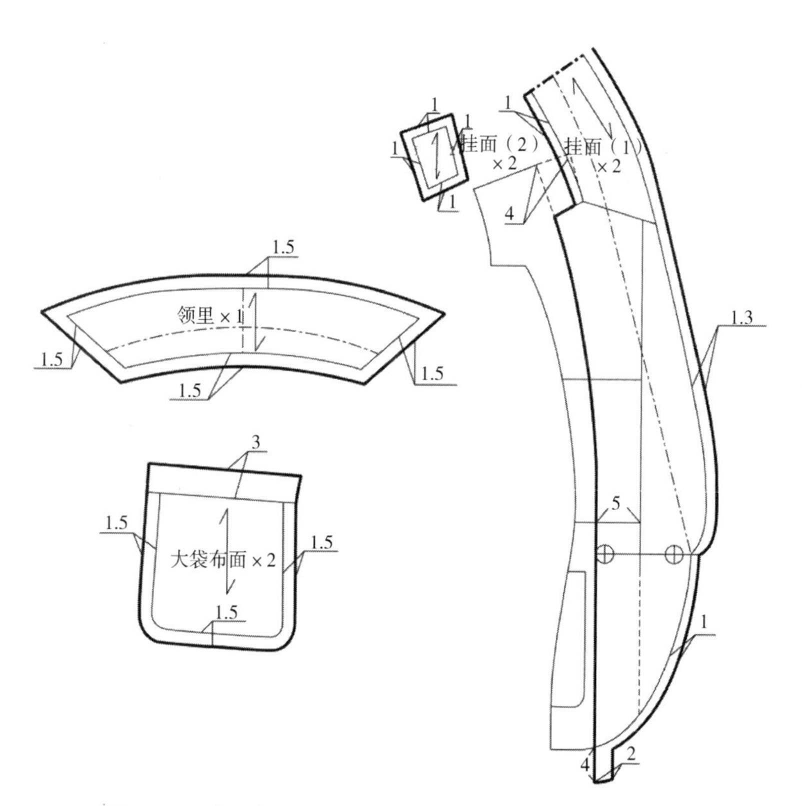

图 7–71　青果领四开身女西服挂面、零部件面料纸样设计

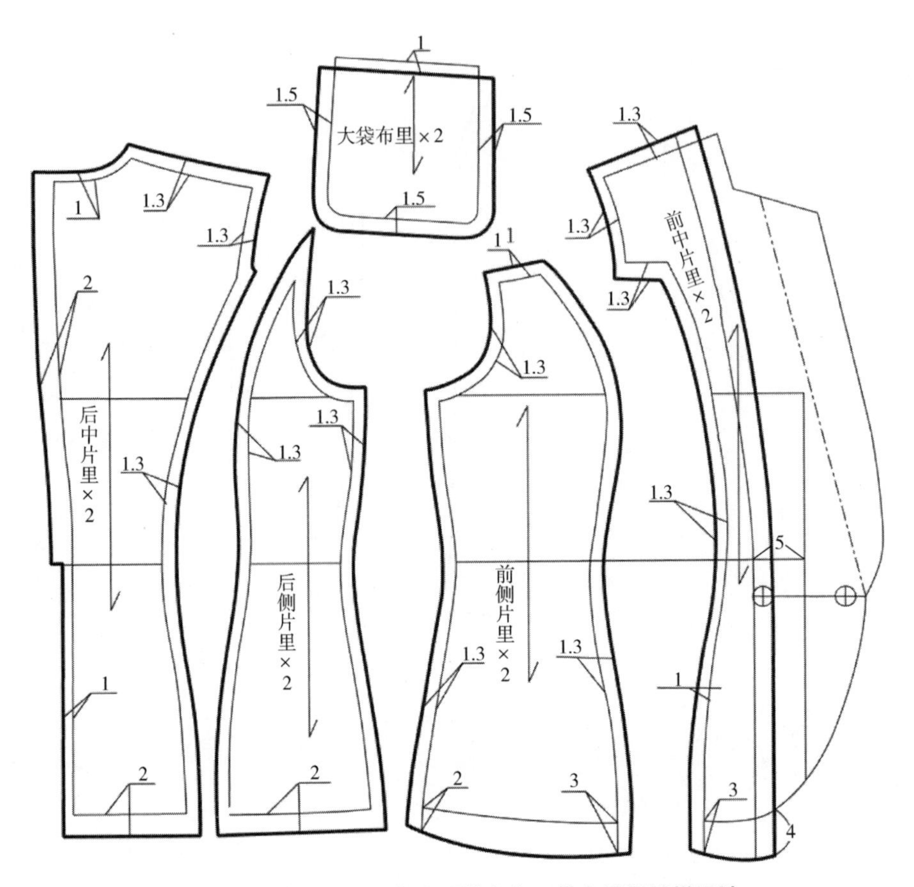

图 7-72　青果领四开身女西服衣身、袋布里料纸样设计

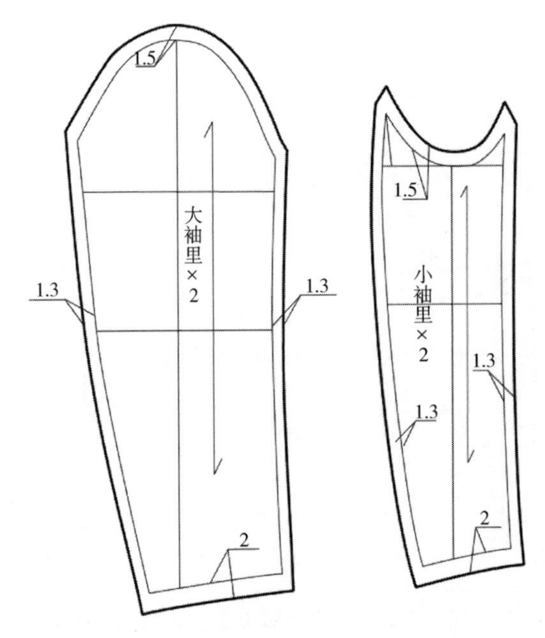

图 7-73　青果领四开身女西服衣袖里料纸样设计

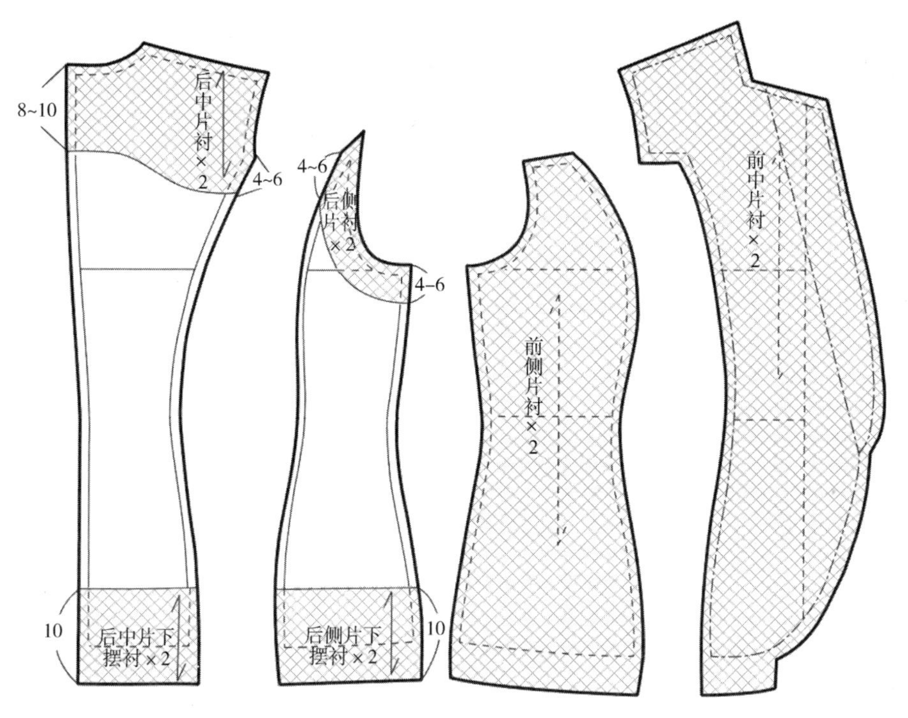

图 7-74　青果领四开身女西服衣身衬料纸样设计

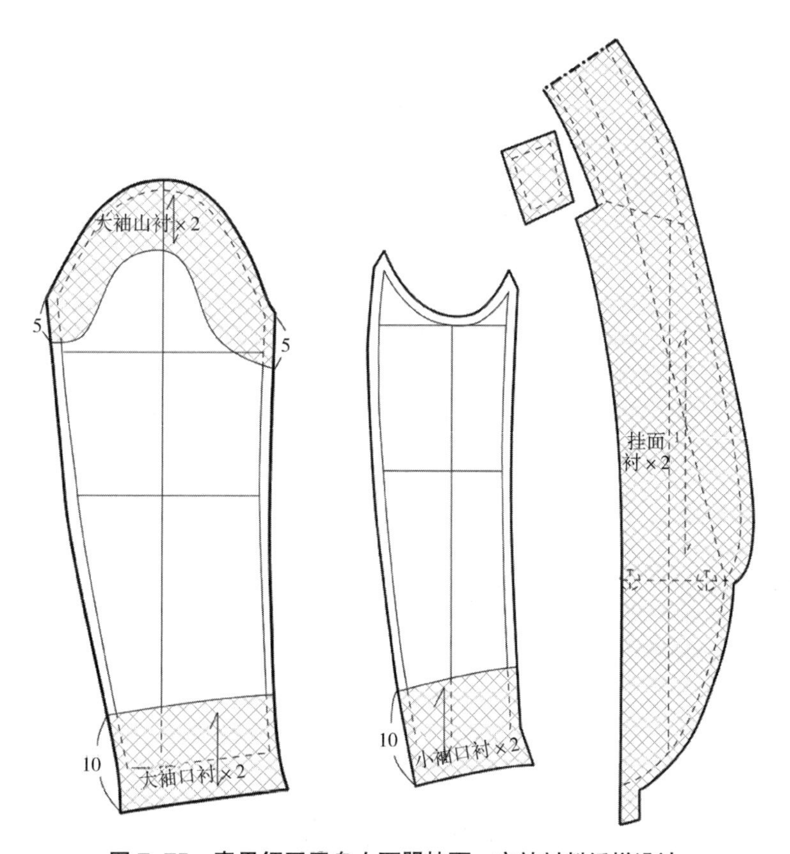

图 7-75　青果领四开身女西服挂面、衣袖衬料纸样设计

第四节　女大衣纸样设计

一、翻驳领刀背缝女大衣纸样设计

图 7-76　翻驳领刀背缝女大衣

1. *款式分析*

此款女大衣为经典的八片式收腰大衣，领型为翻驳领，前、后身有刀背缝，斜插袋，袖型为合体两片袖，双排 6 粒扣。主要用于女性外套和礼服，日常和正式场合均可穿着，适合采用华达呢、法兰绒、女士呢等中厚呢绒制作（图 7-76）。

2. *规格设计*

规格设计公式：$B=B^*$+ 内衣松量（3~4）+ 松量（15~20）；$W=W^*$+ 内衣松量（3~4）+ 松量（8~15）；$H=H^*$+ 内衣松量（3~4）+ 松量（6~12）；$L=0.65h-14$；$S=3/10B+$（10~13），SL=0.3h+（5~6）+ 款式因素（款式因素取值为 5），CW=0.1B+（4~5）。翻驳领刀背缝女大衣成品规格设计如表 7-13 所示。

表 7-13　翻驳领刀背缝女大衣成品规格设计　（单位：cm）

号型	胸围（B）	臀围（H）	腰围（W）	衣长（L）	肩宽（S）	袖长（SL）	袖口（CW）
160/84A	84+18=102	90+14=104	68+12=80	90	41	59	14

3. *原型省道处理*

将原型前衣片胸省的 1/3 保留作为前袖窿松量，前衣片胸省的一部分省量转移到前领口，在领口处的省量为 0.7cm（撇胸量），剩余的前衣片胸省量转移至袖窿处形成新的袖窿省。后衣片肩省的 0.3cm 省量转移到后领口处，0.6cm 省量保留在后肩部作为缩缝量，0.9cm 转移到后袖窿处作为后袖窿松量（图 7-77）。

4. *纸样设计要点*

（1）前、后片位置确定：将省道处理后的前、后原型的胸围线设计在一条直线上。

（2）腰节设计：前、后腰节在原型的基础上向上提高 1~2cm，这种形式可显示人体曲线美。

（3）袖窿深点设计：将原型的前袖窿深点横向增大 1.5cm，纵向开深 1.5cm；后袖窿

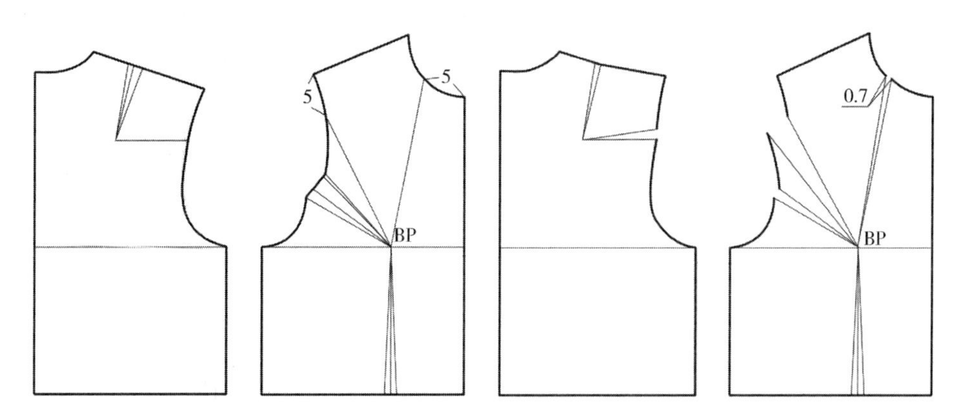

图 7–77　翻驳领刀背缝女大衣原型省道处理

深点横向增大 2.5cm，纵向开深 1.5cm。

（4）领型和门襟设计：在原型领口的基础上，按照该款女大衣的款式要求，将原型的前领口开宽 1cm；后领口深不变，开宽 1cm，按照翻驳领的纸样设计原理，绘制出该款翻驳领纸样和前门襟止口线。口袋位于原腰节下 1.5cm 处，袋口尺寸为 16cm × 3.5cm。

（5）肩端点设计：前肩端点横向加放 0.5cm，纵向加放 1cm；后肩端点横向加放 0.5cm，纵向加放 1cm。

（6）衣身设计：根据该款女大衣款式及成品尺寸要求，绘制出前、后身刀背缝。

（7）衣袖设计：在前、后袖窿的基础上绘制出衣袖，袖山高为前、后袖窿深平均值的 5/6，小袖深弧线要参照袖窿弧线的底部绘制。

5. 纸样设计

翻驳领刀背缝女大衣衣身、衣领基本纸样，衣袖基本纸样及衣身面料纸样设计，衣袖面料纸样设计，挂面、零部件面料纸样设计，衣身里料纸样设计，衣袖袋布里料纸样设计，衣身衬料纸样设计，零部件衬料纸样设计，挂面、衣袖衬料纸样设计，如图 7–78~ 图 7–87 所示。

二、翻驳领直刀缝女大衣纸样设计

1. 款式分析

此款女大衣的领型为翻驳领，前身有直刀缝、后身有刀背缝，斜插袋，袖型为合体两片袖，双排 2 粒扣。主要用于女性外套和礼服，日常和正式场合均可穿着，适合采用华达呢、法兰绒、女士呢等中厚呢绒制作（图 7–88）。

2. 规格设计

规格设计公式：$B=B^{*}$+ 内衣松量（3~4）+（15~20）；$W=W^{*}$+ 内衣松量（3~4）+（8~15）；

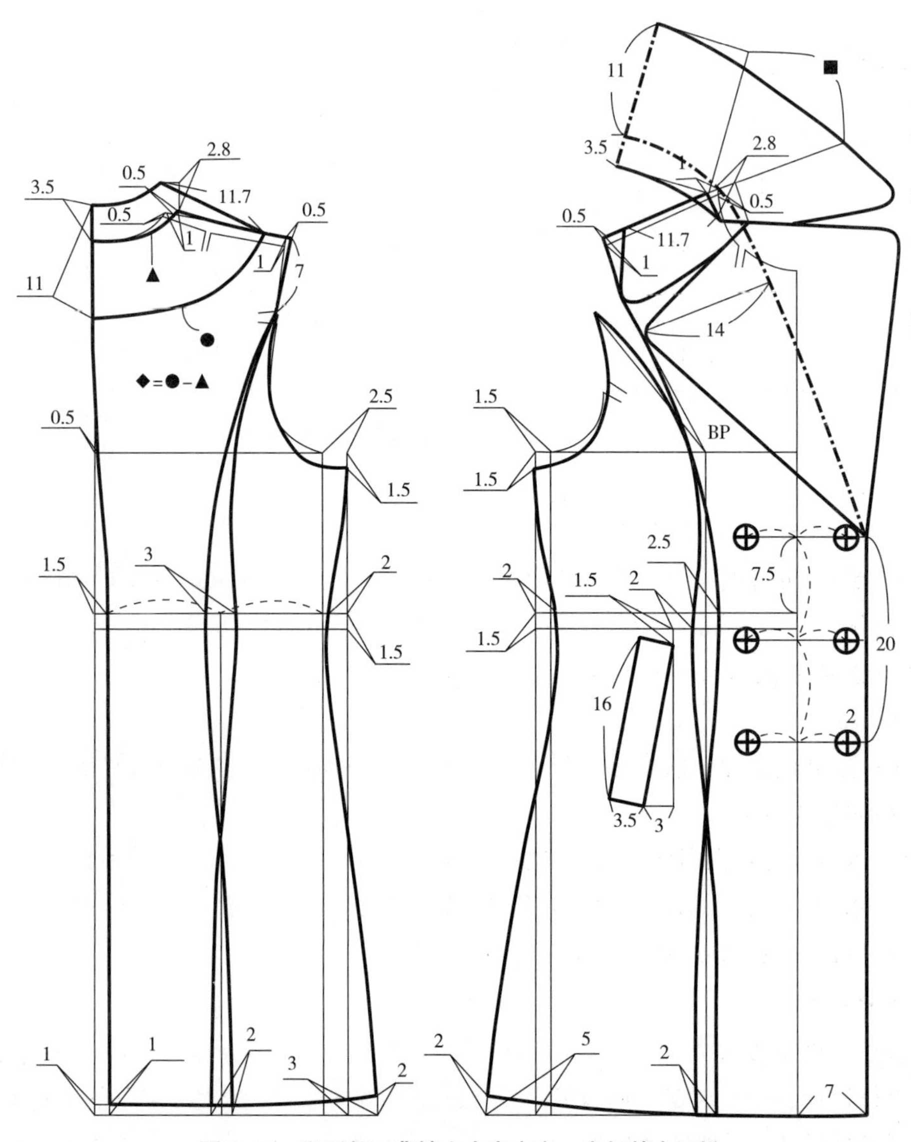

图 7–78　翻驳领刀背缝女大衣衣身、衣领基本纸样

$H=H^{*}$+内衣松量（3~4）+（6~12）；$L=0.25h+40$；$S=3/10B+$（10~13），SL=0.3h+（5~6）+款式因素（款式因素取值为 5），CW=0.1B+（4~5）。翻驳领直刀缝女大衣成品规格设计如表 7–14 所示。

表 7–14　翻驳领直刀缝女大衣成品规格设计　　（单位：cm）

号型	胸围（B）	臀围（H）	腰围（W）	衣长（L）	肩宽（S）	袖长（SL）	袖口（CW）
160/84A	84+18=102	90+14=104	68+12=80	80	41	59	14

3. **原型省道处理**

将原型前衣片胸省的 1/3 保留作为前袖窿松量，前衣片胸省的一部分省量转移到前领

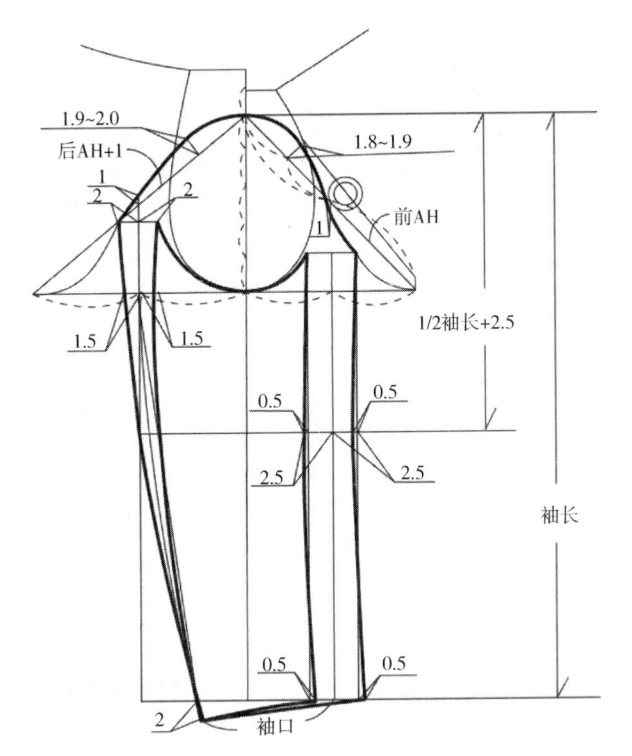

图 7–79　翻驳领刀背缝女大衣衣袖基本纸样

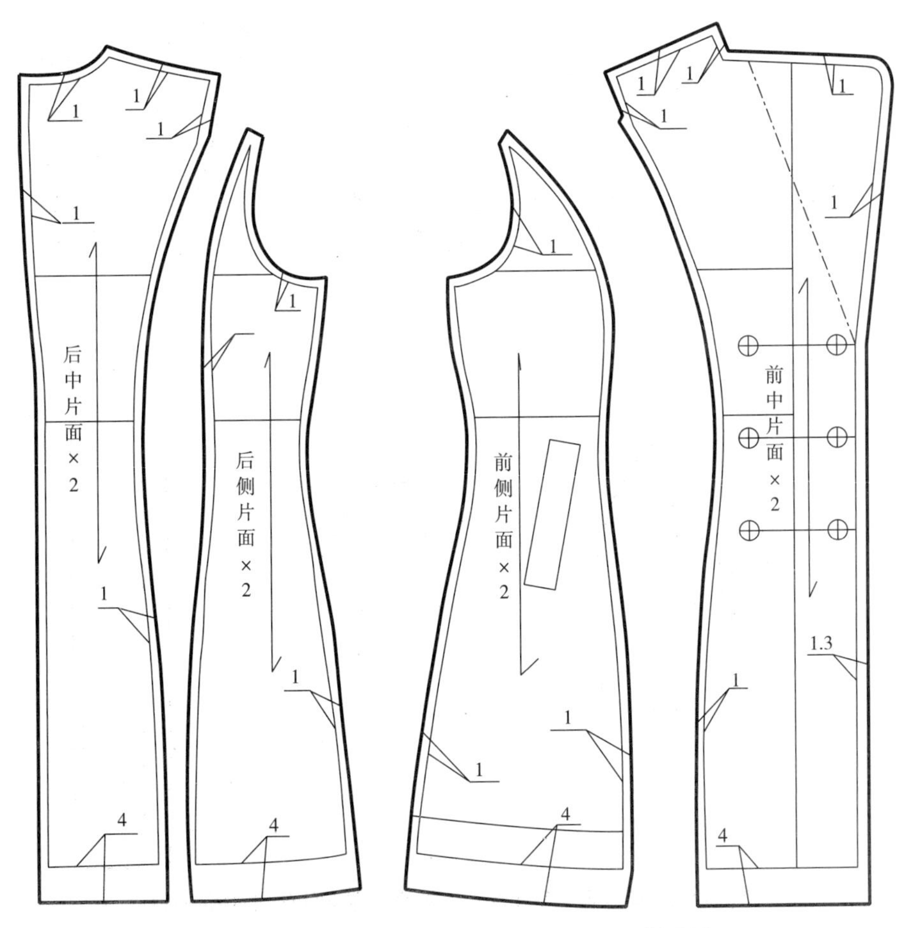

图 7–80　翻驳领刀背缝女大衣衣身面料纸样设计

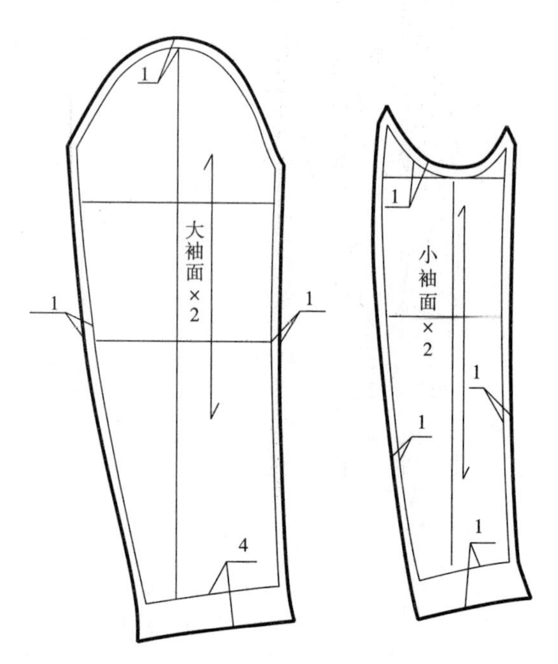

图 7-81　翻驳领刀背缝女大衣衣袖面料纸样设计

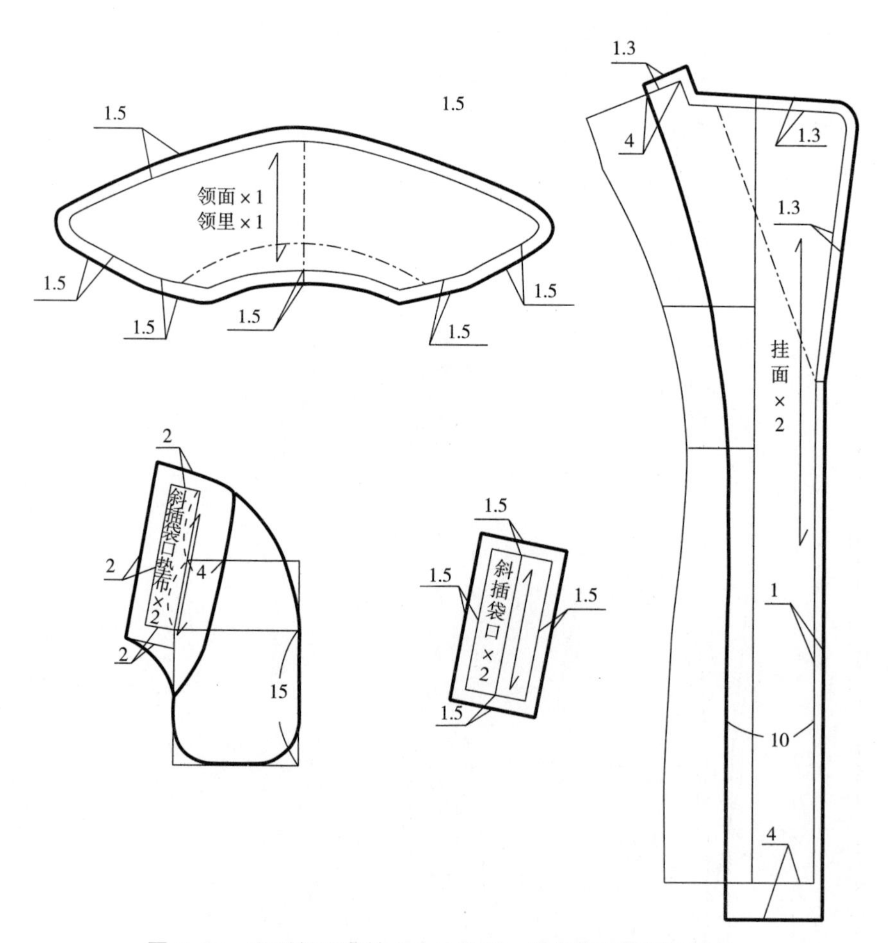

图 7-82　翻驳领刀背缝女大衣挂面、零部件面料纸样设计

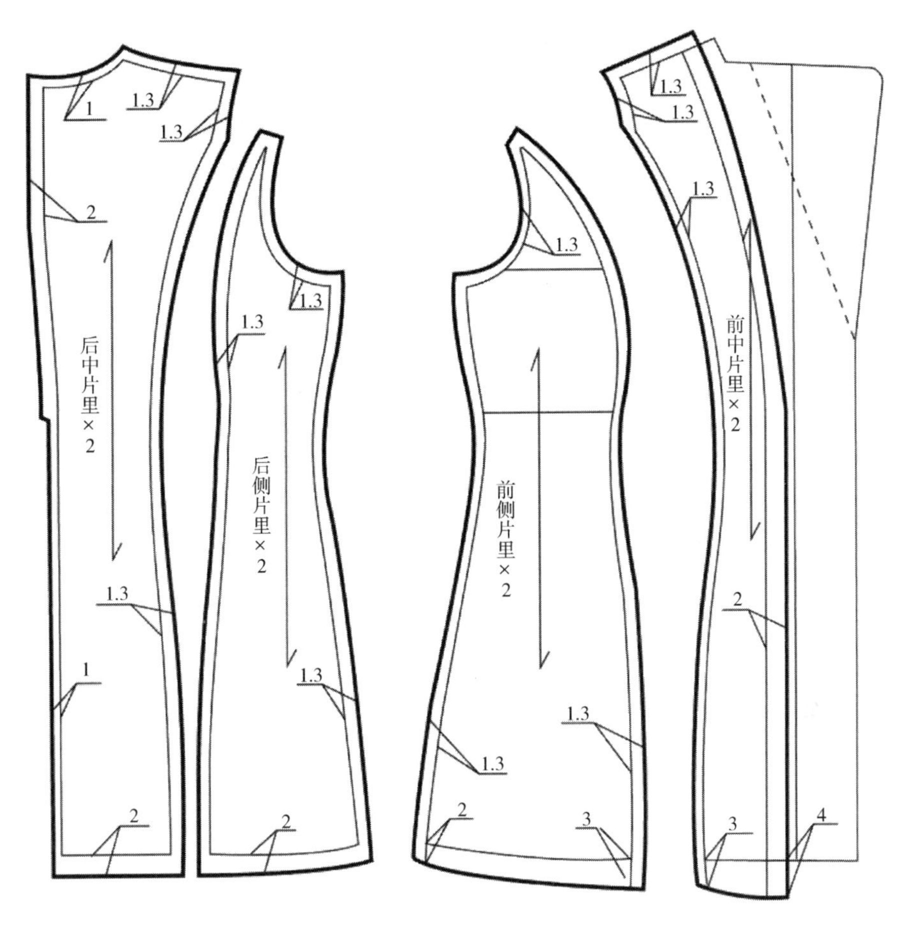

图 7–83　翻驳领刀背缝女大衣衣身里料纸样设计

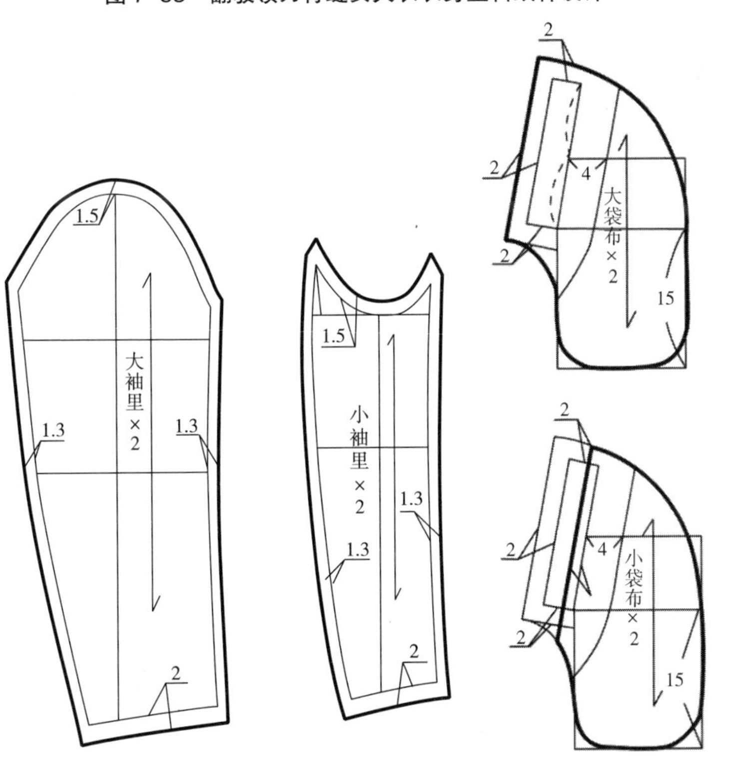

图 7–84　翻驳领刀背缝女大衣衣袖、袋布里料纸样设计

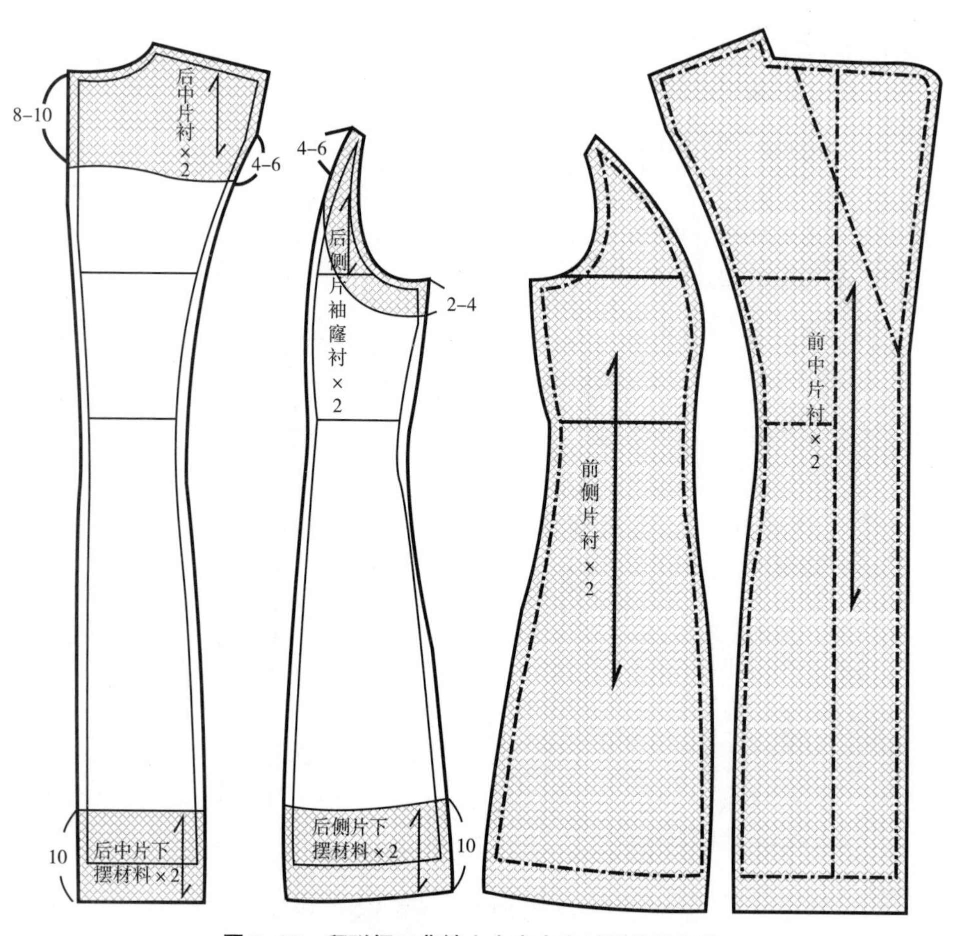

图 7-85　翻驳领刀背缝女大衣衣身衬料纸样设计

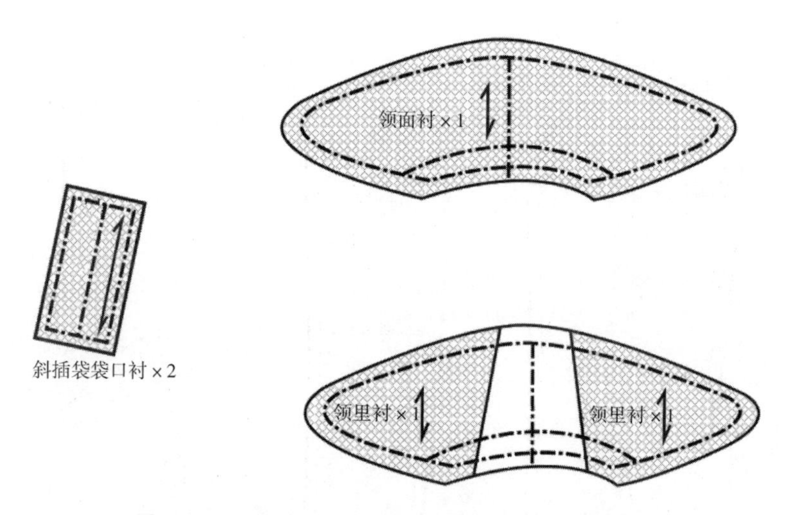

图 7-86　翻驳领刀背缝女大衣零部件衬料纸样设计

口，在领口处的省量为0.7cm（撇胸量），剩余的前衣片胸省量转移至袖窿处形成新的临时袖窿省。后衣片肩省的0.3cm省量转移到后领口处，0.6cm省量保留在后肩部作为缩缝量，0.9cm转移到后袖窿处作为后袖窿松量，如图7–89所示。

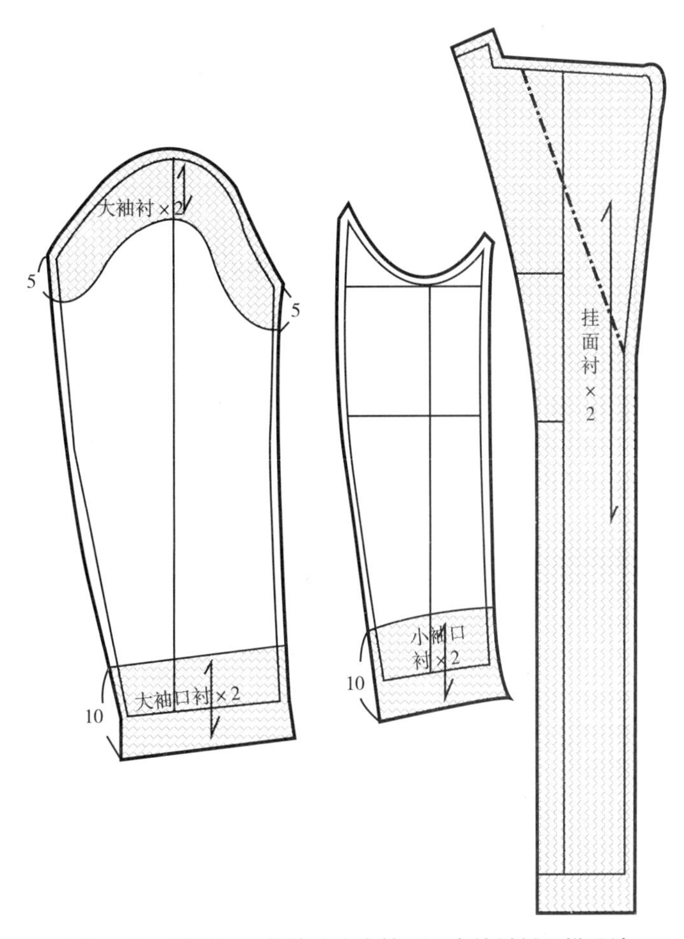

图7–87　翻驳领刀背缝女大衣挂面、衣袖衬料纸样设计

4. 纸样设计要点

（1）前、后片位置确定：将省道处理后的前、后原型的胸围线设计在一条直线上。

（2）腰节设计：前、后腰节在原型的基础上向上提高1~2cm，这种形式可显示人体曲线美。

（3）袖窿深点设计：将原型的前袖窿深点横向增大1.5cm，纵向开深1.5cm；后袖窿深点横向增大2.5cm，纵向开深1.5cm。

（4）领型和门襟设计：在原型领口的基础上，按照该款女大衣的款式要求，将原型的前领口开宽1cm；后领口深不变，开宽1cm，按照翻驳领的纸样设计原理，绘制出该款翻驳领纸样和前门襟止口线。

（5）肩端点设计：前肩端点横向加放0.5cm，纵向加放1cm；后肩端点横向加放0.5cm，纵向加放1cm。

（6）衣身设计：根据该款女大衣款式及成品尺寸要求，绘制出前身直刀缝、后身刀背缝。

（7）衣袖设计：在前、后袖窿的基础上绘制出衣袖，袖山高为前、后袖窿深平均值的5/6，小袖深弧线要参照袖窿弧线的底部绘制。

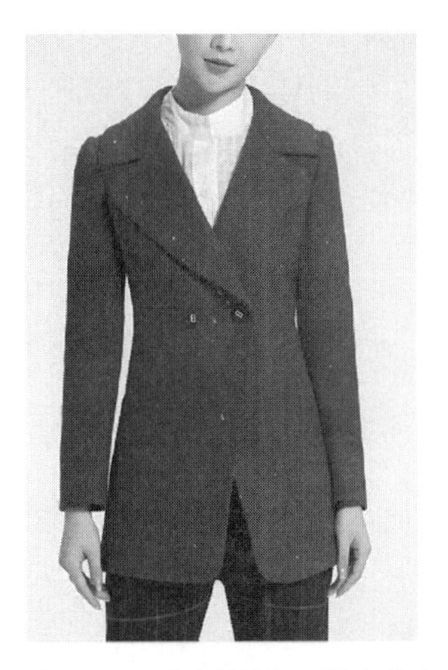
图7–88　翻驳领直刀缝女大衣

5. 纸样设计

翻驳领直刀缝女大衣衣身、衣领基本纸样及前衣身直刀缝纸样设计、衣袖基本纸样，如图7–90~图7–92所示。

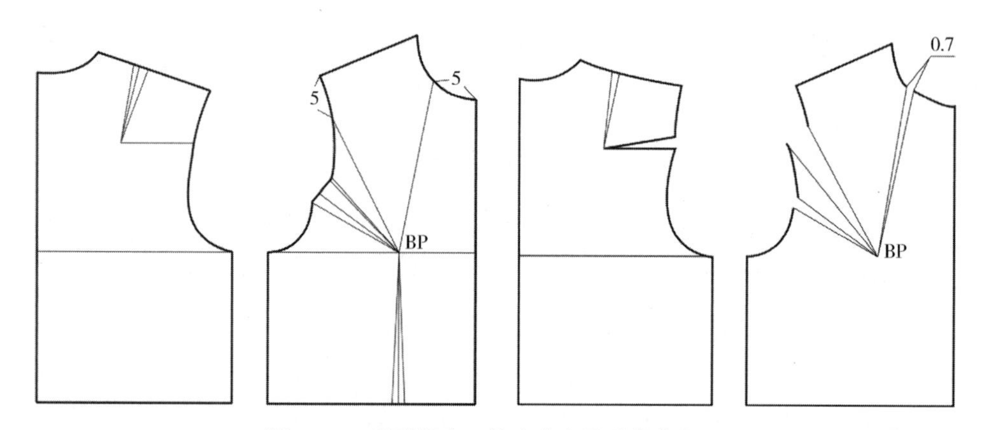

图 7–89　翻驳领直刀缝女大衣原型省道处理

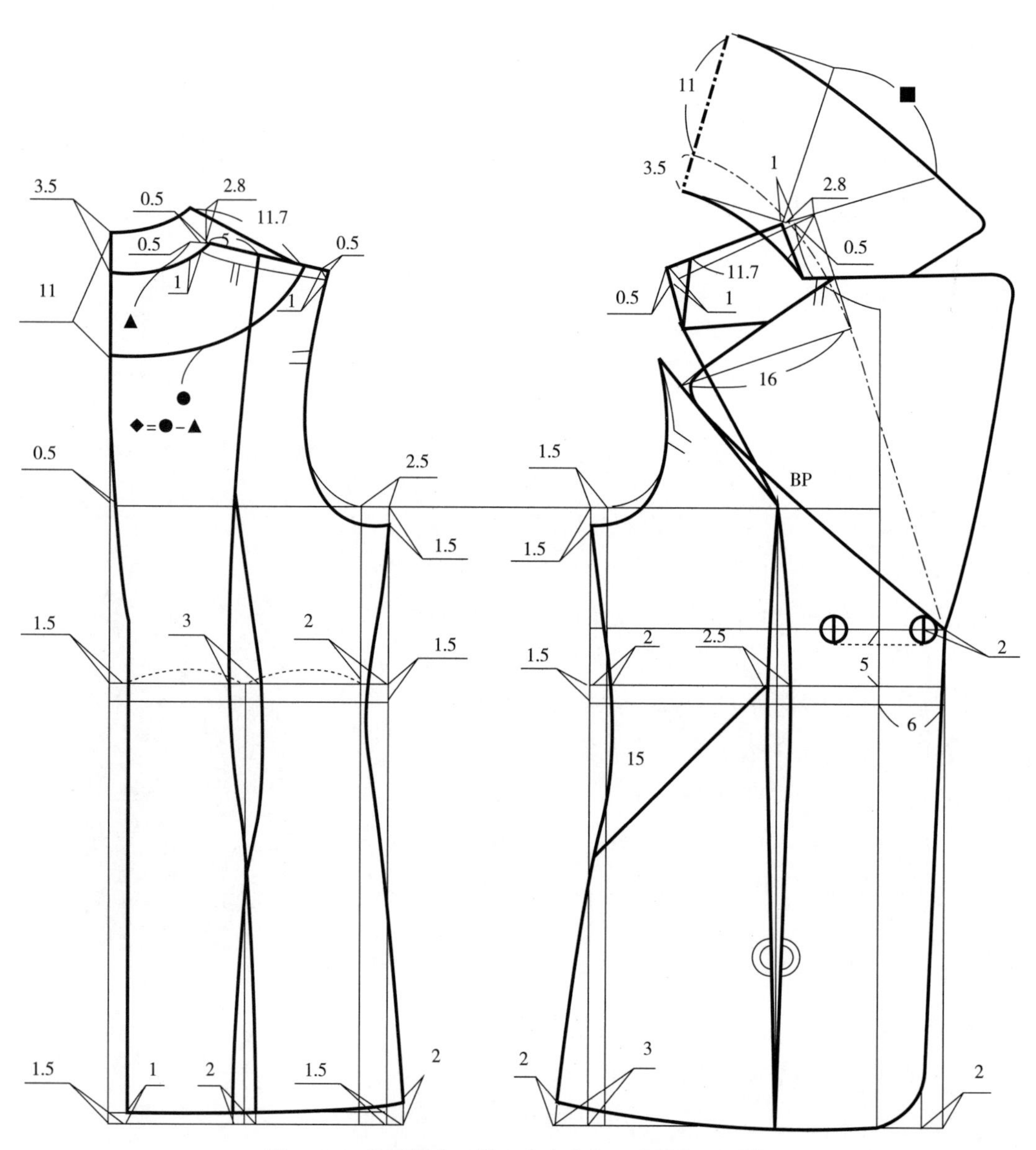

图 7–90　翻驳领直刀缝女大衣衣身、衣领基本纸样

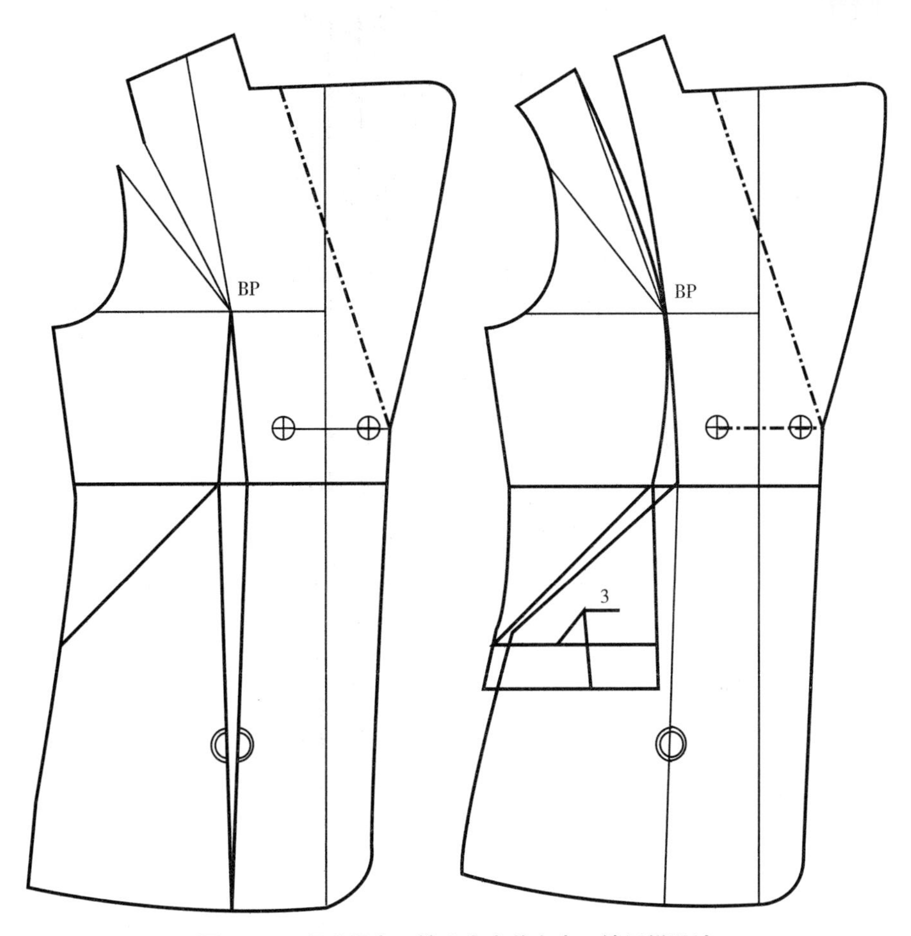

图 7-91　翻驳领直刀缝女大衣前身直刀缝纸样设计

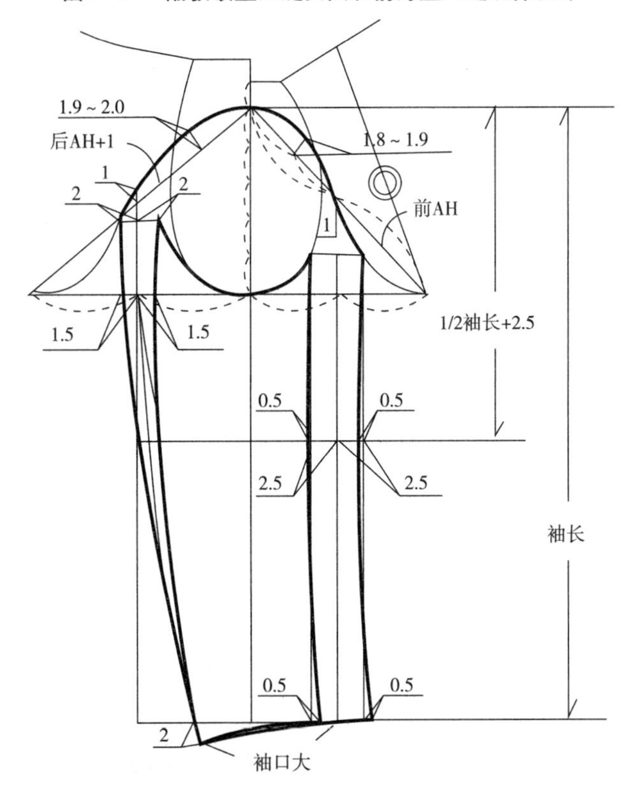

图 7-92　翻驳领直刀缝女大衣衣袖基本纸样

参考文献

[1] 张中启 . 现代新型实用女装领型纸样设计 [M]. 合肥：合肥工业大学出版社，2017.

[2] 张文斌 . 服装结构设计 [M]. 北京：中国纺织出版社，2006.

[3] 彭立云 . 服装结构制图与工艺 [M]. 南京：东南大学出版社，2005.

[4] 吴俊 . 女装结构设计与应用 [M]. 北京：中国纺织出版社，2000.

[5] 甘应进，陈东生 . 新编服装结构设计 [M]. 北京：中国轻工业出版社，2006.

[6] 陈明艳 . 女装结构设计与纸样 [M]. 上海：东华大学出版社，2010.

[7] 杨新华，李丰 . 工业化成衣结构原理与制板：女装篇 [M]. 北京：中国纺织出版社，2007.

[8] 李正 . 服装结构设计教程 [M]. 上海：上海科学技术出版社，2002.

[9] 陈晓鹏 . 最新女装结构设计 [M]. 上海：上海科学技术出版社，2000.

[10] 刘东 . 服装纸样设计 [M].2 版 . 北京：中国纺织出版社，2008.

[11] 张道英，程馨仪 . 女装结构设计：日本新文化原型应用 [M]. 上海：上海科学技术出版社，2005.

[12] 王学筠，申鸿 . 图解女装纸样设计 80 例 [M]. 北京：化学工业出版社，2011.

[13] 安平 . 女装结构设计与样板：日本新文化原型应用与设计 [M]. 北京：中国轻工业出版社，2014.

[14] 刘瑞璞 . 服装纸样设计原理与应用：女装 [M]. 北京：中国纺织出版社，2008.